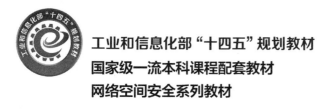

工业和信息化部"十四五"规划教材
国家级一流本科课程配套教材
网络空间安全系列教材

新型工业化教育
New-Industrialization

工信学术出版基金
Industry and Information Technology
Academic Publishing Fund

工信知识赋能工程

信息安全导论

（以问题为导向）

◆李景涛　阚海斌　编著

电子工业出版社
Publishing House of Electronics Industry
北京·BEIJING

内 容 简 介

本书详细介绍了信息安全领域的基础理论和常见解决方案。本书共 12 章，第 1～6 章以密码学基本原理为主线，聚焦信息安全的核心概念和范式，介绍了古典密码、现代分组密码、公钥密码、报文鉴别与哈希函数、流密码、国密对称密码；第 7～12 章介绍了信息安全领域的经典解决方案和前沿内容，包括公钥基础设施、身份认证、Web 安全、区块链、防火墙与入侵检测系统、数字水印。

本书从教材使用的角度考虑，概念清晰、结构合理、通俗易懂、深入浅出，方便教师在教学过程中的实施。从学生的角度考虑，力求学生能够领会信息安全领域经典科学问题的提炼和思考过程。同时，本书涵盖信息安全领域的部分新研究成果，学习本书学生能够了解本学科的发展趋势和方向。

本书可作为高等学校网络空间安全、计算机方向相关专业本科生和研究生的教材，也可作为软件工程师、通信和网络工程师等从业人员的参考教材。

未经许可，不得以任何方式复制或抄袭本书之部分或全部内容。

版权所有，侵权必究。

图书在版编目（CIP）数据

信息安全导论：以问题为导向 / 李景涛，阚海斌编著. -- 北京 : 电子工业出版社，2024. 8. -- ISBN 978-7-121-48899-3

Ⅰ. TP309

中国国家版本馆 CIP 数据核字第 2024TX8414 号

责任编辑：戴晨辰

印　　刷：三河市鑫金马印装有限公司
装　　订：三河市鑫金马印装有限公司
出版发行：电子工业出版社
　　　　　北京市海淀区万寿路 173 信箱　　　邮编：100036
开　　本：787×1092　　1/16　　印张：17.5　　字数：448 千字
版　　次：2024 年 8 月第 1 版
印　　次：2024 年 8 月第 1 次印刷
定　　价：69.00 元

凡所购买电子工业出版社图书有缺损问题，请向购买书店调换。若书店售缺，请与本社发行部联系，联系及邮购电话：(010) 88254888，88258888。

质量投诉请发邮件至 zlts@phei.com.cn，盗版侵权举报请发邮件至 dbqq@phei.com.cn。

本书咨询联系方式：dcc@phei.com.cn。

前言

当今世界，互联网与无线通信技术的发展及普及改变了我们的生活方式，使得我们在信息安全方面面临着严峻挑战。党的二十大报告中强调："推进国家安全体系和能力现代化，坚决维护国家安全和社会稳定。"信息安全作为国家安全体系的重要组成部分，是我国现代化产业体系中不可或缺的部分，在未来的发展中承担托底的重担，确保信息安全也是维护整个社会稳定运转的必要条件。

信息安全是一个涉及广泛且交叉领域的综合学科，仅工程技术领域就涵盖广泛，包括密码学、网络应用安全、网络攻防、访问控制、代码安全、信息隐藏等多细分学科。这些不同学科层次的安全保障需要利用数学、电子、信息、通信、计算机等多个学科的知识，汇集长期积累的经验和最新的发展成果。面对如此纷繁复杂的学科内容，作为引领学生进入信息安全学科领域的一本教材，"吾生也有涯，而知也无涯"。本书没有蜻蜓点水般面面俱到，而是通过面（广泛覆盖）与点（重点深入）的结合，引领学生体会信息安全领域的基本分析框架和思考方法。

在教学内容的编排上，本书以信息安全学科发展过程中的经典科学问题的提出、解决和发展为各章节的逻辑主线组织教学内容。面向信息安全零基础的学生，从剖析简单朴素的安全问题开始，逐步加深问题的难度，在一个个安全问题的提炼与解决过程中，使学生潜移默化地接受信息安全思维训练。根据讲授进程设计章问题（贯穿整章教学内容的科学问题）、节问题（某一节要解决的问题），让学生参考和运用学习内容给出解决方法或进行思考评论，主动地学习，不断地思考问题，自己动手解决问题。此外，面向国家战略科技需求，本书大幅增加了国密算法的设计与分析等教学内容。

本书开篇以一个较低起点引导学生思考，即信息安全的经典问题之一"通信保密"，因此第1～3章最初的逻辑主线是如何提供通信保密的密码服务，介绍了古典密码、现代分组密码、公钥密码。伴随公钥密码的讲解，在第3章和第4章完成了关键转折，关注的安全问题开始扩展，提炼了抽象层面的5种信息安全需求：保密性、完整性、可用性、可认证、抗抵赖。第4章面向如何提供报文鉴别中的完整性、可认证、抗抵赖3个安全服务，给出了报文鉴别码和哈希函数的解决方案，并在后续章节逐步发展和完善了这种信息安全问题的分析框架和方法。

本书的后半部分面向相对具体的领域应用问题，讲解信息安全的经典解决方案与领域最新成果的前沿专题。例如，针对公钥在实际使用过程中如何分发的问题，给出了公钥基础设施的解决方案；针对分布式环境下如何实现身份认证防止重放攻击的问题，介绍了经典的Kerberos 协议；面向分布式账本数据的完整性保护问题，分析了区块链解决方案等。章节的组织确保了内容之间有着清晰的逻辑关系和延伸，提供了系统性且可扩展的信息安全典型解决方案和思考方法。

本书包含配套教学资源，读者可登录华信教育资源网（www.hxedu.com.cn）注册后免费下载。

本书为工业和信息化部"十四五"规划教材，国家级一流本科课程配套教材。本书配套MOOC，读者可在中国大学 MOOC 平台搜索"信息安全"课程（授课教师：李景涛）学习。

本书的部分内容是在复旦大学的信息安全类课程教学中得到发展和完善的，感谢所有学生和助教的帮助。特别感谢研究生助教路宏、孟扬二、赵来旺、张浩然、雷哲、黄易凡、刘楷文等对本书做出的贡献。

本书在编写过程中参考了国内外的有关著作和文献，特别是杨波、李子臣、Stallings、张凤军等教授的著作。

本书究竟能否达到编著者的目的还有待实践的检验，我们真诚地欢迎读者及同行的批评意见和建议。本书的出版得到了电子工业出版社的大力支持，在此谨向他们表示衷心的感谢！

编著者

第 1 章　古典密码

人类使用密码的时间几乎与使用文字的时间一样长，密码成为一门学科的发展大致可以分为 3 个时期：1940 年之前的古典密码时期；1940—1975 年，使用计算机作为工具，密码学形成学科分支的保密通信技术发展时期；1975 年以后的新时期，其特点是新应用场景驱动对称密码学进一步发展，以及新兴的公钥密码学的出现和发展。

我国历朝历代都会设置驿站给传递军事情报的官员在途中提供食宿、更换马匹；"烽火"传信、鸿雁传信在中华大地上存在了几千年。这些通信方式是否存在"情报泄露问题"？古代的通信双方如何保证情报的保密传输呢？本章讲述解决上述问题的古典密码方案，其主要思想是替代、置换，对情报进行变换后得到并传输加密信息。例如，古希腊斯巴达人的羊皮书，以及藏头诗、藏尾诗，还有古罗马恺撒大帝曾记录的恺撒密码，是最早的一种替代密码。

密码作为一种安全机制，可以提供保密性、完整性等安全服务，这些安全服务又可以称作安全需求。对于密码的使用者，有安全的需求。例如，用户在使用网络银行时要求浏览器和银行服务器之间的通信是保密的。对于密码的提供者（加密方案），能够提供保密性的服务。本章首先引入通信保密问题，对应保密性这一安全服务。

1.1 古典密码方案

古典密码要解决的问题本质上是通信保密问题，图 1.1 描述了通信保密的基本模型，通信双方之间有一条信道，是真实世界信道（可以是无线电波信道、有线电话信道、互联网信道等）的一种抽象，依赖这条信道是无法实现通信保密的，因为通信保密的基本前提是攻击者可以访问这条信道，攻击者总是可以窃听或探测到信道上传递的信息。

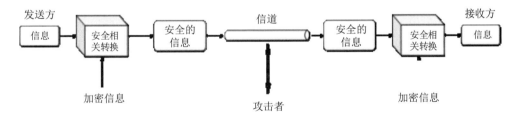

图 1.1　通信保密的基本模型

所谓通信保密，是指防止发送的信息被直接窃听或破译，或者在传输过程中被攻击者通过不同于密码破译的方法获得，或者通过分析通信设施获得。那么怎样才能实现通信保密呢？作为发送方，要先把传递的信息做一个安全相关转换，再在这个不安全的信道上传递。接收方收到经过变化的信息之后做一个安全相关转换，还原出原来的信息。我们将研究如何用古典密码解决通信保密问题。

1.1.1　羊皮传书

羊皮传书是一种置换密码。古希腊的斯巴达人先将羊皮带缠绕在一根木棒上，然后将要传递的情报书写在羊皮带上。当取下木棒上的羊皮带时，羊皮带上书写的字母被打乱顺序，无法读出。情报接收方使用相同粗细的木棒，将羊皮带再次缠绕到木棒上，按书写时的原字母顺序，能够将羊皮带上的情报读出来。

1.1.2　藏头诗、藏尾诗

藏头诗、藏尾诗是一种信息保密传输的方法，或者说是一种信息隐藏的方法。例如，传说江南才子唐伯虎曾写出：

我画蓝江水悠悠

爱晚亭上枫叶愁

秋月溶溶照佛寺

香烟袅袅绕经楼

1.1.3　恺撒密码

恺撒密码（Caesar Cipher）是一种替代密码。它通过构造将明文字符替代为密文字符的字母表，使明文字符与密文字符一一对应。例如

明文字符集：abcdefghijklmnopqrstuvwxyz

密文字符集：DEFGHIJKLMNOPQRSTUVWXYZABC

加密时将明文通过明文字符与密文字符的对应关系变换为密文。解密时根据对应关系反变换为明文。例如

明文：the quick brown fox jumps over the lazy dog

密文：WKH TXLFN EURZQ IRA MXPSV RYHU WKH ODCB GRJ

🔓 1.2　对称密码模型

了解了上述 3 个古典密码方案之后，尝试建立对称密码模型，如图 1.2 所示，并运用该模型对上述 3 个方案进行分析。

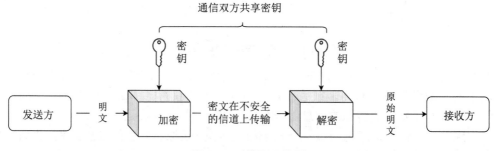

图 1.2　对称密码模型

1.2.1　对称密码模型的概念

对称密码模型由{P：明文|E：加密算法|K：密钥|C：密文|D：解密算法}5 个要素组成。

明文（Plaintext）：发送方未经过加密处理的信息，其内容是容易理解的。

密文（Ciphertext）：发送方经过加密处理后的信息，文字被改变，其内容是难以理解的。

密钥（Key）：发送方加密处理时所用的秘密信息。在传统密码学中，加密和解密使用相同的一组密钥。

加密算法（Encryption,Encipher）：发送方把明文转换成密文的变换，即对于任一属于明文字符集的字符 m 和属于密钥集的密钥 K，加密算法 E 将其转换为属于密文字符集的字符 c：

$$c = E_K(m) \qquad (1.1)$$

解密算法（Decryption,Decipher）：接收方把密文解译成明文的变换，即对于任一属于密文字符集的字符 c 和属于密钥集的密钥 K，解密算法 D 将其解译为属于明文字符集的字符 m：

$$m = D_K(c) \qquad (1.2)$$

在本章中，如无特别说明，明文字符集和密文字符集均为 26 个英文字母组成的集合。

1.2.2　古典密码方案讨论

前文介绍了 3 个古典密码方案，这里我们对其进行再讨论，观察其是否符合对称密码模型的形式化定义。

恺撒密码在对称密码模型中的建模如下。

将 26 个英文字母按 0～25 编号（也可以按 1～26 编号），如表 1.1 所示。

表 1.1　字母表序号

字母	A	B	C	D	E	F	G	H	I	J	K	L	M	N	O	P	Q	R	S	T	U	V	W	X	Y	Z
编号	0	1	2	3	4	5	6	7	8	9	10	11	12	13	14	15	16	17	18	19	20	21	22	23	24	25

加密编码的方法是把明文字符集的每个字符用向后循环移动 K 位后的字符代替：

$$c = E_K(m) = (m + K)(\bmod 26) \qquad (1.3)$$

移位距离 $K(0 < K < 26)$ 是密钥。

例如，明文是 stoptrade，根据表 1.1 可以得到该明文各字符序号如下：

明文	s	t	o	p	t	r	a	d	e
字符编号	18	19	14	15	19	17	0	3	4

假设 $K=3$，按替代规则得密文字符如下：

字符编号移位	21	22	17	18	22	20	3	6	7
密文	V	W	R	S	W	U	D	G	H

获得完整密文为 VWRSWUDGH。

恺撒密码用对称密码模型来描述，如表 1.2 所示。

表 1.2　恺撒密码-对称密码模型

明文 P	stoptrade
加密算法 E	将字母用后面第 K 个字母替代
密钥 K	$K=3$
密文 C	VWRSWUDGH
解密算法 D	将字母用前面第 K 个字母替代

羊皮传书可以用一种简单易于理解的文字描述的建模方法，用对称密码模型来描述，如表 1.3 所示。羊皮传书本质上属于一种置换密码，请读者思考如何用置换密码的思想，给出羊皮传书的形式化描述。

藏头诗、藏尾诗不属于对称密码模型，无法用对称密码模型分析，它属于一种隐写术，古典隐写术现在发展为信息隐藏技术，本书第 12 章将讲解信息隐藏技术的一个重要分支领域——数字水印。

表 1.3　羊皮传书-对称密码模型

明文 P	将羊皮带缠绕在木棒上，横向看的是明文
加密算法 E	将羊皮带缠绕在木棒上，写好明文并拆下来
密钥 K	木棒的粗细或直径
密文 C	将羊皮带取下来之后，纵向看的是密文
解密算法 D	将羊皮带重新缠到木棒上，读出情报

1.2.3　对称密码模型再讨论

1．共享密钥问题

在对称密码模型中，为了顺利进行上述通信保密过程，通信之前必须完成以下准备工作。

（1）协议（Protocol）：约定通信双方的通信步骤和各技术细节。

（2）密钥交换（Key Exchange）：通信双方必须设法取得所约定的密钥（指对称密钥）。

用不可靠的公共信道传输密钥是不安全的，除非利用某种专门用于传输密钥的秘密信道来传输，然而其代价可能是昂贵的，或者很不方便。可见，共享密钥问题是对称密码模型的一大难题。

2．加密、解密算法公开问题

下面进一步讨论对称密码模型，在对称密码模型中，明文、密钥这两个要素需要保密。那么加密、解密算法需不需要公开呢？或者说在实际应用场景下，能不能实现算法的保密？这就要提到密码学的基础假设。

1）一切秘密寓于密钥之中

现代密码学的一个基本原则是一切秘密寓于密钥之中，加密算法可以公开，密钥设备也可以丢失或被盗，但绝对不能丢失密钥。如果密钥丢失，攻击者就可以完全破译信息，造成失密。系统的保密性不依赖对加密体制或算法的保密，仅依赖密钥的安全性。"一切秘密寓于密钥之中"是密码系统设计的一个重要原则。

2）一切秘密寓于密钥之中≠算法一定公开

在现代密码学的实际应用场景中，一般商用（民用）密码的加密、解密算法是公开的，而军用密码的加密、解密算法不公开。

3）易用性

算法设计完成后，应适用于各种场景。例如，密码设计者可以将算法细节透露给使用者，也可以分享给第三方。

1.3 密码分类

1.3.1 替代密码、置换密码和乘积密码

根据将明文变换成密文的方法不同，可以将密码分为替代密码、置换密码和乘积密码。

1. 替代密码

替代密码就是通过将明文中的每个字符由其他字母、数字或符号替代，把明文转换为密文的方法。替代密码通常要建立一个替代表，加密时将需要加密的明文依次通过查表，替代为相应的字符，明文字符被逐个替代后，生成无任何意义的字符串，即密文，替代表就作为密钥。恺撒密码就是一种典型的替代密码。

1）单表替代密码

单表替代密码又称单字母代换，明文字符集中的一个字符对应密文字符集中的一个字符，即对于明文中出现的同一个字符，在加密时都使用同一固定的字符来替代。

2）多表替代密码

多表替代密码指两个以上替代表依次对明文中的字符进行替代。明文中出现的同一个字符，在加密时不是完全被同一固定的字符替代的，而是根据其出现的位置次序，用不同的字符替代。例如，使用有 5 个替代表的替代密码，明文中的第 1 个字符对应第 1 个替代表，第 2 个字符对应第 2 个替代表，依次类推。

2. 置换密码

置换密码指根据一定的规则重新排列明文，以便打破明文的结构特性。置换密码的特点是保持明文中的所有字符不变，只是利用置换打乱了其出现的位置次序。羊皮传书就是一种置换密码。

3. 乘积密码

乘积密码就是以某种方式连续执行两个或多个单独的替代密码或置换密码，乘积密码往往结合的是简单的替代密码和置换密码，以使所得到的最后结果或乘积从密码编码的角度比其任意一个组成密码都强，以抵抗密码分析。其想法由克劳德·香农提出，在他的论文《加密系统的通信理论》中首次提到。乘积密码是现代对称密码的基本构造思想。

1.3.2　对称密码和公钥密码

按照密钥特征的不同，可以将密码分为对称密码和公钥密码，或者称为对称密码体制和公钥密码体制。

在对称密码模型中，发送方和接收方必须使用相同的密钥，该密钥必须保密。发送方用该密钥对待发信息进行加密，将信息传输至接收方，接收方再用相同的密钥对收到的信息进行解密。

公钥密码模型（又称非对称密码模型）中存在两个密钥，一个公钥和一个私钥。公钥与私钥是一对密钥，如果用公钥对信息进行加密，那么只有用对应的私钥才能解密；如果用私钥对信息进行加密，那么只有用对应的公钥才能解密。

1.3.3　分组密码和流密码

按照明文被处理方式的不同，可以将密码分为分组密码和流密码（又称序列密码）。

分组密码是将明文编码表示后的数字序列，划分成长度相等的组，每组分别在密钥的控制下变换成等长的数组数字序列。分组密码解决了密钥长度与明文一致的问题，分组密码加密固定长度的分组，需要加密的明文长度可能超过分组密码的分组长度。

流密码就是明文和密钥（称为密钥流）的长度一致，一一进行异或运算，可以得出密文。例如，要加密 100 字节的明文，需要 100 字节的密钥流，密钥流一般由初始密钥生成。

🔓 1.4　如何设计好的密码算法

这里我们通过螺旋式上升的方法来领会密码在技术上的演化，对于所提到的密码算法（以替代密码为实例），先不断地设问其攻击方法，然后给出改进的思路和方法，并设计更强的密码，在这一过程中，希望读者可以领会密码设计的关键问题。

1.4.1　单表替代密码

恺撒密码可以用穷举法对密钥进行攻击。例如，对于给定的一组密文，当密钥 k 为 3 时，解密后对应的明文有意义，由此我们就能知道该密文的加密密钥 k 为 3。恺撒密码本身密钥比较少，且有冗余的信息，这个特点使得我们能够攻击恺撒密码。从恺撒密码中我们可以看到，攻击者可以通过穷举法来破解加密算法。下面我们尝试增加恺撒密码的密钥空间，目的是提高攻击者穷举密钥的成本，设计一种单表替代密码。例如，单表替代密码的一张字母表（一组密钥）为

明文：abcdefghijklmnopqrstuvwxyz

密文：DKVQFIBJWPESCXHTMYAUOLRGZN

当我们要加密明文 ifwewishtoreplaceletters 时，利用这张字母表中的对应关系，就可以获得密文：

WIRFRWAJUHYFTSDVFSFUUFYA

那么如何破解单表替代密码呢？

1．词频分析法

我们注意到，一段包含信息的明文被转换成密文后，虽然明文中的字符在密文中被其他字符替代，但是并没有改变原字符的出现频率。

在图 1.3 中，英文里面出现频率最高的字符是 e，那么使用单表替代密码把 e 替代为其他字符，如 P 后，P 在密文里面出现的频率就会变成最高。于是计算出密文中的每个字符的频率，就可以反向推断出明文的字符。

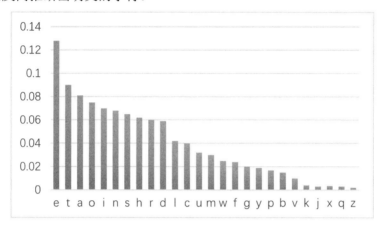

图 1.3　单字符出现的频率

借鉴单字符出现的频率，我们还可以考虑单词、字符组合出现的频率。这是因为密文仍保留了明文的单词特征，包括长度和频率，单词的频率特征在短文本中比字符更加明显。例如，英文字符组合 the 常常一起出现，当密文里面出现了大量的 ZWP 组合时，由于先前已推测出 P 是 e，因此可以进一步推测出 ZWP 是 the。

到这里我们可以知道，一个好的密码算法，就是逼得攻击者只能够利用穷举法进行破解。这样算法设计者才能够量化攻击者的攻击成本，一个密码的强弱可以和密钥数量（Key Size）正相关，如表 1.4 所示。

表 1.4　密钥数量与穷举时间对照表

密钥长度（bit）	密钥数量	所需平均时间（1 次/μs）	所需平均时间（10^6 次/μs）
32	$2^{32} = 4.3×10^9$	2^{31} μs = 35.8 minutes（分钟）	2.15 milliseconds（毫秒）
56	$2^{56} = 7.2×10^{16}$	2^{55} μs = 1142 years（年）	10.01 hours（小时）
128	$2^{128} = 3.4×10^{38}$	2^{127} μs = 5.4×10^{24} years	5.4×10^{18} years
168	$2^{168} = 3.7×10^{50}$	2^{167} μs = 5.9×10^{36} years	5.9×10^{30} years
26 个字母	$26! = 4×10^{26}$	2×10^{26} μs = 6.4×10^{12} years	6.4×10^6 years

56bit 的密码在 1 次/μs 的穷举中，需要 1142 年才能穷举出来。

2．无条件安全和计算上安全

在上述分析的基础上，我们提出两个安全的概念，即无条件安全和计算上安全。无条件安全是指假设攻击者有无限的时间和计算资源，也无法在不知道密钥的情况下解密；计算上安全是指设计的密码算法使得攻击者在时间和计算资源有限的情况下不能够解密，即让加密者的计算成本远远低于攻击者在不知道密钥的情况下破译密码的成本。现实世界中使用的密码算法都属于计算上安全，能够达到无条件安全的密码算法只是作为理论标杆存在。

3．改进的思路

前文提到可以通过词频分析法破解单表替代密码，那么如何改进单表替代密码呢？我们可以从两个角度进行尝试，即"多对一"和"一对多"。"多对一"是指先对明文进行分组，一次对多个字符进行加密。例如，我们将 8 个字符视为一组，建立一个 8 对 8 的映射表进行替代加密。这样，一方面使得统计表条目增多，构造统计表的成本明显增加；另一方面在分组之后，明文的统计规律在密文中变得不明显。"一对多"是指明文中的一个字符在密文中被多个字符替代。一对多似乎带来了一个问题，如一个字符 K 被替换成 C、M 等，那么在解密时怎么进行还原呢？在下面会解答这一疑问。

下面将介绍 Playfair 密码和 Vigenere 密码，这两种密码是在"多对一"和"一对多"两种角度上对单表替代密码进行改进的，目的是使得词频分析法的密码攻击不可行。

1.4.2　Playfair 密码

Playfair（普莱费尔）密码是一种使用一个关键词方格来加密字符对的加密方法，1854 年由英国科学家查尔斯·惠斯通（Charles Wheatstone）发明，经莱昂·普莱费尔提倡在英国军队和政府使用。

1．算法流程

Playfair 密码首先要根据密钥生成一个由 5×5 正方形组成的密钥矩阵，密钥矩阵里排列有 25 个字符。如果一种语言的字符超过 25 个，则去掉使用频率最少的一个。例如，法语一般去掉 W 或 K；德语则是把 I 和 J 合起来当作一个字符看待；英语去掉 Z。密钥矩阵建立的规则是选定一个密钥并写下，剩余未出现在密钥中的字符按顺序依次写下，组成一个 5×5 的矩阵。

当密钥为 MONARCHY 时，对应的密钥矩阵为（此处，I 和 J 当作一个字符）

M	O	N	A	R
C	H	Y	B	D
E	F	G	I（J）	K
L	P	Q	S	T
U	V	W	Y	Z

对明文 CEOVIMUMP 进行分组，可分组为 CE OV IM UM PX，若最后剩下单字符，则补 X（或 Q）。在分组密码中，如果最后一组明文无法满足单个分组长度，惯常的做法是使用填充（Padding），填充的字符是通信双方事先约定的。

2．加密过程

根据每组中的两个字符找对应的密文（定义明文 p_1、p_2，密文 c_1、c_2）。

（1）若 p_1、p_2 在同一行，则对应密文 c_1、c_2 是紧靠 p_1、p_2 右方的字符，其中第 1 列被视为最后 1 列的右方。按上述密钥矩阵，ar 被替换为 RM。

（2）若 p_1、p_2 在同一列，则对应密文 c_1、c_2 是紧靠 p_1、p_2 下方的字符，其中第 1 行被视为最后 1 行的下方。按上述密钥矩阵，mu 被替换为 CM。

（3）若 p_1、p_2 不在同一行，也不在同一列，则 c_1、c_2 是由 p_1、p_2 确定的矩形的其他两角的字符（至于是横向替换还是纵向替换要事先约定好）。按上述密钥矩阵，采取横向替换，即字符被密钥矩阵中自己所在行、同组另一个字符所在列的字符替代，hs 被替代为 BP，ea 被替代为 IM 或 JM。

3．解密过程

（1）若 c_1、c_2 在同一行，则对应明文 p_1、p_2 是紧靠 c_1、c_2 左方的字符，其中最后 1 列被视为第 1 列的左方。

（2）若 c_1、c_2 在同一列，则对应明文 p_1、p_2 是紧靠 c_1、c_2 上方的字符，其中最后 1 行被视为第 1 行的上方。

（3）若 c_1、c_2 不在同一行，也不在同一列，则 p_1、p_2 是由 c_1、c_2 确定的矩形的其他两角的字符。

注意到在上述替代规则中，没有解决在明文分组过程中相同字符出现在同一个分组中的情况。例如，对明文 BALLOON 进行分组，会出现 LL 与 OO 这样的分组，这个问题也可以使用填充的方法解决。通信双方可以事先约定，若出现相同字符出现在同一个分组中的情况，则插入填充字母 X。按这一规则，上述例子中的明文 BALLOON 被分为以下 4 个分组：BA、LX、LO、ON。

根据本章攻防结合地来设计密码的分析框架，尝试对 Playfair 密码进行攻击，首先能够想到的方法是词频分析法，因为是把两个字符视为一个单位做替代，所以我们需要建立一个 26×26 条目的词频统计表。对于现在的计算机，这是一个比较简单的事情，最终结论是攻击者需要收集几百单词的密文就可以对 Playfair 密码进行双字符词频统计攻击。那么如果按照使用分组密码的设计思路，如何在 Playfair 密码基础上加以改进，提高分组密码的强度呢？直接的想法是我们可以使用更大的分组，如 8 个字符分成一组，使得分析密文的词频统计规律变得更加困难。

1.4.3　Vigenere 密码

单表替代将明文中的字符在密文中替换为其他字符，但密文中同一个字符仅对应明文中的一个字符，这样就很容易从词频分析上破译。为此引入多表替代，明文中的同一个字符出现在不同位置时，会被替换成密文中的不同字符。

Vigenere（维吉尼亚）密码是一种单字符多表替代密码。在恺撒密码的基础上进行改进和扩展。使用一个字符串作为密钥，字符串中的每个字符都作为移位替代密码的密钥并确定一个替代表。

设密钥 K 是长度为 n 的字符串 $(k_1, k_2, \cdots, k_n)$，这里的 k_j 是密码的第 j 个字符在字符集中的序号。明文 m 也被分成许多长为 n 的小段，第 i 段 $M_i = m_1, m_2, \cdots, m_n$，该段明文对应的密文 $C_i = c_1, c_2, \cdots, c_n$，则

$$c_j = (m_j + k_j)(\bmod 26) \quad (j = 1, 2, \cdots, n) \tag{1.4}$$

例如，密钥为字符串 moonlight，其字符编号为 12,14,14,13,11,8,6,7,19；密钥长度 $n=9$。明文为 STOPTRADE，其字符编号为 18,19,14,15,19,17,0,3,4；将明文字符编号对应循环移动密钥第 K 个位置，得到新的字符编号为 4,7,2,2,4,25,6,10,23；转换到字符，则密文为 EHCCEZGKX。

1. 算法流程

（1）首先建立一组字符集，如表 1.5 所示。

表 1.5　Vigenere 密码字符集

	a	b	c	d	e	f	g	h	i	j	k	l	m	n	o	p	q	r	s	t	u	v	w	x	y	z
a	A	B	C	D	E	F	G	H	I	J	K	L	M	N	O	P	Q	R	S	T	U	V	W	X	Y	Z
b	B	C	D	E	F	G	H	I	J	K	L	M	N	O	P	Q	R	S	T	U	V	W	X	Y	Z	A
c	C	D	E	F	G	H	I	J	K	L	M	N	O	P	Q	R	S	T	U	V	W	X	Y	Z	A	B
d	D	E	F	G	H	I	J	K	L	M	N	O	P	Q	R	S	T	U	V	W	X	Y	Z	A	B	C
e	E	F	G	H	I	J	K	L	M	N	O	P	Q	R	S	T	U	V	W	X	Y	Z	A	B	C	D
f	F	G	H	I	J	K	L	M	N	O	P	Q	R	S	T	U	V	W	X	Y	Z	A	B	C	D	E
g	G	H	I	J	K	L	M	N	O	P	Q	R	S	T	U	V	W	X	Y	Z	A	B	C	D	E	F
h	H	I	J	K	L	M	N	O	P	Q	R	S	T	U	V	W	X	Y	Z	A	B	C	D	E	F	G
i	I	J	K	L	M	N	O	P	Q	R	S	T	U	V	W	X	Y	Z	A	B	C	D	E	F	G	H
j	J	K	L	M	N	O	P	Q	R	S	T	U	V	W	X	Y	Z	A	B	C	D	E	F	G	H	I
k	K	L	M	N	O	P	Q	R	S	T	U	V	W	X	Y	Z	A	B	C	D	E	F	G	H	I	J
l	L	M	N	O	P	Q	R	S	T	U	V	W	X	Y	Z	A	B	C	D	E	F	G	H	I	J	K
m	M	N	O	P	Q	R	S	T	U	V	W	X	Y	Z	A	B	C	D	E	F	G	H	I	J	K	L
n	N	O	P	Q	R	S	T	U	V	W	X	Y	Z	A	B	C	D	E	F	G	H	I	J	K	L	M
o	O	P	Q	R	S	T	U	V	W	X	Y	Z	A	B	C	D	E	F	G	H	I	J	K	L	M	N
p	P	Q	R	S	T	U	V	W	X	Y	Z	A	B	C	D	E	F	G	H	I	J	K	L	M	N	O
q	Q	R	S	T	U	V	W	X	Y	Z	A	B	C	D	E	F	G	H	I	J	K	L	M	N	O	P
r	R	S	T	U	V	W	X	Y	Z	A	B	C	D	E	F	G	H	I	J	K	L	M	N	O	P	Q
s	S	T	U	V	W	X	Y	Z	A	B	C	D	E	F	G	H	I	J	K	L	M	N	O	P	Q	R
t	T	U	V	W	X	Y	Z	A	B	C	D	E	F	G	H	I	J	K	L	M	N	O	P	Q	R	S
u	U	V	W	X	Y	Z	A	B	C	D	E	F	G	H	I	J	K	L	M	N	O	P	Q	R	S	T
v	V	W	X	Y	Z	A	B	C	D	E	F	G	H	I	J	K	L	M	N	O	P	Q	R	S	T	U
w	W	X	Y	Z	A	B	C	D	E	F	G	H	I	J	K	L	M	N	O	P	Q	R	S	T	U	V
x	X	Y	Z	A	B	C	D	E	F	G	H	I	J	K	L	M	N	O	P	Q	R	S	T	U	V	W
y	Y	Z	A	B	C	D	E	F	G	H	I	J	K	L	M	N	O	P	Q	R	S	T	U	V	W	X
z	Z	A	B	C	D	E	F	G	H	I	J	K	L	M	N	O	P	Q	R	S	T	U	V	W	X	Y

（2）确定密钥，如 moonlight。

（3）将明文对应密钥转换成密文。例如，将明文 stoptrade 通过密钥 moonlight 转换为密文，首先将明文第 1 个字符 s 根据密钥 m 对应的字符集替代为 E，然后将明文第 2 个字符 t 根据密钥 o 对应的字符集替代为 H，依次类推。我们可以将明文 stoptrade 转换成密文 EHCCEZGKX。

（4）解密时，将密文中的字符逐个按密钥字符对应字符集来替代为对应明文中的字符。

2. Vigenere 密码的破译

在 Vigenere 密码中，明文中的一个字符可能被替代为多个不同的密文字符，使得简单的频率分析无法破译。然而，攻击者仍然可以使用某些技巧来解密拦截到的密文。破译 Vigenere

密码的关键在于它的密钥是循环重复的，一旦我们知道了密钥的长度，密文就可以被视为交织在一起的恺撒密码，而其中每个恺撒密码都可以被单独破译。

Vigenere 密码分析通常由两个步骤组成：①确定密钥长度；②找到密钥。有多种方法可用来确定密钥长度，其中典型的是卡西斯基试验和弗里德曼试验。

1）卡西斯基试验

弗里德里希·卡西斯基于 1863 年发表了完整的 Vigenere 密码的破译方法，称为卡西斯基试验（Kasiski Examination）。在此之前，查尔斯·巴贝奇或许已经意识到了这一方法，并使用这一方法破译了公开挑战的密码题目，在对巴贝奇生前笔记的研究中发现，早在 1846 年巴贝奇就使用了这一方法，与后来卡西斯基发表的方法相同。

密码分析者搜索截获密文中的至少包含 3 个字符的字符串片段。如果找到两个重复出现的片段，它们之间的距离为 d，则密码分析者可以假设 $d \mid m$（m 是 d 的约数），其中 m 是密钥长度。如果找到更多的重复片段，这些重复片段之间的距离分别为 $d_1, d_2, \cdots, d_n$，则不妨假设 $\gcd(d_1, d_2, \cdots, d_n) \mid m$，并猜测 m 的取值。这种假设是有道理的，因为如果两个重复的字符串片段（如 the）在明文中相隔 $K \times m$（$K = 1, 2, \cdots$）个字符，它们将被同一组字母表（对应相同的密钥字符串）加密，那么它们在密文中相同且相隔 $K \times m$ 个字符。搜索至少包含 3 个字符的字符串片段，是为了避免密钥中的字符串不同但密文中的字符串相同的情况。

一旦确定了密钥长度，密码分析者将密文分成 m 个不同的部分，并使用单字母表的词频分析法破解。每个密文部分都可以解密并组合成完整的明文。换句话说，虽然整个密文不保留明文的单字符频率，但是每个部分都保留了。

举一个例子，假设我们拦截了以下密文：

MWGFEGGDVWGHHCQUCRHRWAGWIOWQLKGZETKKMEVLWPCZVGTHVTSGX
QOVGCSVETQLTJSUMVWVEUVLXEWSLGFZMVVWLGYHCUSWXQHKVGSHEEV
FLCFDGVSUMPHKIRZDMPHHBVWVWJWIXGFWLTSHGJOUEEHHVUCFVGOWICQ
LTJSUXGLW

搜索重复出现的至少包含 3 个字符的字符串片段，进行 Kasiski 测试得出如表 1.6 所示的结果。

表 1.6　字符串统计表

字符串片段	第 1 个出现的位置	第 2 个出现的位置	距离
JSU	68	168	100
SUM	69	117	48
VWV	72	132	60
MPH	119	127	8

经计算发现，表中 4 个重复字符串片段的距离的最大公约数为 4，这意味着密钥长度有可能是 4 的倍数。首先尝试 $m = 4$，将密文分成 4 个部分，第 1 个部分 C_1 由密文中的第 1, 5, 9…字符组成；第 2 个部分 C_2 由字符 2, 6, 10…组成；依次类推。对每个部分分别使用词频统计攻击，逐个字符交错解密各部分以得到整个明文。如果明文不通顺，则尝试使用其他 m 值。各部分密文如下：

```
C₁: LWGWCRAOKTEPGTQCTJVUEGVGUQGECVPRPVJGTJEUGCJG
P₁: j u e u a p y m i r c n e r o a r h t s t h i h y t r a h c i e i x s t h c a r r e h e
C₂: IGGGQHGWGKVCTSOSQSWVWFVYSHSVFSHZHWWFSOHCOQSL
P₂: u s s s c t s i s w h o f e a e c e i h c e t e s o e c a t n p n t h e r h c t e c e x
C₃: OFDHURWQZKLZHGVVLUVLSZWHWKHFDUKDHVIWHUHFWLUW
P₃: l c a e r o t n w h i w e d s s i r s i i r h k e t e h r e t l t i i d e a t r a i r t
C₄: MEVHCWILEMWVVXGETMEXLMLCXVELGMIMBWXLGEVVITX
```

在这个例子里，尝试 $m=4$ 即可成功破译，得到如下明文：

Julius Caesar used a cryptosystem in his wars, which is now referred to as Caesar cipher. It is an additive cipher with the key set to three. Each character in the plaintext is shifted three characters to create ciphertext.

2）弗里德曼试验

弗里德曼试验由威廉·F.弗里德曼（William F. Friedman）于 1920 年发明，使用了重合指数（Index Of Coincidence）来描述目标文本的字符频率分布的不均匀性，重合指数 K 的定义为

$$K = \frac{\sum_{i=1}^{c} n_i (n_i - 1)}{N(N-1)} \tag{1.5}$$

式中，C 为目标文本字符集的字符个数（英文为 26）；N 为目标文本的长度（所含字符总数）；n_i 为字符集的第 i 个字符在目标文本中出现的次数（频数）。

我们定义 K_p 为从目标明文文本中随机选取两个字符，这两个字符相同的概率（英文文本约为 0.067），K_r 为从随机无意义的文本中选取两个字符，这两个字符相同的概率（注意，字符随机出现的文本中每个字符出现的概率均等，英文文本约为 $26 \times \left(\frac{1}{26}\right)^2 = 0.0385$）。注意，从类似 Vigenere 密码的多表替代密码的一段密文中随机抽取两个字符，这两个字符相同的概率接近 0.0385。

猜测的密钥长度可以估计为

$$\frac{K_p - K_r}{K - K_r} \tag{1.6}$$

按密钥长度将文本分成若干密文，观察密文的重合指数 K。当密钥匹配时，如果目标明文为英文，则 K 应当接近于 K_p（一篇有意义的英文文本中随机选取的两个字符相同的概率），即 0.0385。

随着输入密文长度的增加而更为精确。在实践中，会尝试接近此估计的多个密钥长度，将密文写成矩阵形式，其中列数与猜测的密钥长度一致（密钥长度也可由卡西斯基试验得到），将每列的重合指数单独计算，并求得平均重合指数。对于所有可能的密钥长度，最大的平均重合指数最有可能是真正的密钥长度。

1.4.4　自动生成密钥密码

Vigenere 密码的密钥是重复循环使用的，使得攻击者能够分析密钥长度，对此其设计者提出了一个改进方案——自动生成密钥密码（Autokey Cipher）。其大致思路如下：先用初始密钥加密明文得到密文，将密钥发送给接收方，接收方用同样的密钥进行解密得到明文，双方用得到的明文作为密钥去加密和解密后面的明文。

自动生成密钥密码相对 Vigenere 密码来说是一个较强的密码，但并非没有缺陷。其缺陷在于使用了明文作为密钥，导致密钥中字符频率的统计规律和明文中字符频率的统计规律是一致的。从英文字符频率分析来看，字符 e 的频率非常高，那么用字符 e 对应的密码表加密字符 e 的概率要高于其他情况，这样的频率分布就可以用来进行密码分析。

1.4.5　Vigenere 密码的安全性

Vigenere 密码实现了"一对多"的思想，明文中的某个字符在密文中被多个字符替代，让攻击者对密文的字符频率分析变得相对困难，但字符频率的统计规律没有完全丧失，致使其仍然可以被破译。按照 Vigenere 密码的这种设计思路继续走下去，使用多表替代密码，找到一个密钥，由这个密钥来选择字符集，其满足以下两个条件。

（1）长度和明文一样长。

（2）在统计上和明文的词频统计分布没有任何联系。

注意，明文是人类语言，本身就包含冗余信息或结构信息，那么如何找到在统计上和明文没有任何联系的密钥呢？最简单的方法就是选择一个纯粹的随机序列，用这样一个随机序列作为密钥去加密明文，这就是 Vernam（维尔南）密码的基本设计思路。

🔓 1.5　对称密码的标杆

在多表替代密码中，如果密钥和明文一样长，且密钥真正随机，那么该密码无条件安全。Vernam 密码就是一种无条件安全的密码。Vernam 加密法又称一次一密（One-Time-Pad），用随机的、非重复的字符集作为输出密文。这里最重要的是，一旦使用了变换的输入密文，就不会在任何其他信息中使用这个输入密文（因此是一次性的）。其中，输入密文的长度等于明文的长度。

当明文、密文、密钥均为对应比特时，Vigenere 密码就成了 Vernam 密码。Vernam 密钥在计算机代码中得到了广泛应用，其计算公式为

$$c_i = (m_i + k_i) \bmod 2 \quad (i = 1, 2, 3, \cdots) \tag{1.7}$$

式中，m_i, k_i, c_i 都是一个比特，取值为 0 或 1。

实际使用中，密钥一般是取一个周期很长的伪随机二元码序列。加密后，密钥的随机性掩盖了明文的可读性，使密文变得不可理解。为了得到较长的密钥，可以找两个不太长的密钥，各自循环使其中一个对另一个加密，当两个密钥长度互质时，可得到长度为二者之积的密钥。

🔓 1.6　简单的置换密码

在上述攻防分析框架下改进密码算法的讨论中，我们使用的例子都是替代密码，下面对置换密码进行介绍。首先让我们回顾一下置换密码的概念：置换密码根据一定的规则重新排列明文，以便打破明文的结构特性，达到信息加密的目的；与替代密码不同，明文中的字符同样出现在密文中，只是顺序不同。我们将介绍两种简单的置换密码：Rail Fence 密码和行置换密码。

1.6.1　Rail Fence 密码

Rail Fence 密码的思路是按对角线的顺序写出，作为明文，按行的顺序读出，作为密文。例如：

```
t   a   k   o   f   r   o   r   r   i   a
  h   n   y   u   o   y   u   a   r   v   l
```

明文为 thankyouforyourarrival；密文为 TAKOFRORRIAHNYUOYUARVL。

其中行代表加密的深度，上面是两行，所以加密的深度是 2，如果深度增加，那么对角线的长度也增加。

1.6.2　行置换密码

Rail Fence 密码的置换规则较为简单，易于被攻击，我们可以设计一种用密钥使置换规则更复杂的方案。先将明文一行行写出，呈矩形排列，然后将列的次序打乱，最后以列的次序读出，而密钥就是列的次序。

密钥:	4	3	1	2	5	6	7
明文:	a	t	t	a	c	k	p
	o	s	t	p	o	n	e
	d	u	n	t	i	l	t
	w	o	a	m	x	y	z

密文:　TTNAAPTMTSUOAODWCOIXKNLYPETZ

关于这种加密的解密方式，请读者自己思考。

🔓 1.7　转子机

在 Vigenere 密码的基础上，出现了基于乘积密码思想的多轮次替代密码——转子机（或轮转机）。转子机由一个输入键盘和一组转轮组成，如图 1.4 所示，每个转轮上都标有 26 个英文字母，字母的顺序随意。转轮之间由齿轮进行连接，当一个转轮转动的时候，可以将一个字母转化成另一个字母。

图 1.4　转子机

转子机的工作原理：转子机由多个转轮构成，每个转轮旋转的速度都不一样，3 个转轮，分别标号为 1、2、3，其中 1 号转轮转动 26 个字母后，2 号转轮转动 1 个字母，2 号转轮转动 26 个字母后，3 号转轮转动 1 个字母。因此，当转子机转动 26×26×26 次后，所有转轮恢复到初始状态，即 3 个转轮的一个周期长度为 26×26×26（17576）的多表替换密码。

用 6 位字母定义转子机的初始状态，并称为密钥。1～3 位记录 3 个转轮的排列顺序（如 BAC 表示 B 转轮放在最靠近键盘的位置），4～6 位记录 3 个转轮的初始位置（如 XYZ 表示最靠近键盘的转轮初始位置在 X 上）。

加密明文时，利用密钥将转轮排列成一个初始状态，根据明文字符串中的字符顺序逐一加密。每加密一个字符，转轮转动使替代字符集的对应关系发生变化，从而实现多表代换密码。

🔓1.8　隐写术

隐写术的特点是在大量冗余的信息中隐藏相对少的信息。藏头诗、隐形墨水等都是古典隐写术的例子。现代隐写术相较于古典隐写术有了新的应用场景，主要应用于数字化编码后的多媒体信息，如图像、声音、视频，甚至文本。人类的视觉、听觉感知系统或多或少地存在一些冗余空间，利用这些冗余空间可以进行信息的秘密传递，同时不影响载体的视觉或听觉效果，因此可以实现信息的隐蔽传递。现代信息隐藏技术主要应用于两个方面：伪装式保密通信和数字水印。

1.8.1　伪装式保密通信

目前伪装式保密通信领域主要研究在图像、视频、声音及文本中隐藏信息。例如，在一幅普通图像中隐藏一幅机密图像；在一段普通谈话中隐藏一段机密谈话或各种数据；在一段视频中隐藏各种信息。

文本中的冗余空间比较小，但利用文本的一些特点也可以隐藏一些信息。

相较于对称加密，伪装式保密通信存在大量的冗余信息，需要更多的空间，但信息更加隐蔽。

1.8.2　数字水印

数字水印是一种基本的数字版权标记手段，可以作为嵌入在数字作品中的一个版权信息，给出数字作品的作者、所有者、发行者及授权使用者等版权信息；也可以作为数字作品的序列码，用于跟踪盗版者。

习　题

1．试给出用卡西斯基试验破译 Vigenere 密码的基本原理。

2．19 世纪，荷兰人 A.Kerckhoffs 提出的"Kerckhoffs 假设"表明密码安全性的基础是：一切秘密寓于____之中。这意味着加密算法可以公开，而密码的安全性应该依赖密钥的保密性。对称密码包括____、____、____、____。恺撒密码是一种____，通过简单的字母移位进行加密。相对而言，Vigenere 密码容易受到____攻击，特别是当密钥长度较短或存在重复时，更易破译。

3．下面关于无条件安全和计算上安全，说法不正确的是（　　　）。

A．AES 密码是无条件安全的

B．如果密钥序列真正随机，且明文序列长度相同，那么该密码无条件安全

C．假设攻击者有无限的时间和计算资源，密码都不能被破解，称为无条件安全

D．假设在攻击者时间和计算资源有限的情况下，密码不能被破解，称为计算上安全

4．下列古典密码中属于置换密码的是（　　　）。

A．Vigenere 密码　　　　　　　　　B．羊皮传书

C．恺撒密码　　　　　　　　　　　　D．Playfair 密码

5．相对最容易遭受词频统计攻击的是（　　　）。

A．Vigenere 密码　　　　　　　　　B．DES 密码

C．单表替代密码　　　　　　　　　　D．Autokey 密码

6．下面说法不正确的是（　　　）。

A．在有些公钥系统中，密钥对之间可以交换使用

B．在对称密码中，密钥需要事先由发送方和接收方实现共享

C．密码包括对称密码和非对称密码两种

D．若知道公钥密码的加密算法，则从加密密钥中得到解密密钥在计算上是可行的

第 2 章 现代分组密码

在计算机出现以后，以计算机为工具的密码称为现代密码。本章将介绍现代分组密码，在 1.3 节密码分类中，按照明文处理方式，将密码分为分组密码和流密码。分组密码和流密码本质上的区别在于密钥，分组密码通常采用有限密钥，而流密码采用的是与明文一样长的密钥序列。分组密码是广泛采用的密码，各种商业信息系统中都存在分组密码的身影。本章思考如何用分组密码解决通信保密问题。

2.1 分组密码的一般原理

分组密码将明文编码表示后的数字序列（如不特别指出，默认为二进制序列）划分成长度相等的组。例如，每 m 比特为一个分组，每个分组都在密钥的控制下变换成等长的密文数字序列，分组密码一般需要定义如何加密固定长度的单个明文分组。分组密码解决了密钥长度与明文长度不一致的问题，一般情况下，需要加密的明文总长度会超过单个明文分组的长度，此时就需要对单个明文分组的加密进行迭代，以便将长明文进行加密，迭代的方法就成为分组密码的模式。

流密码的特点是不对明文数字序列进行分组，密钥数字序列的长度与明文数字序列的长度一致，常采用明文数字序列与密钥数字序列一一异或运算的方法计算出密文。序列密码通常用于数据传输协议，如 RC4，最常用的流密码之一，它的初始密钥长度可变（1～225 字节），由初始密钥经 RC4 算法生成密钥数字序列。

分组密码以明文数字序列的单个明文分组为每次处理的基本单元，而流密码以一个比特或字节为基本处理单元，每次加密和解密时只处理明文数字序列中的一个比特或字节。在分组密码中，将长度为 m 比特的一组明文数字序列作为整体进行加密，输出相同大小的一组密文。典型的明文分组大小是 64 比特或 128 比特。

在正式开始介绍现代分组密码之前，我们先来回顾两个概念——对称密码模型和乘积密码。对称密码模型由 5 个要素组成：明文、密文、密钥、加密算法和解密算法，其实现通信保密的关键在于"一切秘密寓于密钥之中"，现代分组密码仍属于对称密码模型这一范畴。乘积密码是指多次使用替代和置换进行加密的算法，它是古典密码过渡到现代密码的桥梁，言下之意是说现代密码本质上是乘积密码，下面介绍的香农提出的替代-置换网络（Substitution-Permutation Network，SPN）最能体现这种思想。

2.1.1 理想的分组密码

分组密码往往将明文以比特为单位进行分组，64 比特或 128 比特为一组。64 比特明文替换到 64 比特密文存在 2^{64} 种可能性。

我们先考虑简单的 4 比特分组的情况，图 2.1 给出了 4 比特明文输入 4 比特密文输出的映射关系，这样的映射关系一共有 16 种，也就是 2^4 种。

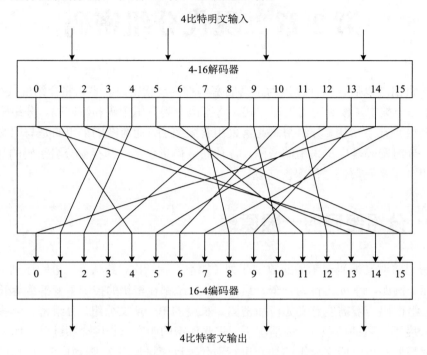

图 2.1　4 比特明文输入 4 比特密文输出的映射关系

对于理想化的分组，是指以 N 比特为分组大小的分组密码，其存在 2^N 种可能的映射关系，而且不能重复。密码学家 Feistel 提出了一种设计思想，将分组密码在理想分组密码的基础上做了改进，通过引入密钥，其长度为 K 比特，取 N 比特的分组大小，并设计 2^K 种可能的映射关系，而不是采用 2^N 种可能的映射关系。

如何选择映射关系呢，下面我们通过 SPN 进行学习。

2.1.2　SPN

香农在其论文中提出了 SPN 这一概念。所谓 SPN 包含两种原子操作，即替代的盒子（Substitution-Box，S-Box）和置换的盒子（Permutation-Box，P-Box），运用这两种非常简单的原子操作加上乘积密码的思想可以构建非常强健的加密算法。那么这样构建的原理是什么呢？香农提出了两个概念：扩散（Diffusion）和扰乱（Confusion）。

1．扩散和扰乱

扩散是指让明文的统计规律能够分散到密文的各个地方。例如，以 64 比特为分组大小，若一组明文中的某个比特发生变化，则密文中会有若干比特发生变化，这种现象称为扩散。由于扩散现象的存在，对密文的词频统计攻击会变得比较困难。扰乱是指让密钥的统计规律分散到密文中。与扩散类似，扰乱同样会让词频统计攻击变得困难。

香农用形式化的语言介绍了扩散和扰乱，体现了分组密码的本质属性，成为现代分组密码设计的基础理念。

2．S-Box 和 P-Box

下面介绍 SPN 中的两种原子操作，即 S-Box 和 P-Box，如图 2.2 所示。首先来看 S-Box，其左边是 7 比特输入，右边是 7 比特输出，输入 7 比特数据后，根据设计好的替代映射关系给出对应输出。P-Box 与 S-Box 类似，同样是 7 比特输入和输出，不同的是 P-Box 是比特顺序的变化，从图中可以看到 P-Box 输入的第 1 比特经过盒子后变为第 5 比特，其他比特类似。

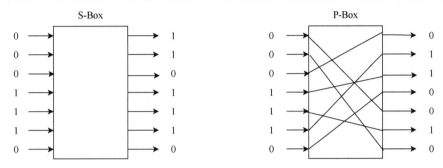

图 2.2 S-Box 和 P-Box

3．SPN 的结构

S-Box 和 P-Box 本身的结构清晰简单，要构建强健的密码还需要依靠乘积密码的思想。图 2.3 所示为 SPN 的结构示意图。可以看到 SPN 由一系列 S-Box 和 P-Box 组成，它们按照一定的规律排列。

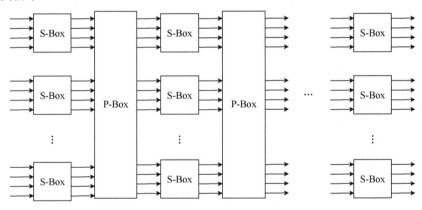

图 2.3 SPN 的结构示意图

每列的 S-Box 和相邻列的 P-Box 组成一轮迭代，不断重复形成若干轮迭代。以 64 比特输入为例，需要 16 个 S-Box 进行替代处理（S-Box 的输入和输出均为 4 比特），完成后进入 P-Box 进行置换处理（P-Box 的输入和输出均为 64 比特），不断迭代最后输出密文。为什么这样组合 S-Box 和 P-Box 就具有较强的抗统计分析的能力呢？关键在于其实现了扩散和扰乱的思想，这里我们通过一个例子展现这一过程。

4．雪崩效应

图 2.4 展示了 SPN 中的扩散现象（雪崩效应）。SPN 的输入明文分组和输出密文分组大小是 64 比特，原输入为 $m_1, m_2, m_3, \cdots, m_{63}, m_{64}$，原输出为 $c_1, c_2, c_3, \cdots, c_{63}, c_{64}$。

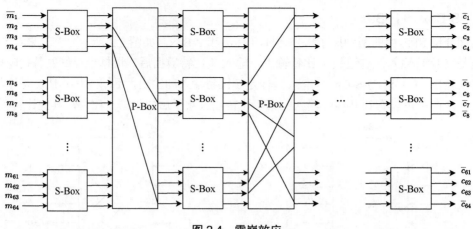

图 2.4 雪崩效应

将输入的第 1 比特 m_1 改为 $\overline{m}_1$，经过第 1 个 S-Box 后，会有 2 比特输出发生变化，而后进入 P-Box，P-Box 会改变顺序，这将导致下一轮有 2 个 S-Box 的输入发生变化，不断迭代，最终输出变为 $\overline{c}_1,\overline{c}_2,c_3,\cdots,c_{63},\overline{c}_{64}$，其中多个位置的输出发生了改变，这就是雪崩效应。

5. SPN 的形式化描述

SPN 在密码学中具有基础性的地位，后世的分组密码设计者都使用 SPN 来定义算法组件。这里我们给出 SPN 的形式化描述，设 l 和 m 都是正整数，明文和密文都是长为 lm 的二元向量（lm 是该密码的分组长度）。一个 SPN 包括 S-Box 和 P-Box 两种原子操作，记为 $\boldsymbol{\pi}_s$ 和 $\boldsymbol{\pi}_p$，即

$$\boldsymbol{\pi}_s : \{0,1\}^l \to \{0,1\}^l \tag{2.1}$$

$$\boldsymbol{\pi}_p : \{1,\cdots,lm\} \to \{1,\cdots,lm\} \tag{2.2}$$

$\boldsymbol{\pi}_s$ 用一个 l 比特向量来替代另一个 l 比特向量；$\boldsymbol{\pi}_p$ 用来置换 lm 个比特。

给定一个 lm 比特的二元串 $x=\left(x_1,\cdots,x_m\right)$，可以将其视为 m 个 l 比特子串 $x_{(1)},\cdots,x_{(m)}$ 的并联。因此

$$x = x_{(1)} \| \cdots \| x_{(m)} \tag{2.3}$$

对于 $1 \leqslant i \leqslant m$，有

$$x_{(i)} = \left(x_{(i-1)l+1},\cdots,x_{il}\right) \tag{2.4}$$

将要给出的 SPN 由 N_r 轮组成，在每轮（除最后一轮稍有不同外）中，我们先用异或操作混入该轮子密钥，再用 $\boldsymbol{\pi}_s$ 进行 m 个替代，最后用 $\boldsymbol{\pi}_p$ 进行一次置换。注意，l、m 和 N_r 都是正整数，设 $\mathcal{P} = \mathcal{C} = \{0,1\}^{lm}$，$\mathcal{X} \subseteq \left(\{0,1\}^{lm}\right)^{N_r+1}$ 是由初始密钥 K 用子密钥生成算法产生的所有可能密钥编排方案之集。对于一个密钥编排方案 $\left(K^1,\cdots,K^{N_r+1}\right)$，使用算法 2.1 加密明文 x。

算法 2.1 SPN

$\text{SPN}\left(x,\boldsymbol{\pi}_s,\boldsymbol{\pi}_p,\left(K^1,\cdots,K^{N_r+1}\right)\right)$

$w^0 \leftarrow x$

$$\text{for } r \leftarrow 1 \text{ to } N_r - 1$$

$$\text{do} \begin{cases} u^r \leftarrow r^{r-1} \oplus K^r \\ \text{for } i \leftarrow 1 \text{ to } m \\ \quad \text{do } v^r_{(i)} \leftarrow \boldsymbol{\pi}_s(u^r_{(i)}) \\ w^r \leftarrow (v^r_{\boldsymbol{\pi}_p(l)}, \cdots, v^r_{\boldsymbol{\pi}_p(\mathrm{lm})}) \end{cases}$$

$$u^{N_r} \leftarrow w^{N_r - 1} \oplus K^{N_r}$$

$$\text{for } i \leftarrow 1 \text{ to } m$$

$$\quad \text{do } v^{N_r}_{(i)} \leftarrow \boldsymbol{\pi}_s\left(u^{N_r}_{(i)}\right)$$

$$y \leftarrow v^{N_r} \oplus K^{N_r + 1}$$

$$\text{output}(y)$$

其中，u^r 是第 r 轮对 S-Box 的输入，v^r 是第 r 轮对 S-Box 的输出。w^r 由 v^r 应用置换 $\boldsymbol{\pi}_p$ 得到，u^{r+1} 由轮密钥 K^{r+1} 异或 w^r 得到（这叫作轮密钥混合），最后一轮没有应用置换 $\boldsymbol{\pi}_p$。如果对密钥编排方案做适当修改并用 S-Box 的逆取代 S-Box，那么该加密算法也能用来解密。

值得注意的是，该 SPN 的第一个和最后一个操作都是异或轮密钥，称为白化（Whitening）。如果一个攻击者不知道密钥，他将无法开始进行加密或解密操作。

下面用一个特定的 SPN 来说明上面的一般性描述。

设 $l = m = N_r = 4$，$\boldsymbol{\pi}_s(z)$ 的定义如表 2.1 所示，这里的输入 z 和输出 $\boldsymbol{\pi}_s(z)$ 都用十六进制表示 $(0 \leftrightarrow (0,0,0,0), 1 \leftrightarrow (0,0,0,1), \cdots, 9 \leftrightarrow (1,0,0,1), A \leftrightarrow (1,0,1,0), \cdots, F \leftrightarrow (1,1,1,1))$。

表 2.1　$\boldsymbol{\pi}_s(z)$ 的定义

z	0	1	2	3	4	5	6	7	8	9	A	B	C	D	E	F
$\boldsymbol{\pi}_s(z)$	E	4	D	1	2	F	B	8	3	A	6	C	5	9	0	7

$\boldsymbol{\pi}_p(z)$ 的定义如表 2.2 所示。

表 2.2　$\boldsymbol{\pi}_p(z)$ 的定义

z	1	2	3	4	5	6	7	8	9	10	11	12	13	14	15	16
$\boldsymbol{\pi}_p(z)$	1	5	9	13	2	6	10	14	3	7	11	15	4	8	12	16

图 2.2 给出了该 SPN，为后面叙述方便，命名了 16 个 S-Box、$S^r_i (1 \leqslant i \leqslant 4, 1 \leqslant r \leqslant 4)$，它们都基于同样的置换 $\boldsymbol{\pi}_s$。下面给出该 SPN 的密钥编排算法。我们从一个 32 比特的密钥 $K = (K^1, \cdots, K^{32}) \in \{0,1\}^{32}$ 开始。对于轮数 $1 \leqslant r \leqslant 5$，定义 K^r 是由 K 中从 K^{4r-3} 开始的 16 个相邻比特组成的（选择这样的简单密钥编排方案只是为了说明 SPN，并非是一种很安全的方式）。下面使用该 SPN 进行加密，所有数据都用二元形式表示，设密钥为

$$K = 0011\,1010\,1001\,0100\,1101\,0110\,0011\,1111$$

则轮密钥为

$$K^1 = 0011\,1010\,1001\,0100$$

$$K^2 = 1010\ 1001\ 0100\ 1101$$
$$K^3 = 1001\ 0100\ 1101\ 0110$$
$$K^4 = 0100\ 1101\ 0110\ 0011$$
$$K^5 = 1101\ 0110\ 0011\ 1111$$

设明文为

$$x = 0010\ 0110\ 1011\ 0111$$

则加密 x 的过程如下：

$$w^0 = 0010\ 0110\ 1011\ 0111$$
$$K^1 = 0011\ 1010\ 1001\ 0100$$
$$u^1 = 0001\ 1100\ 0010\ 0011$$
$$v^1 = 0100\ 0101\ 1101\ 0001$$
$$w^1 = 0010\ 1110\ 0000\ 0111$$
$$K^2 = 1010\ 1001\ 0100\ 1101$$
$$u^2 = 1000\ 0111\ 0100\ 1010$$
$$v^2 = 0011\ 1000\ 0010\ 0110$$
$$w^2 = 0100\ 0001\ 1011\ 1000$$
$$K^3 = 1001\ 0100\ 1101\ 0110$$
$$u^3 = 1101\ 0101\ 0110\ 1110$$
$$v^3 = 1001\ 1111\ 1011\ 0000$$
$$w^3 = 1110\ 0100\ 0110\ 1110$$
$$K^4 = 0100\ 1101\ 0110\ 0011$$
$$u^4 = 1010\ 1001\ 0000\ 1101$$
$$v^4 = 0110\ 1010\ 1110\ 1001$$
$$K^5 = 1101\ 0110\ 0011\ 1111$$

密文为

$$y = 1011\ 1100\ 1101\ 0110$$

SPN 有一些颇具吸引力的特色。首先，无论是从硬件还是软件的角度来看，这种设计均简单、有效。在软件方面，一个 S-Box 通常以查表的形式实现。注意，S-Box $\pi_s : \{0,1\}^l \rightarrow \{0,1\}^l$ 所需的存储量是 $l2^l$ 比特，这是因为我们必须存储 2^l 个值，而每个值占 l 比特。特别地，硬件实现必须使用相对较小的 S-Box。

在图 2.5 给出的 SPN 中，每轮都应用了相同的 S-Box，S-Box 的存储需求是 2^6 比特。该 SPN 并不安全，即使没有其他原因，32 比特的密钥长度对穷举密钥搜索攻击来说也是太短的。如果我们应用由 16 比特映射到 16 比特的 S-Box，则存储需求会增加到 2^{20} 比特，这对某些应用来说是过高的，然而"更大些"的 SPN 可抵抗穷举密钥等已知攻击。一个实际使用的 SPN 会具有更长的密钥长度和分组长度，应用"更大些"的 S-Box 有更多的轮数，如在高级加密标准（AES）中应用的是 8 比特映射到 8 比特的 S-Box。

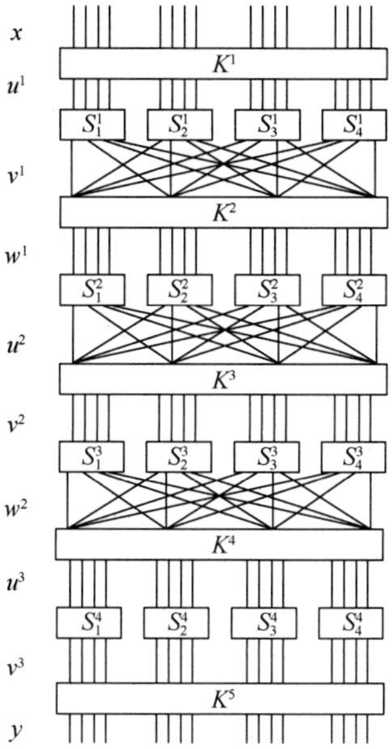

图 2.5　SPN

2.1.3　Feistel 密码

Feistel 密码以其设计团队负责人的名字命名，其目标是设计一种可逆的乘积密码。是一种优秀的分组密码，其结构如图 2.6 所示。

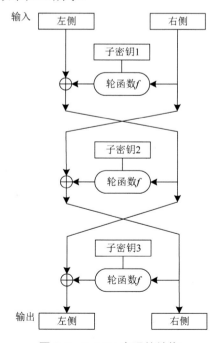

图 2.6　Feistel 密码的结构

在 Feistel 密码中，输入明文和一组密钥 $K = \left(K^1, K^2, \cdots, K^i\right)$。首先将明文按照 $2w$ 比特进行分组，由于每组明文均经过相同的 Feistel 密码结构，因此我们关注单个明文分组的处理过程。对于每组明文，先均分成 L^0（左侧）和 R^0（右侧）两组，每组大小为 w 比特，然后进行 n 轮迭代，迭代完成后，将两组迭代后的明文合并到一起以产生密文分组，其每轮都可以用函数 g 描述为以下形式：

$$g\left(L^{i-1}, R^{i-1}, K^i\right) = \left(L^i, R^i\right)$$

$$(2.5)$$

式中

$$L^i = R^{i-1}$$

$$(2.6)$$

$$R^i = L^{i-1} \oplus f\left(R^{i-1}, K^i\right)$$

$$(2.7)$$

注意，轮函数 f 并不需要满足任何单射条件，因为一个 Feistel 密码结构肯定是可逆的，给定轮密钥，就有

$$L^{i-1} = R^i \oplus f\left(L^i, K^i\right)$$

$$(2.8)$$

$$R^{i-1} = L^i$$

$$(2.9)$$

其中，K^i 是第 i 轮的子密钥。一般地，各轮子密钥各不相同。n 轮迭代完成后，左右两侧再进行一次交换，得到输出的密文分组。

Feistel 密码基于 SPN 思想设计，其 S-Box 和 P-Box 位于轮函数 f。另外，每轮只对明文的一侧进行加密处理，这样设计的目的是在结构上保证密码算法是可逆的，输入的明文分组经过多轮迭代后输出密文，而输入的密文分组经过同样的结构便可得到明文，唯一的区别是子密钥的使用顺序相反。这样设计有两方面的优点：一方面，由于结构上可逆，密码设计者可以集中精力去设计 S-Box 和 P-Box，这两种原子操作（特别是 S-Box 的替代映射关系）是对抗统计分析密码破译的关键；另一方面，如果加密、解密通过硬件实现，那么只需一套硬件设施。Feistel 密码的可逆性是可以证明的，结合式（2.5）～式（2.9）对 Feistel 密码的形式化描述，请读者思考其证明思路。

Feistel 密码的安全性与以下参数有关：分组大小、密钥大小、子密钥产生算法（该算法复杂度越高，密码分析越困难）、轮数（单轮结构远不足以保证安全，常见的轮数为 16）、轮函数。

Feistel 密码的解密过程本质上与加密过程一样，将密文作为输入，以相反次序使用子密钥，加密和解密采用同一结构。

🔓 2.2 DES 算法

2.2.1 DES 算法的历史

DES（Data Encryption Standard）算法由国际商用机器公司（IBM）开发，它是对早期被称为 Lucifer 密码的改进。1973 年 5 月 15 日，美国国家标准局（现在是美国国家标准技术研究所，NIST）首次公开征集商用分组密码算法，DES 算法作为候选算法之一，在 1975 年 3

月 17 日首次在联邦记录中公布，在经过大量的公开讨论后，1977 年 2 月 15 日被采纳作为"非密级"应用的一个标准。DES 算法曾经成为世界上最广泛使用的商用分组密码算法，最初预期 DES 算法作为一个标准只能使用 10～15 年；然而，事实证明 DES 算法要长寿得多。在其被采用后，大约每隔 5 年被评审一次。DES 算法的最后一次评审在 1999 年 1 月，当时，作为 DES 算法的替代品之一的高级加密标准（Advanced Encryption Standard，AES）已经开始使用了。

　　1977 年 1 月 15 日的联邦信息处理标准版 46（FIPS PUB46）中给出了 DES 算法的完整描述。DES 算法是一种使用 SPN 思想设计的乘积密码，它的基础是 Feistel 密码。

2.2.2　DES 算法的结构

　　DES 算法是一个 16 轮的 Feistel 密码，它的分组长度为 64 比特，用一个 56 比特的密钥来加密一个 64 比特的明文分组，并获得一个 64 比特的密文分组。DES 算法的结构如图 2.7 所示。图中虚线的左侧为明文的处理过程，右侧为密钥的生成过程。

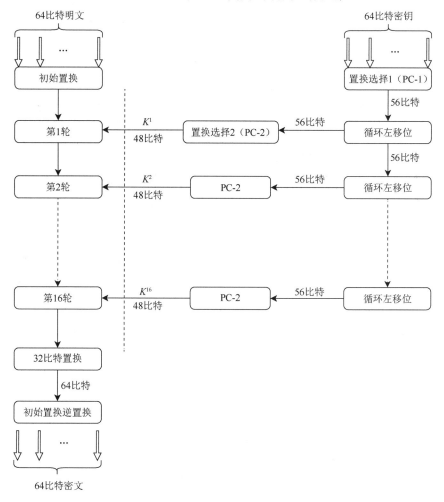

图 2.7　DES 算法的结构

1．明文处理

首先来看明文处理，输入 64 比特明文，先要经过一次初始置换，而后进入 16 轮迭代，最后经过 32 比特置换和初始置换逆置换得到 64 比特密文。在 Feistel 密码的基础之上，DES 算法在第 1 轮开始前和最后 1 轮结束后加入了初始置换及其逆置换。

初始置换及其逆置换是根据初始置换表 2.3 进行的，输入 64 比特明文后进行初始置换。例如，经过初始置换，输出的第 1 比特是输入的第 58 比特，输出的第 2 比特是输入的第 50 比特；初始置换逆置换类似，但它的作用是将经过初始置换的比特还原到原本的位置，如表 2.4 所示。例如，输出的第 1 比特是输入的第 40 比特，而 40 正是初始置换表中原第 1 比特所在的位置。初始置换及其逆置换的加入并不会影响 Feistel 密码加密和解密的可逆性，解密时，密文先进行初始置换，此时与输出密文前的初始置换逆置换抵消，解密最后的初始置换逆置换与加密开始时的初始置换抵消，故不会影响可逆性。

表 2.3　初始置换表

58	50	42	34	26	18	10	2
60	52	44	36	28	20	12	4
62	54	46	38	30	22	14	6
64	56	48	40	32	24	16	8
57	49	41	33	25	17	9	1
59	51	43	35	27	19	11	3
61	53	45	37	29	21	13	5
63	55	47	39	31	23	15	7

表 2.4　初始置换逆置换表

40	8	48	16	56	24	64	32
39	7	47	15	55	23	63	31
38	6	46	14	54	22	62	30
37	5	45	13	53	21	61	29
36	4	44	12	52	20	60	28
35	3	43	11	51	19	59	27
34	2	42	10	50	18	58	26
33	1	41	9	49	17	57	25

2．加密过程

接下来我们将详细介绍每轮的加密过程，如图 2.8 所示，R^{i-1} 直接变为 L^i，R^i 则由 L^{i-1} 与轮函数 f 输出异或得到。明文加密的主体部分都在轮函数 f 中，将轮函数 f 展开，如图 2.9 所示。

设轮函数 f 的第 1 个自变量是 R，第 2 个自变量是 K，计算 $f(R,K)$ 的过程如下。

（1）首先根据一个固定的扩展函数 E，将 R 扩展成一个长度为 48 比特的串。$E(R)$ 包含经过适当置换后的 R 的 32 比特，其中有 16 比特出现了两次。

（2）计算 $E(R) \oplus K$，并且将结果写为 8 个 6 比特的串的并联 $B = B_1 B_2 B_3 B_4 B_5 B_6 B_7 B_8$。

（3）使用 8 个 S-Box，每个 S-Box 都有

$$S_i : \{0,1\}^6 \to (0,1)^4 \tag{2.10}$$

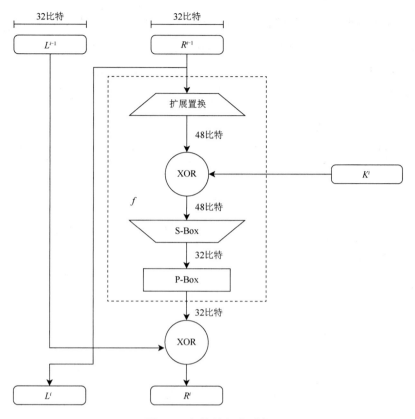

图 2.8　每轮的加密过程

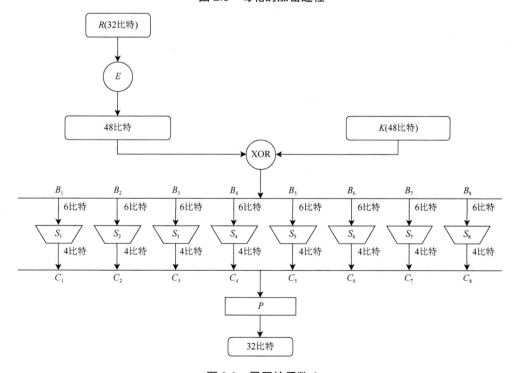

图 2.9　展开轮函数 f

把 6 比特输入映射为 4 比特输出，一般用一个 4×16 的矩阵来描述，它的元素来自整数 $0, \cdots, 15$。给定一个长度为 6 比特的串 $B_j = B_1 B_2 B_3 B_4 B_5 B_6$，可通过如下步骤计算 $S_j(B_j)$：用 $B_1 B_6$ 两比特决定 S_j 某一行 $r(0 \leqslant r \leqslant 3)$ 的二进制表示，用 $B_2 B_3 B_4 B_5$ 四比特决定 S_j 某一列 $c(0 \leqslant c \leqslant 15)$ 的二进制表示，则 $S_j(B_j)$ 被定义为二进制的 4 比特串 $S_j(r,c)$，这样对于 $1 \leqslant j \leqslant 8$，可以计算 $C_j = S_j(B_j)$。

（4）根据置换 P，对 32 比特的串 $C = C_1 C_2 C_3 C_4 C_5 C_6 C_7 C_8$ 做置换，所得结果 $P(C)$ 就是 $f(A, J)$。

为了参考方便，表 2.5 列出了 8 个 S-Box。

表 2.5　8 个 S-Box

S_1															
14	4	13	1	2	15	11	8	3	10	6	12	5	9	0	7
0	15	7	4	14	2	13	1	10	6	12	11	9	5	3	8
4	1	14	8	13	6	2	11	15	12	9	7	3	10	5	0
15	12	8	2	4	9	1	7	5	11	3	14	10	0	6	13
S_2															
15	1	8	14	6	11	3	4	9	7	2	13	12	0	5	10
3	13	4	7	15	2	8	14	12	0	1	10	6	9	11	5
0	14	7	11	10	4	13	1	5	8	12	6	9	3	2	15
13	8	10	1	3	15	4	2	11	6	7	12	0	5	14	9
S_3															
10	0	9	14	6	3	15	5	1	13	12	7	11	4	2	8
13	7	0	9	3	4	6	10	2	8	5	14	12	11	15	1
13	6	4	9	8	15	3	0	11	1	2	12	5	10	14	7
1	10	13	0	6	9	8	7	4	15	14	3	11	5	2	12
S_4															
7	13	14	3	0	6	9	10	1	2	8	5	11	12	4	15
13	8	11	5	6	15	0	3	4	7	2	12	1	10	14	9
10	6	9	0	12	11	7	13	15	1	3	14	5	2	8	4
3	15	0	6	10	1	13	8	9	4	5	11	12	7	2	14
S_5															
2	12	4	1	7	10	11	6	8	5	3	15	13	0	14	9
14	11	2	12	4	7	13	1	5	0	15	10	3	9	8	6
4	2	1	11	10	13	7	8	15	9	12	5	6	3	0	14
11	8	12	7	1	14	2	13	6	15	0	9	10	4	5	3
S_6															
12	1	10	15	9	2	6	8	0	13	3	4	14	7	5	11
10	15	4	2	7	12	9	5	6	1	13	14	0	11	3	8
9	14	15	5	2	8	12	3	7	0	4	10	1	13	11	6
4	3	2	12	9	5	15	10	11	14	1	7	6	0	8	13
S_7															
4	11	2	14	15	0	8	13	3	12	9	7	5	10	6	1
13	0	11	7	4	9	1	10	14	3	5	12	2	15	8	6
1	1	11	13	12	3	7	14	10	15	6	8	0	5	9	2
6	11	13	8	1	4	10	7	9	5	0	15	14	2	3	12

续表

S_8															
13	2	8	4	6	15	11	1	10	9	3	14	5	0	12	7
1	15	13	8	10	3	7	4	12	5	6	11	0	14	9	2
7	11	4	1	9	12	14	2	0	6	10	13	15	3	5	8
2	1	14	7	4	10	8	13	15	12	9	0	3	5	6	11

我们来说明应用上述一般表述如何计算一个 S-Box 的输出。考虑第 1 个 S-Box 即 S_1，设其输入的 6 个比特为 101000，第 1 个和最后 1 个比特是 10，对应十进制数 2。中间的 4 个比特是 0100，对应十进制数 4。S_1 的标号为 2 的行是其第 3 行（这是因为行标号从 0 开始）；同样，标号为 4 的列是其第 5 列。可见 S_1 的标号为行 2、列 4 的项是 13，对应二进制数 1101，因此，1101 就是 S_1 在输入为 101000 时的输出。

DES 算法的 S-Box 显然不是一种置换，因为可能的输入总数（48 比特）超过了可能的输出总数（32 比特）。然而可以证明每个 S-Box 的每行都是整数 0,…,15 的一个置换。这样设计的原则是实现非线性和输出的均匀分布，这是 DES 算法的设计者为了对抗统计分析攻击而采取的 S-Box 设计原则，对后世的分组密码设计有一定的参考借鉴意义。

表 2.6 给出了扩展函数 E 比特选择表，表中的第 1 列和最后 1 列指明了重复出现的比特。给定一个长为 32 比特的串 $A = A_1A_2\cdots A_{32}$，$E(A)$ 为下列长为 48 比特的串：

$$E(A) = A_{32}A_1A_2A_3A_4A_5A_4\cdots A_{31}A_{32}A_1 \tag{2.11}$$

表 2.6　扩展函数 E 比特选择表

32	1	2	3	4	5
4	5	6	7	8	9
8	9	10	11	12	13
12	13	14	15	16	17
16	17	18	19	20	21
20	21	22	23	24	25
24	25	26	27	28	29
28	29	30	31	32	1

置换 P 表如表 2.7 所示，将比特串记为 $C = C_1C_2\cdots C_{32}$，则置换后输出的比特串 $P(C)$ 为

$$P(C) = C_{16}C_7C_{20}C_{21}C_{29}\cdots C_{11}C_4C_{25} \tag{2.12}$$

表 2.7　置换 P 表

16	7	20	21
29	12	28	17
1	15	23	26
5	18	31	10
2	8	24	14
32	27	3	9
19	13	30	6
22	11	4	25

3．密钥生成

前面主要介绍了明文的加密过程，接下来介绍密钥生成，图 2.7 虚线的右侧是密钥生成

过程，输入的是 64 比特密钥，而不是 56 比特，原因是有 8 比特的奇偶校验位，输入的密钥按字节计有 8 字节，每个字节都有 1 比特的奇偶校验位，真正有效的密钥只有 56 比特；而后经过 PC-1，左移位，PC-2 生成 48 比特密钥。将生成子密钥的第 i 轮计算过程展开，如图 2.10 所示。

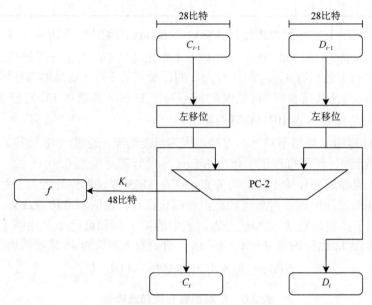

图 2.10　密钥生成

左侧输入的 28 比特记为 C_{i-1}，右侧记为 D_{i-1}。

（1）分别对 C_{i-1} 和 D_{i-1} 进行循环左移位。

（2）移位后，令

$$C_i = C_{i-1}$$
$$D_i = D_{i-1}$$

（3）在生成 C_i 和 D_i 的同时，对移位后的 C_{i-1} 和 D_{i-1} 进行 PC-2 得到子密钥 K_i。

首先介绍 PC-1。表 2.8 所示为输入的 64 比特密钥，其中最后 1 列是奇偶校验位，不会在 PC-1 表中出现；表 2.9 所示为 PC-1 表，其中上 4 行为 C_0，下 4 行为 D_0，大小都是 28 比特。

表 2.8　输入的 64 比特密钥

1	2	3	4	5	6	7	8
9	10	11	12	13	14	15	16
17	18	19	20	21	22	23	24
25	26	27	28	29	30	31	32
33	34	35	36	37	38	39	40
41	42	43	44	45	46	47	48
49	50	51	52	53	54	55	56
57	58	59	60	61	62	63	64

表 2.9 PC-1 表

57	49	41	33	25	17	9
1	58	50	42	34	26	18
10	2	59	51	43	35	27
19	11	3	60	52	44	36
63	55	47	39	31	23	15
7	62	54	46	38	30	22
14	6	61	53	45	37	29
21	13	5	28	20	12	4

循环左移位相较左移位需要将超出最高位的部分放到最低位。左移位表如表 2.10 所示，规定了在第几轮左移几位。表中移的位数不全是 1 或 2，原因是设计者要让 C_i 或 D_i 在 16 轮迭代中每个状态都被使用过，并且 16 轮移位之和为 28，使得经过 16 轮后恢复为原来的状态。

表 2.10 左移位表

轮数	1	2	3	4	5	6	7	8	9	10	11	12	13	14	15	16
位数	1	1	2	2	2	2	2	2	1	2	2	2	2	2	2	1

PC-2 表如表 2.11 所示，将输入的 56 比特转化为 48 比特，其中输入的部分比特会被丢弃，如第 9 比特、第 16 比特等。

表 2.11 PC-2 表

14	17	11	24	1	5	3	28
15	6	21	10	23	19	12	4
26	8	16	7	27	20	13	2
41	52	31	37	47	55	30	40
51	45	33	48	44	49	39	56
34	53	46	42	50	36	29	32

2.2.3 DES 算法的安全分析

在 DES 算法作为一个标准被提出时，曾出现过许多批评，其中之一就是针对 S-Box 的。DES 算法里的所有计算，除去 S-Box 全是线性的，计算两个输出的异或与先将两个对应输入异或再计算其输出是相同的。作为非线性部件，S-Box 对密码的安全性至关重要。在 DES 算法刚提出时，就有人怀疑 S-Box 里隐藏了"陷门"（Trapdoors），而美国国家安全局能够轻易地解密信息，同时虚假地宣称 DES 算法是"安全"的。当然，无法否定这样一个猜测，然而到目前为止，并没有任何证据能证明 DES 算法里的确存在陷门。事实上，后来发现 DES 算法里的 S-Box 是被设计成能够防止已知的密码分析攻击的。在 20 世纪 90 年代初，Biham 与 Shamir 发表差分密码分析方法时，美国国家安全局就已承认某些未公布的 S-Box 设计原则是使得差分密码分析变得不可行。事实上，差分密码分析在 DES 算法最初被研发时就已为 IBM 的研究者所知，但却被保密了将近 20 年，直到 Biham 与 Shamir 又独立地发现了这种分析方法。

对 DES 算法最中肯的批评是，密钥空间的规模 2^{56} 对穷举攻击而言确实是太小了。DES 算法的前身，IBM 的 Lucifer 密码具有 128 比特的密钥长度。DES 算法的最初提案也有 64 比特的密钥长度，但后来被减少到 56 比特。IBM 声称，这个减少的原因是必须在密钥中包含

8 比特奇偶校验位，这就意味着 64 比特的存储只能包含一个 56 比特的密钥。早在 20 世纪 70 年代，就有人建议建造一台特殊目的的机器来实施已知明文攻击。这台机器本质上是对密钥进行穷尽搜索，即给定一个 64 比特的明文 x 和相应的密文 y，实验每个可能的密钥，直到找到一个密钥 K 使得 $e_K(x)=y$（注意，可能有不止一个这样的密钥 K）。在 1977 年，Diffie 与 Hellman 就建议制造一个每秒能测试 10^6 个密钥的集成度高的芯片，一个具有 10^6 个这样的芯片的机器能在大约 1 天的时间里搜索完整个密钥空间。在当时建造这样一台机器估计需要 20,000,000 美元。

在 1993 年的美国密码学年会（CRYPTO'93）的自由演讲会上，Michael Wiener 给出了一个非常详细的 DES 密钥搜索机的设计方案。这台机器基于一个串行的密钥搜索芯片，能同时完成 16 次加密。这个芯片每秒能测试 $5×10^7$ 个密钥，用 1993 年的技术制造这样一个芯片需要 10.50 美元。制造一个包含 5760 个芯片的计算机需要 100,000 美元。平均起来，这样一台机器能在 1.5 天内找到一个 DES 密钥。如果同时使用 10 个计算机，将需要 1,000,000 美元，但能把平均搜索时间缩短到 3.5 小时。

Wiener 的设计从未被实施，但 1998 年电子先驱者基金会（Electronic Frontier Foundation）制造了一台耗资 250,000 美元的密钥搜索机。这台称为"DES 破译者"的计算机包含 1536 个芯片，并能每秒搜索 880 亿个密钥。1998 年 7 月，它成功地在 56 个小时里找到了 DES 密钥，从而赢得了 RSA 实验室"DES Challenge II-2"挑战赛。1999 年 1 月，在分布于全世界的 100,000 台计算机（称为分布式网络）的协同工作下，DES 破译者又获得了 RSA 实验室"DES Challenge III"的优胜。这次的协同工作在 22 小时 15 分钟里找到了 DES 密钥，每秒搜索超过 2450 亿个密钥。

除去穷举密钥搜索，对 DES 算法的另外两种最重要的密码攻击是差分密码分析和线性密码分析。对于 DES 算法，线性攻击更有效。1994 年，一种实用的线性密码分析由其发明者 Matsui 提出，这是一个使用 2^{43} 对明/密文的已知明文攻击，所有这些明/密文对都用同一个未知密钥加密。Matsui 用了 40 天来产生这 2^{43} 对明/密文，又用了 10 天来找到密钥。这个密码分析并未对 DES 算法的安全性产生实际影响，由于这个攻击需要已知数目极端庞大的明/密文对，在现实世界中一个攻击者很难积攒下用同一密钥加密的如此众多的明/密文对。

2.3 AES 算法——Rijndael

1997 年 4 月 15 日，美国政府发起征集 AES 算法的活动，并为此成立了 AES 算法工作小组。此次活动的目的是确定一个非保密的、可以公开技术细节的、全球免费使用的分组密码算法，作为新的数据加密标准。1997 年 9 月 12 日，美国联邦登记处公布了正式征集 AES 候选算法的通告。对 AES 算法的基本要求是：比三重 DES 算法快、至少与三重 DES 算法一样安全、数据分组长度为 128 比特、密钥长度为 128/192/256 比特。1998 年 8 月 12 日，在首届 AES 算法候选会议（First AES Candidate Conference）上公布了 15 个 AES 候选算法，任由全球各密码机构和个人攻击和评论，这 15 个候选算法分别是 CAST256、CRYPTON、E2、DEAL、PROG、SAFER +、RC6、MAGENTA、LOK197、SERPENT、MARS、Rijndael、DFC、Twofish、HPC。1999 年 3 月，在第 2 届 AES 算法候选会议（Second AES

Candidate Conference）上经过对全球各密码机构和个人对候选算法分析结果的讨论，从 15 个候选算法中选出了 5 个候选算法。这 5 个候选算法分别是 RC6、Rijndael、SERPENT、Twofish、MARS。2000 年 4 月 13 日至 14 日，召开了第 3 届 AES 算法候选会议（Third AES Candidate Conference），继续对最后 5 个候选算法进行讨论。2000 年 10 月 2 日，NIST 宣布 Rijndael 胜出作为新的数据加密标准。

Rijndael 由比利时的 Joan Daemen 和 Vincent Rijmen 设计，其原型是 Square 算法，设计策略是宽轨迹策略（Wide Trail Strategy）。宽轨迹策略是针对差分密码分析和线性密码分析提出的，它的最大优点是可以给出最佳差分特征的概率及最佳线性逼近的偏差的界。由此，可以分析 Rijndael 抵抗差分密码分析及线性密码分析的能力。

2.3.1 Rijndael 的数学基础和设计思想

1. 有限域 GF(2^8)

有限域 GF(2^8)中的元素可以用多种不同的方式表示。对于任意质数的方幂，都有唯一的一个有限域，因此 GF(2^8)的所有表示是同构的，但不同的表示方式会影响 GF(2^8)上运算的复杂度，本算法采用传统的多项式表示。

将 $b_7b_6b_5b_4b_3b_2b_1b_0$ 构成的字节 b 看作系数在 $\{0,1\}$ 中的多项式：

$$b_7x^7 + b_6x^6 + b_5x^5 + b_4x^4 + b_3x^3 + b_2x^2 + b_1x + b_0$$

例如，十六进制数 0x57 对应的二进制数为 01010111，看作一个字节，对应的多项式为 $x^6 + x^4 + x^2 + x + 1$。

在多项式表示中，GF(2^8)上两个元素的和仍然是一个次数不超过 7 的多项式，其系数等于两个元素对应系数的模 2 加（比特异或）。

例如，$0x57 + 0x83 = 0xD4$ 用多项式表示为

$$\left(x^6 + x^4 + x^2 + x + 1\right) + \left(x^7 + x + 1\right) = x^7 + x^6 + x^4 + x^2$$

用二进制数表示为

$$01010111 + 10000011 = 11010100$$

由于每个元素的加法逆元都等于它自己，所以减法运算和加法运算相同。

要计算 GF(2^8)上的乘法，必须先确定一个 GF(2)上的 8 次不可约多项式；GF(2^8)上两个元素的乘积就是这两个多项式的模乘（以这个 8 次不可约多项式为模）。在 Rijndael 中，这个 8 次不可约多项式表示为

$$m(x) = x^8 + x^4 + x^3 + x + 1$$

它的十六进制数表示为 11B。

例如，$0x57 \cdot 0x83 = 0xC1$ 用多项式表示为

$$\left(x^6 + x^4 + x^2 + x + 1\right) \cdot \left(x^7 + x + 1\right) = x^7 + x^6 + 1\left(\bmod\, m(x)\right)$$

乘法运算虽然不是标准的按字节的运算，但也是比较简单的计算部件。

以上定义的乘法运算满足交换律，且有单位元 0x01。另外，对于任何次数小于 8 的多项式 $b(x)$，可用推广的欧几里得算法得到

$$b(x)a(x)+m(x)c(x)=1 \qquad (2.13)$$

即 $a(x)\cdot b(x)=1\bmod m(x)$，因此 $a(x)$ 是 $b(x)$ 的乘法逆元。再者，乘法运算还满足分配律：

$$a(x)\cdot\big(b(x)+c(x)\big)=a(x)\cdot b(x)+a(x)\cdot c(x) \qquad (2.14)$$

所以，256 字节构成的集合，在以上定义的加法运算和乘法运算下，有 $GF(2^8)$ 的结构。$GF(2^8)$ 上还定义了一个运算，称为 x 乘法，其定义为

$$x\cdot b(x)=b_7 x^8+b_6 x^7+b_5 x^6+b_4 x^5+b_3 x^4+b_2 x^3+b_1 x^2+b_0 x\big(\bmod m(x)\big) \qquad (2.15)$$

如果 $b_7=0$，则求模结果不变，否则为乘积结果减去 $m(x)$，即求乘积结果与的异或 $m(x)$。由此得出 x（十六进制数 0x02）乘 $b(x)$ 可以先对 $b(x)$ 在字节内左移一位（最后一位补 0），若 $b_7=1$，则再与 0x1B（其二进制数为 00011011）做逐比特异或来实现，该运算记为 $b=\text{xtime}(a)$。在专用芯片中，xtime 只需 4 个异或。x 的幂乘运算可以重复应用 xtime 来实现。而任意常数乘法可以通过对中间结果相加实现。

例如，0x57·0x13 可实现如下：

$$57\cdot 02=\text{xtime}（57）=AE$$
$$57\cdot 04=\text{xtime}（AE）=47$$
$$57\cdot 08=\text{xtime}（47）=8E$$
$$57\cdot 10=\text{xtime}（8E）=07$$
$$57\cdot 13=57\cdot（01\oplus 02\oplus 10）$$
$$=57\oplus AE\oplus 07=FE$$

2. 系数在 GF(2^8)上的多项式

4 个字节构成的向量可以表示为系数在 $GF(2^8)$ 上的次数小于 4 的多项式。多项式的加法运算就是对应系数相加；换句话说，多项式的加法运算就是 4 字节向量的逐比特异或。

规定多项式的乘法运算必须取模 $M(x)=x^4+1$，这样使得次数小于 4 的多项式的乘积仍然是一个次数小于 4 的多项式，将多项式的模乘记为 $\otimes$，设 $a(x)=a_3 x^3+a_2 x^2+a_1 x+a_0$，$b(x)=b_3 x^3+b_2 x^2+b_1 x+b_0$，$c(x)=a(x)\otimes b(x)=c_3 x^3+c_2 x^2+c_1 x+c_0$。由于 $x^j\bmod\big(x^4+1\big)=x^{j(\bmod 4)}$，所以

$$c_0=a_0 b_0\oplus a_3 b_1\oplus a_2 b_2\oplus a_1 b_3 \qquad (2.16)$$
$$c_1=a_1 b_0\oplus a_0 b_1\oplus a_3 b_2\oplus a_2 b_3 \qquad (2.17)$$
$$c_2=a_2 b_0\oplus a_1 b_1\oplus a_0 b_2\oplus a_3 b_3 \qquad (2.18)$$
$$c_3=a_3 b_0\oplus a_2 b_1\oplus a_1 b_2\oplus a_0 b_3 \qquad (2.19)$$

可将上述计算表示为

$$\begin{bmatrix} c_0 \\ c_1 \\ c_2 \\ c_3 \end{bmatrix}=\begin{bmatrix} a_0 & a_3 & a_2 & a_1 \\ a_1 & a_0 & a_3 & a_2 \\ a_2 & a_1 & a_0 & a_3 \\ a_3 & a_2 & a_1 & a_0 \end{bmatrix}\begin{bmatrix} b_0 \\ b_1 \\ b_2 \\ b_3 \end{bmatrix} \qquad (2.20)$$

注意，$M(x)$ 不是 $GF(2^8)$ 上的不可约多项式[也不是 $GF(2)$ 上的不可约多项式]，因此非

0 多项式的这种乘法运算不是群运算。不过在 Rijndael 密码中，对于多项式 $b(x)$，这种乘法运算只限于乘一个固定的有逆元的多项式 $a(x) = a_3x^3 + a_2x^2 + a_1x + a_0$。有如下定理。

定理 2-1　系数在 $\mathrm{GF}(2^8)$ 上的多项式 $a_3x^3 + a_2x^2 + a_1x + a_0$ 是模 $x^4 + 1$ 可逆的，当且仅当矩阵

$$\begin{bmatrix} a_0 & a_3 & a_2 & a_1 \\ a_1 & a_0 & a_3 & a_2 \\ a_2 & a_1 & a_0 & a_3 \\ a_3 & a_2 & a_1 & a_0 \end{bmatrix}$$

在 $\mathrm{GF}(2^8)$ 上可逆。

证明　$a_3x^3 + a_2x^2 + a_1x + a_0$ 是模 $x^4 + 1$ 可逆的，当且仅当存在多项式 $h_3x^3 + h_2x^2 + h_1x + h_0$，使得

$$\left(a_3x^3 + a_2x^2 + a_1x + a_0\right)\left(h_3x^3 + h_2x^2 + h_1x + h_0\right) = 1\left(\mathrm{mod}\,x^4 + 1\right)$$

因此

$$\left(a_3x^3 + a_2x^2 + a_1x + a_0\right)\left(h_2x^3 + h_1x^2 + h_0x + h_3\right) = x\left(\mathrm{mod}\,x^4 + 1\right)$$

$$\left(a_3x^3 + a_2x^2 + a_1x + a_0\right)\left(h_3x^3 + h_0x^2 + h_3x + h_2\right) = x^2\left(\mathrm{mod}\,x^4 + 1\right)$$

$$\left(a_3x^3 + a_2x^2 + a_1x + a_0\right)\left(h_3x^3 + h_0x^2 + h_3x + h_2\right) = x^3\left(\mathrm{mod}\,x^4 + 1\right)$$

将以上关系写成矩阵形式可得

$$\begin{bmatrix} a_0 & a_3 & a_2 & a_1 \\ a_1 & a_0 & a_3 & a_2 \\ a_2 & a_1 & a_0 & a_3 \\ a_3 & a_2 & a_1 & a_0 \end{bmatrix}\begin{bmatrix} h_0 & h_3 & h_2 & h_1 \\ h_1 & h_0 & h_3 & h_2 \\ h_2 & h_1 & h_0 & h_3 \\ h_3 & h_2 & h_1 & h_0 \end{bmatrix} = \begin{bmatrix} 1 & 0 & 0 & 0 \\ 0 & 1 & 0 & 0 \\ 0 & 0 & 1 & 0 \\ 0 & 0 & 0 & 1 \end{bmatrix}$$

定理 2-1 证明完毕。

$c(x) = x \otimes b(x)$ 定义为 x 与 $b(x)$ 的模 $x^4 + 1$ 乘，即 $c(x) = x \otimes b(x) = b_2x^3 + b_1x^2 + b_0x + b_3$。在其矩阵表示中，除 $a_1 = 0x01$ 外，其他所有 $a_i = 0x00$，即

$$\begin{bmatrix} c_0 \\ c_1 \\ c_2 \\ c_3 \end{bmatrix} = \begin{bmatrix} 00 & 00 & 00 & 01 \\ 01 & 00 & 00 & 00 \\ 00 & 01 & 00 & 00 \\ 00 & 00 & 01 & 00 \end{bmatrix}\begin{bmatrix} b_0 \\ b_1 \\ b_2 \\ b_3 \end{bmatrix} \tag{2.21}$$

因此，x（或 x 的幂）模乘多项式相当于对字节构成的向量进行字节循环移位。

3. 设计思想

Rijndael 密码的设计力求满足以下 3 条标准。

（1）抵抗所有已知的攻击。

（2）在多个平台上速度快、编码紧凑。

（3）设计简单。

当前的大多数分组密码，其轮函数都是 Feistel 密码结构，即将中间状态的部分比特不加

改变地简单放置到其他位置。Rijndael 密码没有这种结构，其轮函数是由 3 个不同的可逆均匀变换组成的，称为 3 个"层"。所谓"均匀变换"，是指状态的每个比特都是用类似的方法进行处理的。不同层的特定选择大部分是建立在"宽轨迹策略"的应用基础上的；简单地说，"宽轨迹策略"就是提供抗线性密码分析和差分密码分析能力的一种设计。为实现宽轨迹策略，轮函数 3 个层中的每层都有它自己的功能。

（1）线性混合层：确保多轮之上的高度扩散。

（2）非线性层：将具有最优的"最坏情况非线性特性"的 S-Box 并行使用。

（3）密钥加层：单轮子密钥简单地异或到中间状态上，实现一次性掩盖。

在第 1 轮之前，用了一个初始密钥加层，其目的是在不知道密钥的情况下，对最后 1 个密钥加层以后的任一层（或者是当进行已知明文攻击时，对第 1 个密钥加层以前的任一层）简单地剥去，因此初始密钥加层对密码的安全性无任何意义。许多密码的设计中都在轮变换之前和之后用了密钥加层，如 IDEA、SAFER 和 Blowfish。

为了使加密算法和解密算法在结构上更加接近，最后 1 轮的线性混合层与前面各轮的线性混合层不同，类似 DES 算法的最后 1 轮不做左右交换。可以证明这种设计不采用任何方式提高或降低该密码的安全性。

2.3.2　算法说明

Rijndael 密码是一个迭代型分组密码，其分组长度和密钥长度都可变，可以独立地指定为 128 比特、192 比特和 256 比特。

1．状态、种子密钥和轮数

类似明文分组和密文分组，算法的中间结果也需要进行分组，称算法中间结果的分组为状态，所有操作都在状态上进行。状态可以用以字节为元素的矩阵表示，该矩阵的行数为 4，列数为 N_b，N_b 等于分组长度除以 32。

种子密钥也用以字节为元素的矩阵表示，该矩阵的行数为 4，列数为 N_k，N_k 等于分组长度除以 32。表 2.12 所示为 $N_b=6$ 的状态和 $N_k=4$ 的种子密钥的矩阵表示。

表 2.12　$N_b=6$ 的状态和 $N_k=4$ 的种子密钥的矩阵表示

a_{00}	a_{01}	a_{02}	a_{03}	a_{04}	a_{05}	k_{00}	k_{01}	k_{02}	k_{03}
a_{10}	a_{11}	a_{12}	a_{13}	a_{14}	a_{15}	k_{10}	k_{11}	k_{12}	k_{13}
a_{20}	a_{21}	a_{22}	a_{23}	a_{24}	a_{25}	k_{20}	k_{21}	k_{22}	k_{23}
a_{30}	a_{31}	a_{32}	a_{33}	a_{34}	a_{35}	k_{30}	k_{31}	k_{32}	k_{33}

有时可将这些分组当作一维数组，其每个元素都是上述矩阵表示中的 4 字节元素构成的列向量，数组长度可为 4、6 和 8，数组元素下标的范围分别是 0～3、0～5 和 0～7。4 字节元素构成的列向量有时也称为字。

算法的状态输入和输出被看作由字节元素构成的一维数组，其元素下标的范围是 0～$(4N_b-1)$，因此输入和输出以字节为单位的分组长度分别是 16、24 和 32，其元素下标的范围分别是 0～15、0～23 和 0～31。输入的种子密钥也看作由字节元素构成的一维数组，其元素下标的范围是 0～$(4N_k-1)$，因此种子密钥以字节为单位的分组长度分别是 16、24 和 32，其元素下标的范围分别是 $0\sim15$、$0\sim23$ 和 $0\sim31$。

算法的输入（包括最初的明文输入和中间过程的轮输入）以字节为单位按 $a_{00}a_{10}a_{20}a_{30}a_{01}$ $a_{11}a_{21}a_{31}\cdots$ 的顺序放置到状态矩阵中。同理，种子密钥以字节为单位按 $k_{00}k_{10}k_{20}k_{30}k_{01}k_{11}k_{21}$ $k_{31}\cdots$ 的顺序放置到种子密钥矩阵中。而输出（包括中间过程的轮输出和最后的密文输出）也是以字节为单位按相同的顺序从状态矩阵中取出。若输入（或输出）分组中的第 n 个元素对应状态矩阵的 (i,j) 位置上的元素，则 n 和 (i,j) 有以下关系：

$$i = n(\bmod 4); \quad j = \lfloor n/4 \rfloor; \quad n = i + 4j \tag{2.22}$$

迭代轮数记为 N_r，N_r 与 N_b 和 N_k 有关，表 2.13 给出了 N_r 与 N_b 和 N_k 的关系。

表 2.13　N_r 与 N_b 和 N_k 的关系

N_r	$N_b = 4$	$N_b = 6$	$N_b = 8$
$N_k = 4$	10	12	14
$N_k = 6$	12	12	14
$N_k = 8$	14	14	14

2. 轮函数

Rijndael 密码的轮函数由 4 个不同的计算部件组成，分别是字节代换（ByteSub）、行移位（ShiftRow）、列混合（MixColumn）、密钥加（AddRoundKey）。

1）字节代换

字节代换是非线性变换，独立地对状态的每个字节进行变换。代换表 S-Box 是可逆的，由以下两个变换的合成得到。

（1）将字节视为 $GF(2^8)$ 上的元素，映射到自己的乘法逆元，0x00 映射到自己。

（2）对字节做如下（$GF(2)$ 上的，可逆的）仿射变换：

$$
\begin{bmatrix} y_0 \\ y_1 \\ y_2 \\ y_3 \\ y_4 \\ y_5 \\ y_6 \\ y_7 \end{bmatrix}
=
\begin{bmatrix}
1 & 0 & 0 & 0 & 1 & 1 & 1 & 1 \\
1 & 1 & 0 & 0 & 0 & 1 & 1 & 1 \\
1 & 1 & 1 & 0 & 0 & 0 & 1 & 1 \\
1 & 1 & 1 & 1 & 0 & 0 & 0 & 1 \\
1 & 1 & 1 & 1 & 1 & 0 & 0 & 0 \\
0 & 1 & 1 & 1 & 1 & 1 & 0 & 0 \\
0 & 0 & 1 & 1 & 1 & 1 & 1 & 0 \\
0 & 0 & 0 & 1 & 1 & 1 & 1 & 1
\end{bmatrix}
\begin{bmatrix} x_0 \\ x_1 \\ x_2 \\ x_3 \\ x_4 \\ x_5 \\ x_6 \\ x_7 \end{bmatrix}
+
\begin{bmatrix} 1 \\ 1 \\ 0 \\ 0 \\ 0 \\ 1 \\ 1 \\ 0 \end{bmatrix}
\tag{2.23}
$$

上述 S-Box 对状态的所有字节所做的变换记为

$$\text{ByteSub（State）}$$

图 2.11 所示为字节代换示意图。

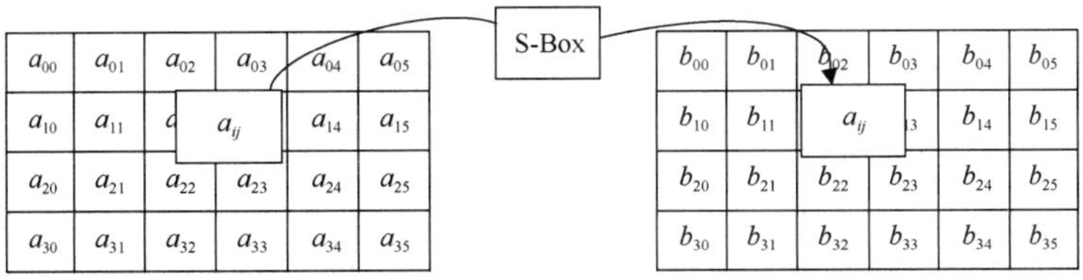

图 2.11　字节代换示意图

字节代换的逆变换由代换表的逆表进行，可通过如下两步实现：首先进行仿射变换的逆变换，再求每个字节在 $GF(2^8)$ 上的逆元。

2）行移位

行移位将状态矩阵的各行进行循环移位，不同行的位移量不同。第 0 行不移动，第 1 行循环左移 C_1 个字节，第 2 行循环左移 C_2 个字节，第 3 行循环左移 C_3 个字节。位移量 C_1、C_2、C_3 的取值与 N_b 有关，由表 2.14 给出。

表 2.14 对应不同分组长度的位移量

N_b	C_1	C_2	C_3
4	1	2	3
6	1	2	3
8	1	3	4

按指定的位移量对状态行进行的行移位运算记为

$$ShiftRow（State）$$

图 2.12 所示为行移位示意图。

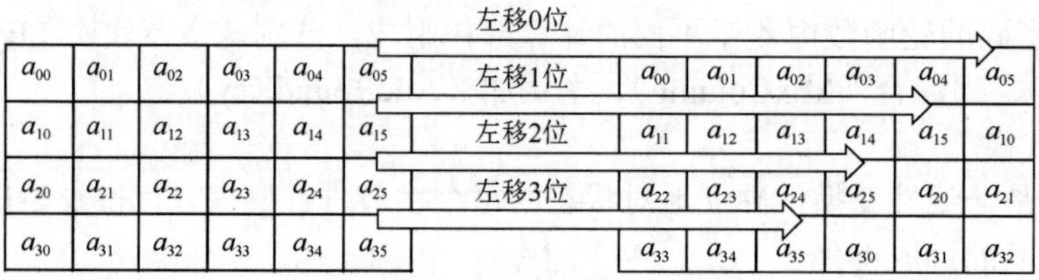

图 2.12 行移位示意图

行移位的逆变换是对状态矩阵的后 3 列分别以位移量 $N_b - C_1$、$N_b - C_2$、$N_b - C_3$ 进行循环移位，使得第 i 行第 j 列的字节移位到 $(j + N_b - C_i) \pmod{N_b}$。

3）列混合

列混合将状态矩阵的每列都视为 $GF(2^8)$ 上的多项式，与一个固定的多项式 $c(x)$ 进行模 $x^4 + 1$ 乘。当然，要求 $c(x)$ 是模 $x^4 + 1$ 可逆的多项式，否则列混合就是不可逆的，因而可能使不同的输入分组对应的输出分组相同。Rijndael 的设计者给出的 $c(x)$ 为（系数用十六进制数表示）：

$$c(x) = 03x^3 + 01x^2 + 01x + 02 \tag{2.24}$$

$c(x)$ 是与 $x^4 + 1$ 互质的，因此 $c(x)$ 是模 $x^4 + 1$ 可逆的。列混合运算也可写为矩阵乘法。设 $b(x) = c(x) \otimes a(x)$，则

$$\begin{bmatrix} b_0 \\ b_1 \\ b_2 \\ b_3 \end{bmatrix} = \begin{bmatrix} 02 & 03 & 01 & 01 \\ 01 & 02 & 03 & 01 \\ 01 & 01 & 02 & 03 \\ 03 & 01 & 01 & 02 \end{bmatrix} \begin{bmatrix} a_0 \\ a_1 \\ a_2 \\ a_3 \end{bmatrix} \tag{2.25}$$

列混合运算需要做 $GF(2^8)$ 上的乘法，但由于所乘的因子是 3 个固定的元素 02、03、01，所以该乘法运算是比较简单的。

对状态列进行的列混合运算记为

MixColumn（State）

图 2.13 所示为列混合示意图。

⊗c(x)
a00 a01 a02 a0j a05
a10 a11 a12 a1j a15
a20 a21 a22 a2j a25
a30 a31 a32 a3j a35
b00 b01 b0j b04 b05
b10 b11 b1j b14 b15
b20 b21 b2j b24 b25
b30 b31 b3j b34 b35

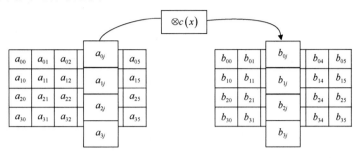

图 2.13　列混合示意图

列混合的逆运算是类似的，即每列都用一个特定的多项式 $d(x)$ 相乘。$d(x)$ 满足

$$\left(03x^3+01x^2+01x+02\right)\otimes d(x)=01 \tag{2.26}$$

由此可得

$$d(x)=0\text{B}x^3+0\text{D}x^2+09x+0\text{E} \tag{2.27}$$

4）密钥加

密钥加将轮密钥简单地与状态进行逐比特异或，轮密钥由种子密钥通过密钥编排算法得到，轮密钥长度等于分组长度 N_b。

状态与轮密钥的密钥加运算表示为

AddRoundKey（State,RoundKey）

图 2.14 所示为密钥加示意图。

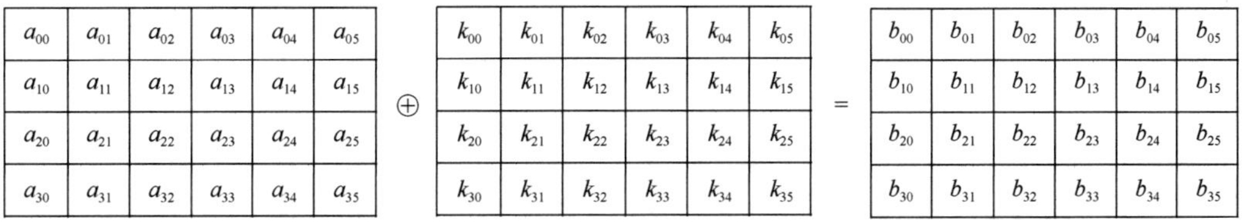

a00 a01 a02 a03 a04 a05
a10 a11 a12 a13 a14 a15
a20 a21 a22 a23 a24 a25
a30 a31 a32 a33 a34 a35
⊕
k00 k01 k02 k03 k04 k05
k10 k11 k12 k13 k14 k15
k20 k21 k22 k23 k24 k25
k30 k31 k32 k33 k34 k35
=
b00 b01 b02 b03 b04 b05
b10 b11 b12 b13 b14 b15
b20 b21 b22 b23 b24 b25
b30 b31 b32 b33 b34 b35

图 2.14　密钥加示意图

密钥加的逆运算是其本身。

综上所述，组成 Rijndael 轮函数的计算部件简洁快速，功能互补。轮函数的伪 C 代码如下：

```
Round (State,RoundKey)
{
ByteSub(State);
ShiftRow(State);
MixColumn(State);
AddRoundKey(State,RoundKey)
}
```

最后 1 轮的轮函数与前面各轮不同，将 MixColumn 这一步去掉：

```
FinalRound(State,RoundKey)
{
ByteSub(State);
ShiftRow(State);
AddRoundKey(State,RoundKey)
}
```

在以上伪 C 代码中，State、RoundKey 可采用指针类型，函数 Round、FinalRound、ByteSub、ShiftRow、MixColumn、AddRoundKey 都在指针 State、RoundKey 所指向的阵列上进行运算。

3. 密钥编排

密钥编排是指从种子密钥得到轮密钥的过程，它由密钥扩展和轮密钥选取两部分组成，其基本原则如下。

（1）轮密钥的比特数等于分组长度乘以轮数加 1。

（2）种子密钥被扩展成扩展密钥。

（3）轮密钥从扩展密钥中选取，其中第 1 轮轮密钥取扩展密钥的前 N_b 个字，第 2 轮轮密钥取接下来的 N_b 个字，依次类推。

1）密钥扩展

扩展密钥是以 4 字节字为元素的一维数组，表示为 $W[N_b(N_r+1)]$，其中，前 N_k 个字取为种子密钥，以后每个字按递归方式定义。密钥扩展算法根据 $N_k \leqslant 6$ 和 $N_k > 6$ 有所不同。

当 $N_k \leqslant 6$ 时，密钥扩展算法如下：

```
KeyExpansion(byte Key[4* Nk],W[Nb* (Nr+1)])
{
For (i=0; i< Nk; i++)
W[i]= (Key[4* i],Key[4*i+1],Key[4* i+2],Key[4 * i+3]);
For (i= Nk; i< Nb *( Nr +1); i++)
{
temp=W[i-1];
if(i%Nk ==0)
     temp=SubByte(RotByte(temp))^Rcon[i/ Nk ];
W[i]=W[i- Nk]^temp;
}
}
```

其中，Key[4* N_k] 为种子密钥，视为以字节为元素的一维阵列。函数 SubByte() 返回 4 字节字，其中每个字节都是用 Rijndael 密码的 S-Box 作用到输入字对应的字节得到的。函数 RotByte() 也返回 4 字节字，该字由输入字循环移位得到，即当输入字为 (a,b,c,d) 时，输出字为 (b,c,d,a)。

可以看出，扩展密钥的前 N_k 个字为种子密钥，之后的每个字 $W[i]$ 都等于前一个字 $W[i-1]$ 与 N_k 个位置之前的字 $W[i-N_k]$ 的异或；不过当 i/N_k 为整数时，必须先将前一个字 $W[i-1]$ 经过以下的一系列变换。

1 字节的循环移位 RotByte→用 S-Box 进行变换 SubByte→异或轮常数 Rcon[i/N_k]。

当 $N_k > 6$ 时，密钥扩展算法如下：

```
KeyExpansion(byte Key[4* N_k],W[N_b* (N_r+1)])
{
For (i=0; i< N_k; i++)
W[i]= (Key[4* i],Key[4*i+1],Key[4* i+2],Key[4 * i+3]);
For (i= N_k; i< N_b*( N_r+1); i++)
{
temp=W[i-1];
if(i% N_k ==0)
        temp=SubByte(RotByte(temp))^Rcon[i/ N_k];
else if(i% N_k ==4)
        temp=SubByte(temp);
W[i]=W[i- N_k]^temp;
        }
}
```

$N_k > 6$ 与 $N_k \leqslant 6$ 的密钥扩展算法的区别在于：当 i 为 N_k 的 4 的倍数时，需要先将前一个字 $W[i-1]$ 经过字节代换。

在以上两个算法中，Rcon$[i/N_k]$为轮常数，其值与 N_k 无关，定义为（字节用十六进制数表示，同时理解为 GF(2^8)上的元素）

$$\text{Rcon}[i] = (\text{RC}[i],00,00,00) \tag{2.28}$$

式中，RC[i]为 GF(2^8)中值为 x^{i-1} 的元素，因此

$$\text{RC}[i] = 1(01) \tag{2.29}$$

$$\text{RC}[i] = x(02) \cdot \text{RC}[i-1] = x^{i-1} \tag{2.30}$$

2）轮密钥选取

轮密钥 i（第 i 个轮密钥）由轮密钥缓冲字 $W[N_b \cdot i]$到 $W[N_b(i+1)-1]$给出，如图 2.15 所示。

图 2.15　N_b=6 且 N_k=4 时的密钥扩展与轮密钥选取

4．加密算法

加密算法为顺序完成以下操作：初始的密钥加；N_r-1 轮迭代，最后 1 轮。代码如下：

```
Rijndael(State,CipherKey)
{
KeyExpansion(CipherKey, ExpandedKey);
AddRoundKey(State,ExpandedKey);
For(i=1;i<N_r; i++)  Round(State,ExpandedKey+N_b*i);
FinalRound(State,ExpandedKey+N_b*N_r)
}
```

其中，CipherKey 是种子密钥，ExpandedKey 是扩展密钥。密钥扩展可以事先进行（预计算），且 Rijndael 密码的加密算法可以用如下扩展密钥描述：

```
Rijndael(State,ExpandedKey)
{
AddRoundKey(State,ExpandedKey);
For(i=1;i<N_r; i++)  Round(State,ExpandedKey+N_b*i);
FinalRound(State,ExpandedKey+N_b*N_r)
}
```

5. 加密和解密的相近程度及解密算法

首先给出以下结论。

引理 2-1　设字节代换、行移位的逆变换分别为 InvByteSub、InvShiftRow，则组合部件 ByteSub→ShiftRow 的逆变换为 InvByteSub→InvShiftRow。

证明　组合部件 ByteSub→ShiftRow 的逆变换原本为 InvShiftRow→InvByteSub。由于字节代换是对每个字节进行相同的变换，故 InvShiftRow 与 InvByteSub 两个计算部件可以交换顺序。

引理 2-1 证明完毕。

引理 2-2　设列混合的逆变换为 InvMixColumn，则列混合与密钥加的组合部件

$$\text{MixColumn} \rightarrow \text{AddRoundKey}(\cdot, \text{Key})$$

的逆变换为

$$\text{InvMixColumn} \rightarrow \text{AddRoundKey}(\cdot, \text{InvKey})$$

其中，密钥 InvKey 与 Key 的关系为 InvKey=InvMixColumn(Key)。

证明　组合部件 MixColumn→AddRoundKey$(\cdot, \text{Key})$ 的逆变换原本为

$$\text{AddRoundKey}(\cdot, \text{Key}) \rightarrow \text{InvMixColumn}$$

设 $\boldsymbol{S}$ 和 $\boldsymbol{K}$ 分别表示状态矩阵和轮密钥矩阵，由于

$$(\boldsymbol{S} \oplus \boldsymbol{K}) \otimes d(x) = (\boldsymbol{S} \otimes d(x)) \oplus (\boldsymbol{K} \otimes d(x))$$

所以

$$\text{AddRoundKey}(\cdot, \text{Key}) \rightarrow \text{InvMixColumn}$$

$$= \text{InvMixColumn} \rightarrow \text{AddRoundKey}(\cdot, \text{InvMixColumn}(\text{Key}))$$

引理 2-2 证明完毕。

引理 2-3　将某一轮的后两个计算部件和下一轮的前两个计算部件组成组合部件，该组合部件的代码如下：

```
MixColumn(State);
AddRoundKey(State,Key(i));
ByteSub(State);
ShiftRow(State)
```

该组合部件的逆变换代码如下：

```
InvByteSub(State);
InvShiftRow(State);
InvMixColumn(State);
AddRoundKey(State,InvMixColumn(Key(i)))
```

证明　这是引理 2-1 和引理 2-2 的直接推论。

注意，在引理 2-3 所描述的逆变换中，第 2 步到第 4 步在形状上很像加密算法的轮函数，这将是解密算法的轮函数。最后 1 轮只有 3 个计算部件，因此得到以下定理。

定理 2-2　Rijndael 密码的解密算法为顺序完成以下操作：初始的密钥加；$N_r -1$ 轮迭代；最后 1 轮。其中，解密算法的轮函数如下：

```
InvRound(State,RoundKey)
{
InvByteSub(State);
InvShiftRow(State);
InvMixColumn(State);
AddRoundKey(State,RoundKey)
}
```

解密算法的最后 1 轮如下：

```
InvFinalRound(State,RoundKey)
{
InvByteSub(State);
InvShiftRow(State);
AddRoundKey(State, RoundKey)
}
```

设加密算法的初始密钥加、第 1 轮、第 2 轮、…、第 N_r 轮的子密钥依次为

$$k(0), k(1), k(2), \cdots, k(N_r -1), k(N_r)$$

则解密算法的初始密钥加、第 1 轮、第 2 轮、…、第 N_r 轮的子密钥依次为

$$k(N_r), \text{InvMixColumn}(k(N_r -1)), \text{InvMixColumn}(k(N_r -2)), \cdots, \text{InvMixColumn}(k(1)), k(0)$$

证明　这是上述 3 个引理的直接推论。

综上所述，Rijndael 密码的解密算法与加密算法的计算网络相同，只是将各计算部件换为对应的逆部件。

习　题

1. 试简述香农提出的 SPN 的原理。
2. 试简述 Feistel 密码结构。
3. 信息隐藏技术与数据加密技术的区别在于（　　　）。

　　A．加密方法的复杂度　　　　　　　　B．传输安全性的依赖

　　C．密钥的使用方式　　　　　　　　　D．原始信息的保留形式

4. 在数据传输中，信息隐藏技术与数据加密技术的差异在于（　　　）。

　　A．数据的隐藏方式　　　　　　　　　B．对传输的数据进行掩盖的程度

　　C．安全性的实现方式　　　　　　　　D．密钥的产生和管理方式

第 3 章　公钥密码

在古典密码时代，人们对密码算法的初始实现主要是通过手工计算完成的。随着轮转加密和解密机器的出现，传统密码学有了很大进展，通过电子机械转轮可以开发出很复杂的加密系统。轮转密码机（Enigma）和 DES 是传统密码学发展的重要成果，但是它们仍然基于替换和置换的初等方法之上。在公钥密码（Public Key Cryptography）提出以前，我们了解到的密码都基于替换和置换这些初等方法。

公钥密码的发展是整个密码学发展历史上最伟大的一次革命，也可以说是唯一的一次革命。

🔓 3.1　对称密码的密钥交换问题

在对称密码模型中，一个密码系统由 5 个要素组成，包括明文、密文、加密算法、解密算法和通信双方共享的秘密——密钥，对称密码模型解决的主要是保密通信的问题。

图 3.1 所示为对称密码模型，发送方 Alice 要发一段明文给接收方 Bob，Alice 用对称密钥进行加密，Bob 用同样的对称密钥解密。对称密码又称单密钥密码、秘密密钥密码、传统密码。其特点是：发送方加密和接收方解密使用同一个密钥，该密钥需要事先由发送方和接收方实现共享，是发送方和接收方共同的秘密。如果密钥泄露，则不安全，无法提供保密通信的服务。对称的含义是指通信双方的地位是对等的，或者说通信双方的"秘密"是相同的。

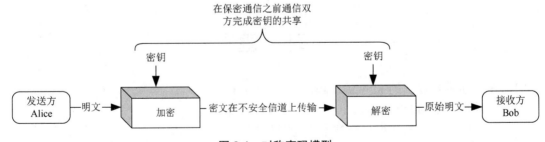

图 3.1　对称密码模型

对称密码模型要求在任何通信开始之前，双方需要事先共享密钥，并且密钥不能通过不安全信道进行传输，即没有办法通过传输密文信道进行传输。在历史上，人们创建使馆或情报机构，为了交换密钥，把密钥放在特殊的"信封"里进行传输。而传输密文信道采用电子的、无线电波的形式，这样就造成了一个很大的问题：通信开始之前需要进行密钥的协商，协商完成之后加密和解密是很容易的，但密钥交换本身成了最大的问题。

3.2　公钥密码模型的提出

对称密码模型要求在任何通信开始之前，发送方和接收方需要完成密钥的共享，这是个难以实现的问题。为了解决这个问题，提出了公钥密码模型。

3.2.1　公钥密码模型

在公钥密码模型里，发送方和接收方各有两个密钥：公钥和私钥。公钥可以公开，可以放在公告牌或个人主页上，任何人都可以通过这个公钥和公钥所有者进行通信。

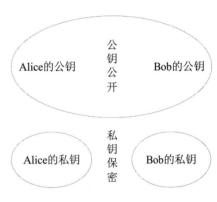

图 3.2 所示为公钥密码模型，为了实现保密通信，发送方 Alice 通过接收方 Bob 的公钥加密信息，然后发送给 Bob，Bob 再用自己的私钥解密，这样就可以省去交换密钥的环节。

在公钥密码模型里，公钥和私钥是成对出现的，参与通信的每个人都有两个密钥，即公钥和私钥。公钥是完全公开的，理论上来说通信系统中的任何人都可以获取到其他用户的公钥，而每个用户的私钥仅用户自己知道，其他任何人都不知道。

图 3.2　公钥密码模型

有了这样一对密钥，如何实现保密通信呢？参考图 3.3 的示例，Bob 想要和 Alice 通信，那么他会使用 Alice 的公钥对明文进行加密。加密后的明文通过不安全信道传输给 Alice，Alice 收到密文后，用自己的私钥通过解密算法将密文还原成明文。由此可以得出以下结论。

（1）Alice 的公钥和私钥是成对出现的，加密的时候使用 Alice 的公钥，解密的时候使用 Alice 的私钥。

（2）即使攻击者知道了 Alice 的公钥，以及加密算法和解密算法，也不知道且不能推导出 Alice 的私钥。

（3）假设攻击者获取到了密文和 Alice 的公钥，而且知道了加密算法和解密算法，攻击者同样不能还原出明文。

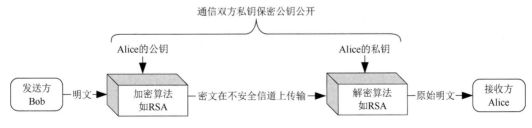

图 3.3　提供保密通信的用法

通过上面的分析，我们可以得出结论：公钥密码模型很好地解决了对称密码模型交换密钥的问题。在通信开始之前，只要发送方获取到接收方的公钥（例如，从公告牌或接收方的个人主页中获取），就可以和接收方进行保密通信。

3.2.2 密码学的两种密码

（1）对称的、单密钥、秘密密钥、传统密码技术：发送方和接收方使用同一个密钥，主要解决保密通信的问题，通信双方所知道的内容是一样的。

（2）非对称的、双密钥、公钥密码技术：发送方和接收方使用不同的密钥，加密密钥和解密密钥分开，且无法由一个推出另一个，不仅可以公开密码算法，而且可以公开加密密钥（公告牌、号码簿）。

人类文明早期几乎都是基于对称密码模型的密码，这些对称密码是为了实现保密通信的功能。随着公钥密码模型的提出，密码技术进入了一个新的篇章。

公钥密码模型是针对现实应用需求而提出的，互联网的高速发展使人们逐渐产生了数字签名、报文鉴别等方面的新的安全需求。例如，在互联网通信场景中，你可能要和从未谋面的人进行保密通信，而公钥密码可以很好地满足这样的需求。每个参与公钥密码通信的用户都有一对密钥。

考虑这一场景，假设有 n 个用户，要实现其中任意两个用户之间的保密通信。如果使用对称密码，由于任意两个用户之间通信都要使用不同的密钥，总共需要用到 $n(n-1)/2$ 个不同的对称密钥；如果这 n 个用户采用公钥密码通信，则只需给每个用户设置一对密钥，总共需要 $2n$ 个密钥。

公钥密码的密钥往往是应用数论的一些函数精心构造的，由于公钥密码的加密和解密速度慢，因此公钥密码模型只是补充而非取代对称密码模型。

3.2.3 公钥密码的历史

1976 年，Diffie 和 Hellman 在论文 *New Direction in Cryptography* 中首次提出了公钥密码的思想；Diffie 和 Hellman 提出了第 1 个基于公钥密码思想的算法，称为 DH 算法，此算法仅可以用于实现密钥交换。

1977 年，Rivest、Shamir 和 Adleman 实现了公钥密码，现在称为 RSA 算法，它是第一个既能用于密钥交换，又能用于数据加密和数字签名的算法。

3.3 设计公钥密码的基本要求

一个公钥密码模型由 6 个要素组成：明文、公钥（记作 PU 或 KU）、私钥（记作 PR 或 KR）、加密算法、密文、解密算法。公钥算法的基本要求如下。

（1）参与方 B 容易通过计算产生一对密钥（公钥 PU_B、私钥 PR_B）。

（2）参与方 A 很容易通过计算产生密文 $\left[C = E_{PU_B}(M) \right]$。

（3）参与方 B 通过计算解密密文 $\left[M = D_{PR_B}(C) = D_{PR_B}\left(E_{PU_B}(M) \right) \right]$。

（4）攻击者即使知道公钥 PU_B，要确定私钥 PR_B 在计算上是不可行的。

（5）攻击者即使知道公钥 PU_B 和密文 C，要确定明文 M 在计算上是不可行的。

（6）密钥对之间可以交换使用 $\left[M = D_{PR_B}\left(E_{PU_B}(M) \right) = D_{PU_B}\left(E_{PR_B}(M) \right) \right]$。

总体来说，公钥算法建立在计算复杂性理论基础之上。其基本思想是让使用公钥密码的发送方和接收方各自只需多项式时间算法即可完成明文的加密和解密过程，然而对攻击者而言却是一个未能找到多项式时间算法的 NP 完全问题。

图 3.4 展示了不同类型算法的时间复杂度，随着求解目标问题规模（n 值）的增大，多项式时间算法的时间复杂度按多项式时间复杂度增长，然而对于 NP 完全问题的时间复杂度按指数型增长。换言之，公钥密码就是通过精心构造，让密码算法的使用者自己求解一个多项式时间的问题，而让攻击者求解一个难题（NP 完全问题），二者在计算成本上形成巨大的差距。

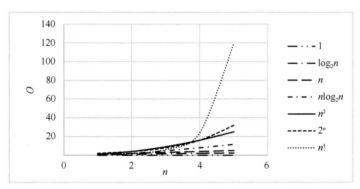

图 3.4　不同类型算法的时间复杂度

🔓 3.4　数字签名

在前面的叙述中我们了解到，密钥对之间是可以交换使用的。在一对密钥中，用公钥加密的报文可以由私钥解密；用私钥加密的报文可以由公钥解密。公钥和私钥是成对出现的，这样一种交换使用的方式可以提供很多功能，数字签名（又称公钥数字签名）就是其中一种。

广义的数字签名包含两种安全需求：身份验证和抗抵赖。

数字签名是只有信息的发送方才能产生而别人无法伪造的一段数字串，这段数字串是对信息的发送方发送信息的真实性和身份合法性的一个有效证明；也可以作为"防止发送方事后抵赖其发送过这个信息"的一个证据。它是一种类似写在纸上的普通的物理签名，但是使用了公钥加密领域的技术来实现，用于鉴别数字信息的方法。一套数字签名通常定义两种互补运算，一个用于签名（使用私钥），另一个用于验证签名（使用公钥）。

图 3.5 所示为数字签名的工作流程，发送方 Bob 用自己的私钥加密想要发送的明文，加密后的密文在不安全信道上传输，接收方 Alice 用 Bob 的公钥进行解密。

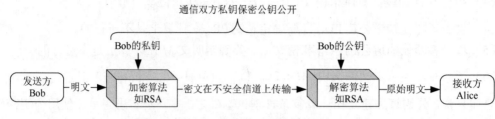

图 3.5　数字签名的工作流程

（1）身份验证：解密的过程也就是身份验证的过程，如果说 Alice 用 Bob 的公钥解开了密文，那么可以说明这段密文是 Bob 发送过来的，因为 Bob 的私钥只有 Bob 知道。

（2）抗抵赖：假设 Bob 加密的明文是"Bob 欠 Alice 一万块钱"，不久之后 Bob 想抵赖没有发过。这时候只要 Alice 保存 Bob 发送过来的密文，作为证据提供给第三方，并且用 Bob 的公钥解密还原为 Bob 的原始明文，就可以证明这段明文是 Bob 发出的。因为只有 Bob 自己才知道自己的私钥，而每个人的私钥只会对应自己的公钥。

前面章节主要讨论对称密码模型，主要关注的是用密码实现保密通信的安全服务。随着公钥密码模型的提出，我们将面临更多的安全需求。例如，公钥加密和私钥解密可以实现保密通信和密钥交换，私钥加密和公钥解密可以实现数字签名。不同公钥密码算法实现的功能如表 3.1 所示。

表 3.1　不同公钥密码算法实现的功能

功能	RSA 算法	DH 算法	DSA 算法
保密通信	能	不能	不能
密钥交换	能	能	不能
数字签名	能	不能	能

3.5　RSA 算法

RSA 算法在 1977 年由 MIT（麻省理工学院）的 Ron Rivest、Adi Shamir 和 Len Adleman 提出，是最早的既可实现加密，又可用于数字签名的公钥密码算法。RSA 算法是目前被广泛接受且被实现的通用公钥加密算法。

RSA 算法的理论基础是数论中的下述论断：求两个大质数的乘积是容易的，但分解一个合数为两个大质数的乘积，在计算上几乎是不可能的。

3.5.1　数论知识

假设 a 和 b 均为整数，m 为正整数。若 m 整除 $b-a$，则可将其表示为 $a\equiv b(\bmod\ m)$。式 $a\equiv b(\bmod\ m)$ 读作"a 与 b 模 m 同余"，m 称为模数。

定义模 m 上的算术运算：令 Z_m 表示集合 $\{0,1,\cdots,m-1\}$，在其上定义两个运算，即加法和乘法，类似普通实数域上的加法和乘法，不同的是所得的值是取模以后的余数，在 Z_m 上计算 $ab=ab(\bmod\ n)$。设 $a\in Z_m$，对于任意的 $b\in Z_m$，同余方程 $ax\equiv b(\bmod\ m)$ 有唯一解，$x\in Z_m$

的充要条件是 gcd(a,m)=1。

设 $a \geq 1$，$m \geq 2$，且均为整数。如果 gcd(a,m)=1，则称 a 与 m 互质。Z_m 中所有与 m 互质的数的个数用 $\phi(m)$ 表示（这个函数称为欧拉函数）。假定 $m = \prod_{i=1}^{n} p_i^{e_i}$，$p_i$ 均为质数且互不相同，$e_i > 0 (1 \leq i \leq n)$，则

$$\phi(n) = \prod_{i=1}^{n} \left(p_i^{e_i} - p_i^{e_i-1} \right) \tag{3.1}$$

模 n 的余数与 n 互质的全体记为 Z_n^*。可以看到 Z_n^* 在乘法运算下形成一个阿贝尔群。模 n 的乘法运算是可结合和可交换的，1 为乘法单位元。Z_n^* 中的任一元素都有一个乘法逆元（也在 Z_n^* 中）。最后，Z_n^* 是乘法封闭的，这是因为当 x 和 y 都与 n 互质时，xy 与 n 互质。

现在我们知道任意的 $b \in Z_n^*$ 都有一个乘法逆 $b-1$，可以采用扩展 Euclidean 算法（扩展的欧几里得算法）。

3.5.2 算法原理

任何一个密码都是满足以下条件的五元组(P,C,K,ε,D)。

（1）P 表示由所有可能的明文组成的有限集。

（2）C 表示由所有可能的密文组成的有限集。

（3）K 代表密钥空间，由所有可能的密钥组成的有限集。

（4）对于每个 $K \in K$，都存在一个加密规则 $e_K \in \varepsilon$ 和相应的解密规则 $d_K \in D$。并且对于每对 $e_K : P \to C$，$d_K : C \to P$，都满足条件：对于每个明文 $x \in P$，均有 $d_K(e_K(x)) = x$。

对于 RSA 算法：利用 Z_n 中的计算，其中 n 是两个不同的奇质数 p 和 q 的乘积。对于这样一个整数 n，定义 $\phi(n) = (p-1)(q-1)$。设 $P = C = Z_n$，且定义

$$K = \left\{ (n,p,q,a,b) : ab \equiv 1 \left(\bmod \phi(n) \right) \right\} \tag{3.2}$$

对于 $K = (n,p,q,a,b)$ 定义 $e_K(x) = x^b (\bmod n)$ 和 $d_K(y) = y^a (\bmod n)(x,y \in Z_n)$。$n$ 和 b 组成了公钥，p、q 和 a 组成了私钥。

验证加密和解密是逆运算：由于 $ab \equiv 1 \left(\bmod \phi(n) \right)$，$ab = t\phi(n)+1$ 对于某个正整数 $t \geq 1$。假定 $x \in Z_n$，那么

$$\begin{aligned} \left(x^b \right)^a &\equiv x^{t\phi(n)+1} (\bmod n) \\ &\equiv \left(x^{\phi(n)} \right)^t x (\bmod n) \\ &\equiv 1^t x (\bmod n) \\ &\equiv x (\bmod n) \end{aligned} \tag{3.3}$$

整数 b 可以选为加密指数，当且仅当 b 不能被 2、5、7 整除时。

3.5.3 RSA 密钥生成

执行以下程序。

（1）生成两个大质数 p 和 q（p 和 q 要求至少是十进制百位级别的数）。

（2）计算两个质数的乘积 $n = pq$。

（3）计算小于 n 并且与 n 互质的整数的个数，即欧拉函数 $\phi(n) = (p-1)(q-1)$。

（4）选择一个随机数 b 满足 $1 < b < \phi(n)$，并且 b 和 $\phi(n)$ 互质，即 $\gcd(b, \phi(n)) = 1$。

（5）$ba(\bmod \phi(n)) = 1$，求出 a。

（6）保密 a，销毁 p 和 q，公开 n 和 b。

公钥公开：PU={b,n}

私钥保密：PR={a,n}

对密钥生成程序的说明。

（1）得到足够大质数 p 和 q 的方法：在实际应用中，首先产生一个足够大的随机数，然后通过一个概率多项式时间算法检测该随机数是否为质数。常用的两个素性测试算法：Solovay-Strassen 素性测试、Miller-Rabin 素性测试。

（2）上述步骤（4）中的 b 可以在质数中选择，用 $\phi(n)$ 除以 b。若除不尽，则认为 b 和 $\phi(n)$ 互质。

（3）在上述步骤（5）求解方程的时候，计算 a 可以使用辗转相除法（扩展的欧几里得算法）。

具体过程举例如下。

假设 $b = 1001$，$\phi(n) = 3837$，方程为 $x \times 1001 = 1(\bmod 3837)$。

求解过程：

3837=3×1001+834

1001=1×834+167

834=4×167+166

167=166+1

由上面的推导可以得到

1=167−166

=167−(834−4×167)

=5×167−834

=5×(1001−834)−834

=5×1001−6×834

=5×1001−6×(3837−3×1001)

=23×1001−6×3837

求得 a=23。

由上面的分析可以得到，在上述密钥生成的过程中，每步都是有对应算法的，而且算法都是多项式时间算法，即密钥生成只需多项式数量级的时间复杂度。

3.5.4 RSA 算法的加密和解密过程

1．RSA 算法的加密过程

为了加密一个报文 M，发送方需要完成以下操作。

（1）获取接收方的公钥 $PU = \{b, n\}$。

（2）计算 $C = M^b (\mathrm{mod}\ n)$，$0 \leqslant M < n$。

（3）把 C 作为密文发送给接收方。

加密算法的说明：步骤（2）中要求 $M < n$，当 $M > n$ 的时候，可以将 M 分组，其中每个分组都视为一个小于 n 的正整数。

2．RSA 算法的解密过程

为了解密一个密文 C，接收方需要完成以下操作。

（1）使用自己的私钥 $PR = \{a, n\}$。

（2）计算 $M = C^a (\mathrm{mod}\ n)$。

（3）计算得到的 M 为发送方想发送的明文。

RSA 的加密算法和解密算法是一致的，都是先计算一个数的多次方，然后 $\mathrm{mod}\ n$ 求余数，这意味着我们在针对加密和解密过程设计硬件和软件的时候，只需设计一套。

3．RSA 算法的验证实例

密钥生成如下。

挑选质数：$p = 17$，$q = 11$。

计算 $n = pq = 17 \times 11 = 187$。

计算 $\phi(n) = (p-1)(q-1) = 16 \times 10 = 160$。

选择 b：$\gcd(b, 160) = 1$；不妨选 $b = 7$。

求解 a：$ba = 1(\mathrm{mod}\ 160)$ 且 $a < 160$，$a = 23$，显然 $23 \times 7 = 161 = 1 \times 160 + 1$。

$PU = \{7, 187\}$，$PR = \{23, 187\}$。

加密和解密过程验证如下。

选择 $M = 88$（注意：$88 < 187$）。

加密：$C = 88^7 (\mathrm{mod}\ 187) = 11$。

解密：$M = 11^{23} (\mathrm{mod}\ 187) = 88$。

3.5.5 模指数算法

在 RSA 算法的加密和解密过程中，$C = M^b (\mathrm{mod}\ n)$ 为模指数运算。可以通过 $b-1$ 次模乘实现计算，然而，如果 b 非常大，则其效率会很低下，平方-乘算法可以把计算所需的模乘的次数降低。

求模指数实例如下。

$$11^{23} (\mathrm{mod}\ 187) = \left[11^1 (\mathrm{mod}\ 187) \times 11^2 (\mathrm{mod}\ 187) \times 11^4 (\mathrm{mod}\ 187) \times 11^8 (\mathrm{mod}\ 187) \times 11^8 (\mathrm{mod}\ 187)\right]$$

$(\bmod 187)$ ；

$11^{1}(\bmod 187) = 11$ ；

$11^{2}(\bmod 187) = 121$ ；

$11^{4}(\bmod 187) = 14641(\bmod 187) = 55$ ；

$11^{8}(\bmod 187) = 214358881(\bmod 187) = 33$ ；

$11^{23}(\bmod 187) = 11 \times 121 \times 55 \times 33 \times 33(\bmod 187) = 79720245(\bmod 187) = 88$ 。

模指数算法如下。

假设 x, y, N 为 3 个正整数（y 可能为 0），计算 $x^{y}(\bmod N)$ 。

$$x^{y} = \begin{cases} \left(x^{\lfloor y/2 \rfloor}\right)^{2}, & y\text{为偶数} \\ x\left(x^{\lfloor y/2 \rfloor}\right)^{2}, & y\text{为奇数} \end{cases}$$

当 $y = 0$ 时，$x^{y}(\bmod N) = 1$ ；当 $y\,! = 0$ 时，设 $z = x^{\lfloor y/2 \rfloor}(\bmod N)$ ，分为以下两种情况。

当 y 为偶数时，有

$$x^{y}(\bmod N) = \left(x^{\lfloor y/2 \rfloor}\right)^{2}(\bmod N) = z^{2}(\bmod N)$$

当 y 为奇数时，有

$$x^{y}(\bmod N) = x\left(x^{\lfloor y/2 \rfloor}\right)^{2}(\bmod N) = xz^{2}(\bmod N)$$

由上面的讨论我们可以得到以下递归算法。

function modexp(x, y, N) ，输入 x, y, N ，输出 $x^{y}(\bmod N)$

  if $y == 0$: return 1

  $z = $ modexp$\left(x, \lfloor y / 2 \rfloor, N\right)$

  if y is even :

    return $z^{2}(\bmod n)$

  else:

    return $x \cdot z^{2}(\bmod n)$

RSA 算法的注意事项：RSA 算法加密时，明文以分组的方式加密，每个分组的比特数都应该小于 $\log_{2}n$ 比特，即 $M < n$ ；选取的质数 p 和 q 要足够大，从而乘积 n 足够大，在事先不知道 p 和 q 的情况下，分解 n 在计算上是不可行的。

3.5.6　RSA 算法的可逆性证明

要证明 $D\left(E(M)\right) = M$ （E 表示加密 Encode，D 表示解密 Decode），即证明

$$M = C^{a}(\bmod n) = \left(M^{b}\right)^{a}(\bmod n) = M^{ba}(\bmod n)$$

因为 $ba = 1\left(\bmod \phi(n)\right)$ ，说明 $ba = t\phi(n) + 1$ ，其中 t 为某整数。所以

$$M^{ba}(\bmod n) = M^{t\phi(n)+1}(\bmod n)$$

因此，要证明 $M^{ba}(\bmod n)=M(\bmod n)$，只需证明

$$M^{t\phi(n)+1}(\bmod n)=M(\bmod n)$$

在 $(M,n)=1$ 的情况下，根据数论（Euler 定理）

$$M^{t\phi(n)}(\bmod n)=1(\bmod n)$$

有

$$M^{t\phi(n)+1}(\bmod n)=M(\bmod n)$$

在 $(M,n)\neq1$ 的情况下，分为以下两种情况。

第 1 种情况：$M\in\{1,2,3,\cdots,n-1\}$。

因为 $n=pq$，p 和 q 为质数，$M\in\{1,2,3,\cdots,n-1\}$，且 $(M,n)\neq1$，说明 M 必包含 p 或 q 之一作为因子，而且不能同时包含二者，否则 $M\geqslant n$，与 $M\in\{1,2,3,\cdots,n-1\}$ 矛盾。不妨设 $M=kp$，又因为 q 为质数，且 M 不包含 q，故有 $(M,q)=1$，于是

$$M^{\phi(q)}(\bmod q)=1(\bmod q)$$

进一步有

$$M^{t(p-1)\phi(q)}(\bmod q)=1(\bmod q)$$

因为 q 是质数，$\phi(q)=q-1$，$t(p-1)\phi(q)=t\phi(n)$，所以

$$M^{t\phi(n)}(\bmod q)=1(\bmod q)$$

于是，$M^{t\phi(n)}=lq+1$，其中 l 为整数。

两边同乘 M 得

$$M^{t\phi(n)+1}=lqM+M$$

因为 $M=kp$，故

$$M^{t\phi(n)+1}=lqkp+M=lkn+M$$

取模 n 得

$$M^{t\phi(n)+1}(\bmod n)=M(\bmod n)$$

第 2 种情况：当 $M=0$ 时，直接验证。

3.5.7　RSA 算法的安全性

在理论上，RSA 算法的安全性取决于模 n 分解的困难性。若 n 被分解成功，则 RSA 算法被攻破。但并没有证明大数分解就是 NP 问题，并不能排除存在尚未发现的多项式时间算法。也没有证明对 RSA 算法的攻击的难度与模 n 分解等价，因此对 RSA 算法的攻击的难度不比大数分解难。

目前，RSA 算法的一些变种已被证明等价于大数分解。不管怎样，模 n 分解仍是最显然的攻击方法。现在人们已能分解多个十进制的大质数，因此，模 n 必须选得大一些。

由于都是大数计算，RSA 算法最快的情况也比 DES 算法慢许多，无论是软件还是硬件实现，速度一直都是 RSA 算法的缺陷，一般只用于少量数据加密。RSA 算法是被研究得最

广泛的公钥密码算法，从提出到现在已有 40 多年，经历了各种攻击的考验，逐渐为人们所接受，普遍认为是目前最优秀的公钥密码方案之一。

1. 对 RSA 算法的攻击：分解因子算法

攻击 RSA 算法的最明显方式就是试图分解公开模数，下面讨论当今比较好的分解因子算法，以及在实际中的应用。对于大整数，最有效的 3 种算法是二次筛法（Quadratic Sieve）、椭圆曲线分解算法（Elliptic Curve Factorization Algorithm）和数域筛法（Number Field Sieve）。其他作为先驱的著名算法包括 Pollard-Rho 算法和 p-1 算法，William 的 p+1 算法、连分式算法（Continued Fraction）和试除法（Trial Division）。

假定要分解的整数 n 为奇数，如果 n 是合数，则容易看出 n 有一个质因子 $p \leqslant \left\lfloor \sqrt{n} \right\rfloor$。因此作为最简单的试除法，就是用直到 $\left\lfloor \sqrt{n} \right\rfloor$ 的每个奇数去除 n，这足以判断 n 是质数还是合数。如果 $n < 10^{12}$，那么它还是不错的算法，但对于非常大的 n，我们还需要更多复杂的技巧。

当我们要分解 n 时，完全分解为质因子之积或找到非平凡因子（Non-Trivial Factor）即可。

2. Pollard p-1 算法

两个输入：要分解的奇整数 n 和一个预先指定的界 B。

```
Pollard p-1 Factoring Algorithm (n,B):
a = 2
for(j=2 to B)
do a=aʲ(mod n)
d = gcd(a-1,n)
if 1<d<n
then return(d)
else return("failure")
```

在 Pollard p-1 算法中，假定 p 是 n 的一个质因子，又假定对于每个质数幂 $q \mid (p-1)$，都有 $q \leqslant B$。在这种情形下必有

$$(p-1) \mid B!$$

在 for 循环结束时，有

$$a \equiv 2^{B!} \pmod{n}$$

由于 $p \mid n$，一定有

$$a \equiv 2^{B!} \pmod{p}$$

由费马（Fermat）引理可知

$$2^{p-1} \equiv 1 \pmod{p}$$

由于 $(p-1) \mid B!$，于是

$$a \equiv 1 \pmod{p}$$

因此有 $p \mid (a-1)$。由于我们已经有了 $p \mid n$，因此可以看到 $p \mid d$，其中 $d = \gcd(a-1, n)$。整数 d 就是 n 的一个非平凡因子（除非 $a=1$）。一旦找到 n 的一个非平凡因子 d，就可以对 d

和 n/d 继续分解（如果 d 和 n/d 还是合数）。

另外，还有 Pollard-Rho 算法和 Dixon 的随机平方算法。

3. 实际中的分解因子算法

一个著名的并在实际中广泛应用的分解因子算法是 Pomerance 提出的二次筛法，二次筛法源于判定 $z^2 \pmod n$ 在 β 上分解的一个筛选过程。数域筛法是 20 世纪 80 年代末发展起来的算法，通过构造同余方程 $x^2 \equiv y^2 \pmod n$ 分解 n，是在代数整数环中进行计算的。

分解因子算法的时间复杂度如表 3.2 所示。

表 3.2 分解因子算法的时间复杂度

二次筛法	$O\left(e^{(1+o(1))\sqrt{\ln n \ln(\ln n)}}\right)$
椭圆曲线分解算法	$O\left(e^{(1+o(1))\sqrt{2\ln p \ln(\ln p)}}\right)$
数域筛法	$O\left(e^{(1.92+o(1))(\ln n)^{\frac{1}{3}}(\ln(\ln n))^{\frac{2}{3}}}\right)$

$o(1)$ 表示当 $n \to \infty$ 时趋向于 0 的函数，p 表示 n 的最小质因子。在最坏的情况下，$p \approx \sqrt{n}$，二次筛法和椭圆曲线分解算法的渐进运行时间本质上是一样的。但在这种情况下，二次筛法一般快于椭圆曲线分解算法。如果 n 的素因子具有不同的长度，那么椭圆曲线分解算法是更有效的。

直到 20 世纪 90 年代，二次筛法都是分解 RSA 模（RSA 模指 $n = pq$，p 和 q 是两个不同的质数，p 和 q 的长度大致相等）的最常用算法。数域筛法是 3 种算法中最近发展起来的算法，该算法和其他算法相比的优点是，渐进时间复杂度（在问题规模趋于无穷大时算法时间复杂度的数量级）低。已证明数域筛法对于大于 125～130 比特的十进制数是较快的算法。

3.5.8 对 RSA 算法的其他攻击

1. 计算 $\phi(n)$

首先看到计算 $\phi(n)$ 不比分解 n 容易。假设 n 和 $\phi(n)$ 已知，n 为两个质数 p 和 q 的乘积，那么可以容易地分解，通过求解以下两个方程：

$$n = pq$$
$$\phi(n) = (p-1)(q-1) \tag{3.4}$$

得到两个未知数 p 和 q。如果将 $q = n/p$ 代入式（3.4），我们可以得到一个关于未知数 p 的二次方程：

$$p^2 - (n - \phi(n) + 1)p + n = 0 \tag{3.5}$$

这个方程的两个根就是 p 和 q，即 n 的因子。因此，如果一个密码分析者能够求出 $\phi(n)$，他就能分解 n，进而攻破系统。也就是说，计算 $\phi(n)$ 不比分解 n 容易。

2. 小指数攻击法

RSA 算法主要基于软件实现，其加密速度远不如 DES 算法。所以一些使用 RSA 算法进行加密的机构采用了一种提升 RSA 算法速度并且能使加密易于实现的解决方案——令公钥 b 取较小的值，这样做会使该算法的安全强度降低。从理论上曾有人证明过，若采用不同的模 n 与相同的 b，则对 $b \times (b+1) / 2$ 个线性相关的信息存在一种攻破方法。若私钥 a 为 n 的四分之一且 $b < n$，则使用该方法能解密。

应对措施：b 和 a 都应取较大的值，并且使用独立填充信息（随机数填充），使每个信息的大小都与 n 相同。这种做法保证了密钥长度在 2048 比特以上，会给推导私钥 a 的过程增加很大的难度。

3. 群体暴力破解法

群体暴力破解法是一种猜测攻击。尽管从 RSA 算法的内在特性分析可知 RSA 算法对硬件要求较高，但群体暴力破解法在理论上和实践中仍是可行的。在数论中，一个不小于 6 的偶数总可以分解为两个质数之和的形式。对于某一个偶数，若分解为两个奇数之和，则有 $n / 2$ 个分解式。自然数中的质数总数大约占奇数总数的 1/3，当 n 较大时，很有可能在这 $n / 2$ 个分解式中存在某个分解式，使得该分解式分解出来的两个奇数全是质数。

应对措施：比较有效的措施是使用 IDS（入侵检测系统）发现攻击者的暴力破解行为，通过安全策略的制定限制攻击者的暴力破解行为——最简单的设定就是限制某账号几次登录不成功后进行账号锁定且不解锁。

4. 选择密文攻击法

选择密文攻击法是一种绕开 RSA 算法，直接攻击协议的攻击方式。算法安全性和协议安全性是两个基本安全组件，二者组合到一起之后的安全性究竟是否增加的界限并不是太好判定，选择密文攻击就是一个安全性没有增加的实例。在通信过程中，贸然签名的一方容易被攻击者进行选择密文攻击。攻击者只需将某信息进行伪装（Blind），让拥有私钥的实体签名。

应对措施如下。

（1）采用好的公钥协议，保证工作过程中实体不对其他实体产生的任意信息进行解密，不对自己未见过的信息签名。

（2）不对陌生人的随机文档签名，签名时首先使用单向函数（One-Way Hash Function）对文档进行哈希处理，同时使用不同的签名算法。

（3）适当加强信息的冗余度，这样可以增加协议的安全性。

5. 公共模数攻击法

如果网络中使用同样的模 n，则容易被攻击者进行公共模数攻击。尽管公钥不同，但采用同一个模 n，最明显的问题是如果同一报文用两个不同的、互质的密钥加密，则无须解密就可恢复明文。

应对措施：不要让所有人都使用同一个模 n，这样使得只有通过推导密钥对才能恢复明文，对攻击者而言几乎是不可能完成的任务。

6. 计时攻击法

计时攻击是一种测信道攻击，在 RSA 解密或签名时通过统计的方法获得私钥 d，这种方法通常用于有较弱计算能力的设备，如智能卡。设私钥 d 的二进制表示为 $d_0 d_1 \cdots d_n$，$d_0 = 1$，在模指数运算普遍使用的平方-乘算法中，当 d 的位为 1 时，整个运算过程多了一个乘法操作，即先平方操作后乘法操作；而当 d 的位为 0 时，仅有平方操作。又因为在硬件操作时，乘法操作需要附加的寄存器参与，所以比平方操作耗时长。因此，攻击者可以在解密过程中观测执行时间的差异来确定 d_i 为 1 或为 0。例如，在攻击过程中，选择一系列的密文让智能卡签名并测量耗时，这里还需要一个 e 值（e 值是根据经验确定的），通过样本分析得出，如果记录的时间超过 e，则表示 d_i 为 1，否则为 0，通过求 d_i 的期望值统计分析 d_i 是 1 还是 0，这样用到统计学的方法，通过大量的样本分析，最终逐位获取整个私钥 d。

应对措施如下。

（1）随机延时：通过模指数运算增加一个随机延时迷惑计时攻击者。

（2）盲化：执行模指数运算之前先将一个随机数与密文相乘，使得计时攻击者不知计算机正在处理哪几位密文，防止计时攻击者一位一位地进行分析。

7．低熵攻击法

如果明文空间熵太小或是小明文空间，则 RSA 算法容易受到低熵攻击。密码分析者预先构造出某个完整的解密表，对所有可能的明文进行加密，将所得到的密文按一定的规则排列。攻击者只需查表，无须解密即可获得明文。

应对措施：加密前对明文系统加以筛选，去掉熵太小的明文空间或小明文空间。这样就能确保密钥的模 n 的有效长度大于 2048，使得解密表的范围增加，构造成本足够高。

8．公共指数攻击法

公共指数攻击法利用使用者的使用习惯进行攻击。RSA 算法原理中曾经提到过，最常用作公钥 b 的数有 3 个：31、765、537，如果许多使用 RSA 算法的机构使用的公钥 b 为这 3 个数中的任何一个，则攻击者使用最为简单的猜测法即可猜测出来。

应对措施：将 b 的取值范围设得更宽些，使得攻击者无法完成对 b 取值的猜测。

3.6　公钥密码的特征总结

3.6.1　公钥密码的原理总结

公钥密码涉及两个密钥，通信的参与者拥有公钥和私钥成对的密钥。公钥公开，理论上任何人都可以知道，用于加密明文和验证签名。私钥仅拥有者自己知道，用于解密或构造签名。公钥密码又称非对称密码，所谓"非对称"包括两方面：一是密钥的不对称，即用于加密和解密的密钥是不同的，用于加密的密钥不能解密，用于解密的密钥不能加密；二是通信双方的地位不对等，一方拥有自己独有的秘密，而另一方无法知道这个秘密。

3.6.2　公钥密码算法的基础

公钥密码算法设计有以下基本要求。

（1）加密和解密由不同的密钥完成。

（2）已知加密算法，从加密密钥中得到解密密钥在计算上是不可行的。

（3）两个密钥中任何一个都可以用作加密，而另一个用作解密。

3.6.3 单向函数

1976 年，Diffie 和 Hellman 在论文 *New Direction in Cryptography* 中提出了公钥密码的概念。1978 年，Rivest RL 、Shamir A 和 Adleman LM 在《实现数字签名和公钥密码体制的一种方法》中提出了一种可行的实现方法，这就是我们广泛使用的 RSA 密码体制。RSA 密码体制的提出真正使得互不相识的通信双方在一个不安全信道上进行安全通信成为可能，其背后的基础是单向函数。

给定任意两个集合 X 和 Y。函数 $f: X \rightarrow Y$ 称为单向的，对于每个 x 属于 X，很容易计算出函数 $f(x)$，而对于大多数 y 属于 Y，要确定满足 $y = f(x)$ 的 x 在计算上是很困难的（假设至少有这样一个 x 存在）。不能将单向函数的概念与数学意义上的不可逆函数的概念混同，因为单向函数可能是数学意义上可逆或一对一的函数，而不可逆函数不一定是单向函数。

1. 公式定义

函数 $y = f: \{0,1\}^* \rightarrow \{0,1\}^*$ 是一个单向函数，当且仅当 f 可以用一个多项式时间算法计算时，但是对于任意一个以 x 为输入的随机化多项式时间算法 A，任意一个多项式 $p(n)$ 和足够大 n，使得概率

$$\Pr_{x \in \{0,1\}^n} \left[f\left(A\left(f(x) \right) \right) = f(x) \right] < \frac{1}{p(n)} \tag{3.6}$$

2. 陷门单向函数

单向函数不能直接用于构造公钥密码算法，因为如果用单向函数对明文进行加密，即使是合法的接收方也不能还原出明文，因为单向函数的逆运算是困难的。与公钥密码算法关系更为密切的概念是陷门单向函数。一个函数 $f: X \rightarrow Y$ 称为是陷门单向的，如果该函数及其逆函数的计算都存在有效的算法，而且可以将计算 f 的方法公开，那么即使由计算 f 的完整方法也不能推导出其逆运算的有效算法。其中，使得双向都能有效计算的秘密信息称为陷门（Trap Door）。需要注意的是，不能顾名思义地认为陷门单向函数是单向函数。事实上，陷门单向函数不是单向函数，它只是对于那些不知道陷门的人表现出了单向函数的特性。

3. 陷门单向函数与公钥密码算法

公钥密码算法的设计就是寻找陷门单向函数。1976 年，Diffie 和 Hellman 提出了公钥密码和陷门单向函数的概念时，并没能给出一个陷门单向函数的实例。第 1 个陷门单向函数和第 1 个公钥密码算法在 1977 年才被提出。此后，人们又尝试过很多种单向函数的设计方法，如背包问题、纠错码问题、因子分解问题、离散对数问题、有限自动机合成问题等，但当前除了因子分解问题和离散对数问题，其他陷门单向函数都被证明存在安全缺陷或因为其复杂性不能归约到某个问题而无法得到广泛的认可。

基于因子分解问题的公钥密码算法除了大家熟知的 RSA 算法，还有 Rabin 算法、Feige-Fiat-Shamir 算法等。后两个算法不被大家熟悉的主要原因是，一个只能用于身份认证，另一

个虽然被证明其破译难度与大整数因子分解一样，但不能抵抗选择密文攻击。

基于离散对数问题的公钥密码算法主要有数字签名标准（DSS）、椭圆曲线密码（ECC）和 DH 算法等。DH 算法并不能用于加密和解密，只能用于在不安全信道上进行密钥分配，真正第 1 个可以用于加密和解密的公钥密码算法是 RSA 算法。

基于有限自动机合成问题的公钥密码算法 FAPKC 是我国著名学者陶仁骥教授于 1985 年首次提出的，该算法在 1995 年被攻破。后来有一些变种，但因为其所基于的自动机理论不是广泛熟悉的理论，以及前身被破解等原因，没有能够从安全性上得到人们广泛的认可。

背包密码算法基于一般背包问题求解是 NP 难，而递增背包的求解基于快速算法的原理进行设计。该算法提出后不久就被破解，而且破解方法同样适用于其所有变种。

基于纠错码问题的第 1 个公钥密码算法是 McEliece 算法，它是基于 Goppa 的解码存在快速算法而一般线性码的解码是 NP 难的原理进行设计的，该算法在 1992 年被破解。基于类似的方法，国内知名学者王新梅等也提出了一系列基于纠错码问题的公钥密码算法，但在 1992 年前后都被破解。

单向函数的另一个应用是用于数字签名时产生信息摘要的单向散列函数（哈希函数），将在第 4 章进行讨论。由于公钥密码的运算量往往比较大，为了避免对文件进行全文签名，一般在签名运算前使用单向散列函数对待签文件进行摘要处理，将待签文件压缩成一个分组之内的定长位串，以提高签名的效率。MD5 和 SHA-1 就是两个曾被广泛使用的、具有单向函数性质的散列函数。有些学者把密码算法分成三类，单向散列函数就是其中很重要的一类，另外两类分别是公钥密码和对称密码。

构造公钥密码系统的关键是如何在求解某个单向函数的逆函数的 NP 完全问题中设置合理的陷门，提供陷门单向函数的数学难题主要有三类：大整数分解问题（简称 IFP）、离散对数问题（简称 DLP）、椭圆曲线离散对数问题（简称 ECDLP）。

建立在不同计算难题上的其他公钥密码算法还有基于有限域中离散对数问题的 ElGamal 公钥密码算法、基于"子集和"难题的 Merkle-Hellman Knapsack（背包）公钥密码算法等。

🔒 3.7　DH 算法

DH 算法是第 1 个公钥密码算法，使用在一些常用安全协议或产品（如 SSH 等）中。它是一种密钥交换方案，不能用于加密传输任意信息，仅允许两个参与方可以安全地建立一个共享的秘密信息，用于后续的保密通信，该秘密信息（可称会话密钥）仅为两个参与方所知。

3.7.1　DH 算法的数学基础

DH 算法的有效性建立在计算离散对数这一问题的基础上。简单地说，离散对数的定义如下。首先定义质数 p 的本原根。质数 p 的本原根是一个整数，且其幂可以产生 1 到 $p-1$ 之间的所有整数。也就是说，若 a 是质数 p 的本原根，则

$$a(\bmod p), a^2(\bmod p), \cdots, a^{p-1}(\bmod p)$$

各不相同，它是 1 到 $p-1$ 的一个置换。

对于任意整数 b 和质数 p 的本原根 a，我们可以找到唯一的指数，使得

$$b \equiv a^i (\bmod\ p)(0 \le i \le p-1)$$

指数 i 称为 b 的以 a 为底的模 p 的离散对数，记为 $d\log_a p(b)$。

3.7.2　DH 算法的具体内容

图 3.6 所示为 DH 算法。在 DH 算法中，质数 q 和其本原根 a 是两个公开的整数。假定用户 Alice 和 Bob 希望交换密钥，那么 Alice 选择一个随机整数 $X_A < q$，并计算 $Y_A = a^{X_A} (\bmod\ q)$。类似地，Bob 也独立地选择一个随机整数 $X_B < q$，并计算 $Y_B = a^{X_B} (\bmod\ q)$。Alice 和 Bob 确保各自的私钥 X 是私有的，公钥 Y 是公开可访问的。Alice 计算 $K = (Y_B)^{X_A} (\bmod\ q)$ 并将其作为密钥，Bob 计算 $K = (Y_A)^{X_B} (\bmod\ q)$ 并将其作为密钥。这两种计算所得的结果是相同的。

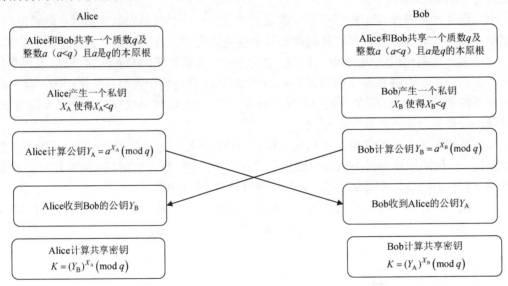

图 3.6　DH 算法

根据模算术的运算规律：

$$
\begin{aligned}
K &= (Y_B)^{X_A} (\bmod\ q) \\
&= \left(a^{X_B} (\bmod\ q) \right)^{X_A} (\bmod\ q) \\
&= \left(a^{X_B} \right)^{X_A} (\bmod\ q) \\
&= a^{X_B X_A} (\bmod\ q) \\
&= \left(a^{X_A} \right)^{X_B} (\bmod\ q) \\
&= \left(a^{X_A} (\bmod\ q) \right)^{X_B} (\bmod\ q) \\
&= (Y_A)^{X_B} (\bmod\ q)
\end{aligned}
$$

（1）通信双方选择质数 q，以及 q 的一个本原根 a。

（2）用户 A 选择一个随机数 $X_A < q$，计算 $Y_A = a^{X_A} (\bmod\ q)$。

（3）用户 B 选择一个随机数 $X_B < q$，计算 $Y_B = a^{X_B} (\bmod\ q)$。

（4）双方保密 X，而将 Y 交换给对方，即 X 是私钥，Y 是公钥。

双方获得一个共享密钥 $K = a^{X_A X_B} (\bmod\ q)$。

对于用户 A，计算出 $K = Y_B^{X_A} (\bmod\ q)$。

对于用户 B，计算出 $K = Y_A^{X_B} (\bmod\ q)$。

攻击者要获得 K，需要求解离散对数问题。在实际使用中，质数 q 及其本原根 a 可由一方选择后发送给另一方。

DH 算法的安全性建立在下述事实之上：求关于质数的模质数幂运算相对容易，而求解离散对数问题却非常困难；对于大质数，求解离散对数问题被认为在计算上是不可行的。

3.8　椭圆曲线密码算法

为保证 RSA 算法的安全性与足够的破译难度，在应用过程中它的密钥长度需要一再增大，使得运算负担越来越大。相比之下，椭圆曲线密码（Elliptic Curve Cryptography，ECC）可用短得多的密钥获得同样的安全性，因此具有广泛的应用前景。ECC 算法已被 IEEE 公钥密码标准 P1363 采用。

3.8.1　椭圆曲线

椭圆曲线并非椭圆，之所以称为椭圆曲线，是因为它的曲线方程与计算椭圆周长的方程类似。一般地，椭圆曲线的曲线方程是以下形式的三次方程：

$$y^2 + axy + by = x^3 + cx^2 + dx + e$$

式中，a, b, c, d, e 是满足某些简单条件的实数。定义中包括一个称为无穷远点的元素，记为 O。图 3.7 所示为椭圆曲线的举例。

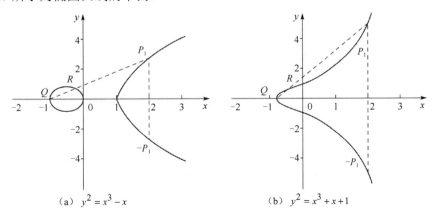

（a）$y^2 = x^3 - x$　　　　　　（b）$y^2 = x^3 + x + 1$

图 3.7　椭圆曲线的举例

由图 3.7 可见，椭圆曲线关于 x 轴对称。

椭圆曲线上的加法运算定义如下：如果其上的 3 个点位于同一条直线上，那么它们的和为 O。进一步可定义椭圆曲线上的加法律（加法法则）。

（1）O 为加法单位元，即对于椭圆曲线上的任一点 P，都有 $P+O=P$。

（2）设 $P_1=(x,y)$ 是椭圆曲线上的一点（见图 3.7），它的加法逆元定义为 $P_2=-P_1=(x,-y)$。

这是因为 P_1、P_2 点的连线延长到无穷远时，得到椭圆曲线上的另一点 O，即椭圆曲线上的 3 个点 P_1、P_2、O 共线，所以 $P_1+P_2+O=O$，$P_1+P_2=O$，即 $P_2=-P_1$。

由 $O+O=O$ 可得 $O=-O$。

（3）设 Q 和 R 是椭圆曲线上 x 坐标不同的两点，$Q+R$ 的定义如下：画一条通过 Q、R 点的直线，与椭圆曲线交于 P_1 点（这一交点是唯一的，除非所画的直线是 Q 点或 R 点的切线，此时分别取 $P_1=Q$ 和 $P_1=R$）。由 $Q+R+P_1=O$ 可得 $Q+R=-P_1$。

（4）Q 点的倍数定义如下：在 Q 点做椭圆曲线的一条切线，设切线与椭圆曲线交于 S 点，定义 $2Q=Q+Q=-S$。类似地，可定义 $3Q=Q+Q+Q$ 等。

以上定义的加法律具有加法运算的一般性质，如交换律、结合律等。

3.8.2　有限域上的椭圆曲线

密码算法中普遍采用的是有限域上的椭圆曲线，有限域上的椭圆曲线是指在曲线方程定义式中，所有系数都是某一有限域 $\mathrm{GF}(p)$ 中的元素（p 为一个大质数）。其中最为常用的是由方程

$$y^2=x^3+ax+b\left(a,b\in \mathrm{GF}(p),4a^3+27b^2\neq 0\right)$$

定义的曲线。

因为 $\Delta=\left(\dfrac{a}{3}\right)^3+\left(\dfrac{b}{2}\right)^2=\dfrac{1}{108}\left(4a^3+27b^2\right)$ 是方程 $x^3+ax+b=0$ 的判别式，当 $4a^3+27b^2=0$ 时，方程 $x^3+ax+b=0$ 有重根，设为 x_0，则 $Q_0=(x_0,0)$ 点是方程 $y^2=x^3+ax+b$ 的重根。令 $F(x,y)=y^2-x^3-ax-b$，则 $\left.\dfrac{\partial F}{\partial x}\right|_{Q_0}=\left.\dfrac{\partial F}{\partial y}\right|_{Q_0}=0$，所以 $\dfrac{\mathrm{d}y}{\mathrm{d}x}=-\dfrac{\partial F}{\partial x}/\dfrac{\partial F}{\partial y}$ 在 Q_0 点无定义，即曲线 $y^2\equiv x^3+ax+b$ 在 Q_0 点的切线无定义，因此 Q_0 点的倍点运算无定义。

例如，$p=23,a=b=1,4a^3+27b^2=8\neq 0$，方程为 $y^2\equiv x^3+x+1$，其图形是连续曲线，如图 3.7（b）所示。然而我们感兴趣的是曲线在第 Ⅰ 象限中的整数点。设 $E_p(a,b)$ 表示方程定义的椭圆曲线上的点集 $\{(x,y)|0\leq x<p,0\leq y<p\text{且}x,y\text{均为整数}\}$ 并上无穷远点 O。本例中的 $E_{23}(1,1)$ 由表 3.3 给出，表中未给出 O。

表 3.3　椭圆曲线上的点集 $E_{23}(1,1)$

(0,1)	(0,22)	(1,7)	(1,16)	(3,10)	(3,13)	(4,0)	(5,4)	(5,19)
(6,4)	(6,19)	(7,11)	(7,12)	(9,7)	(9,16)	(11,3)	(11,20)	(12,4)
(12,19)	(13,7)	(13,16)	(17,3)	(17,20)	(18,3)	(18,20)	(19,5)	(19,18)

一般来说，$E_p(a,b)$ 由以下方式产生。

（1）对每个 $x(0 \leqslant x < p$ 且 x 为整数$)$ 都计算 $x^3 + ax + b \pmod{p}$。

（2）决定（1）中求得的值在模 p 下是否有平方根，如果没有，则曲线上没有与 x 相对应的点；如果有，则求出两个平方根（$y = 0$ 时只有一个平方根）。

$E_p(a,b)$ 上的加法定义如下（设 $P, Q \in E_p(a,b)$）。

（1）$P + O = P$。

（2）如果 $P = (x,y)$，那么 $(x,y) + (x,-y) = O$，即 $(x,-y)$ 是 P 点的加法逆元，表示为 $-P$。

由 $E_p(a,b)$ 的产生方式可知，$-P$ 也是 $E_p(a,b)$ 中的点，如上例，$P = (13,7) \in E_{23}(1,1)$，$-P = (13,-7)$，而 $-7 \pmod{23} \equiv 16$，所以 $-P = (13,16)$，也在 $E_{23}(1,1)$ 中。

（3）设 $P = (x_1,y_1), Q = (x_2,y_2), P \neq -Q$，则 $P + Q = (x_3,y_3)$ 由以下规则确定：

$$x_3 \equiv \lambda^2 - x_1 - x_2 \pmod{p}$$
$$y_3 \equiv \lambda(x_1 - x_3) - y_1 \pmod{p} \tag{3.7}$$

式中

$$\lambda = \begin{cases} \dfrac{y_2 - y_1}{x_2 - x_1}, & P \neq Q \\[3mm] \dfrac{3x_1^2 + a}{2y_1}, & P = Q \end{cases} \tag{3.8}$$

【例 3-1】仍以 $E_{23}(1,1)$ 为例，设 $P = (3,10), Q = (9,7)$，则

$$\lambda = \frac{7-10}{9-3} = \frac{-3}{6} = \frac{-1}{2} \equiv 11 \pmod{23}$$
$$x_3 \equiv 11^2 - 3 - 9 \pmod{23}$$
$$y_3 \equiv 11(3-17) - 10 \pmod{23}$$

所以 $P + Q = (17,20)$，仍为 $E_{23}(1,1)$ 中的点。

若求 $2P$，则

$$\lambda = \frac{3 \times 3^2 + 1}{2 \times 10} = \frac{28}{20} = \frac{7}{5} \equiv 6 \pmod{23}$$
$$x_3 \equiv 6^2 - 3 - 3 \pmod{23}$$
$$y_3 \equiv 6(3-7) - 10 \pmod{23}$$

所以 $2P = (7,12)$。

倍点运算仍定义为重复加法，如 $4P = P + P + P + P$。

从例 3-1 中可以看出，加法运算在 $E_{23}(1,1)$ 中是封闭的，且能验证其满足交换律。对于

一般 $E_p(a,b)$，可证明其上的加法运算是封闭的、满足交换律，还能证明其上的加法逆元运算也是封闭的，所以 $E_p(a,b)$ 是一个阿贝尔群。

【例 3-2】已知 $y^2 \equiv x^3 - 2x - 3$ 是系数在 GF(7) 上的椭圆曲线，$P = (3,2)$ 是其上一点，求 $10P$。

解：

$$2P = P + P = (3,2) + (3,2) = (2,6)$$
$$3P = P + 2P = (3,2) + (2,6) = (4,2)$$
$$4P = P + 3P = (3,2) + (4,2) = (0,5)$$
$$5P = P + 4P = (3,2) + (0,5) = (5,0)$$
$$6P = P + 5P = (3,2) + (5,0) = (0,2)$$
$$7P = P + 6P = (3,2) + (0,2) = (4,5)$$
$$8P = P + 7P = (3,2) + (4,5) = (2,1)$$
$$9P = P + 8P = (3,2) + (2,1) = (3,5)$$
$$10P = P + 9P = (3,2) + (3,5) = O$$

3.8.3　椭圆曲线上的点数

在 3.8.2 节的例子中，GF(23) 上的椭圆曲线 $y^2 \equiv x^3 + x + 1$ 在第 I 象限中的整数点加无穷远点 O 共有 28 个，一般有以下定理。

GF(p) 上的椭圆曲线 $y^2 = x^3 + ax + b\left(a,b \in \text{GF}(p), 4a^3 + 27b^2 \neq 0\right)$ 在第 I 象限中的整数点加无穷远点 O 共有

$$1 + p + \sum_{x \in \text{GF}(p)} \left(\frac{x^3 + ax + b}{p}\right) = 1 + p + \varepsilon$$

个，其中 $\left(\dfrac{x^3 + ax + b}{p}\right)$ 是勒让德（Legendre）符号。ε 由以下定理给出：Hasse 定理，即 $|\varepsilon| \leqslant 2\sqrt{p}$。

【例 3-3】若 $p = 5$，则 $|\varepsilon| \leqslant 4$。因此 GF(5) 上的椭圆曲线 $y^2 = x^3 + ax + b$ 上的点数为 2～10。

3.8.4　明文嵌入椭圆曲线

在使用椭圆曲线构造密码算法之前，需要将明文嵌入椭圆曲线，作为椭圆曲线上的点。设明文是 $m(0 \leqslant m \leqslant M)$，椭圆曲线由 3.8.2 节中有限域上的常用方程给出，k 是一个足够大的整数，使得将明文嵌入椭圆曲线时，错误概率是 2^{-k}。实际中，k 可在 30～50 之间取值。下面取 $k = 30$，对于明文 m，如下计算一系列 x：

$$x = \{mk + j, j = 0,1,2,\cdots\} = \{30m, 30m+1, 30m+2, \cdots\} \tag{3.9}$$

直到 $x^3 + ax + b \pmod{p}$ 是平方根，即得到椭圆曲线上的点 $\left(x, \sqrt{x^3 + ax + b}\right)$。因为在 $0 \sim p$ 的整数中，有一半是模 p 的平方剩余，另一半是模 p 的非平方剩余。所以 k 次找到 x，使得 $x^3 + ax + b \pmod{p}$ 是平方根的概率不小于 $1 - 2^{-k}$。

反过来，为了从椭圆曲线上的点 (x, y) 上得到明文 m，只需求 $m = \left\lfloor \dfrac{x}{30} \right\rfloor$。

【例 3-4】设椭圆曲线为 $y^2 = x^3 + 3x, p = 4177, m = 2174$，则 $x = \{30 \times 2174 + j, j = 0,1,2,\cdots\}$。当 $j = 15$ 时，$x = 30 \times 2174 + 15 = 65235, x^3 + 3x = 65235^3 + 3 \times 65235 + 1444 \pmod{4177} = 38^2$，得到椭圆曲线上的点为 $(65235, 38)$。若已知椭圆曲线上的点 $(65235, 38)$，则明文 $m = \left\lfloor \dfrac{65235}{30} \right\rfloor = \lfloor 2174.5 \rfloor = 2174$。

3.8.5　椭圆曲线上的密码算法

为使用椭圆曲线构造密码算法，需要找出椭圆曲线上的数学难题。

在椭圆曲线构成的阿贝尔群 $E_p(a,b)$ 上考虑方程 $Q = kP$，其中，$P, Q \in E_p(a,b), k < p$，则由 k 和 P 易求 Q，但由 P、Q 求 k 则是困难的，这就是椭圆曲线上的离散对数问题，可应用于公钥密码算法。DH 算法和 ElGamal 密码算法是基于有限域上离散对数问题的公钥密码算法，下面考虑如何用椭圆曲线实现这两种密码算法。

1．DH 算法

首先取一个质数 $p \approx 2^{180}$ 和两个参数 a、b，得到方程表达的椭圆曲线及其上面的点构成的阿贝尔群 $E_p(a,b)$。然后取 $E_p(a,b)$ 的一个生成元 $G(x_1, y_1)$，要求 G 的阶是一个非常大的质数，是满足 $nG = O$ 的最小正整数 n。$E_p(a,b)$ 和 G 作为公开参数。

用户 A 和 B 之间的密钥交换如下。

（1）用户 A 选取一小于 n 的整数 n_A 作为私钥，并由 $P_A = n_A G$ 产生 $E_p(a,b)$ 上的一点作为公钥。

（2）用户 B 类似地选取自己的私钥 n_B 和公钥 P_B。

（3）用户 A 和 B 分别由 $K = n_A P_B$ 和 $K = n_B P_A$ 产生双方共享的密钥。

这是因为 $K = n_A P_B = n_A(n_B G) = n_B(n_A G) = n_B P_A$。攻击者若想获取 K，则必须由 P_A 和 G 求出 n_A，或者由 P_B 和 G 求出 n_B，即需要求解椭圆曲线上的离散对数问题，而这是不可行的。

【例 3-5】$p = 211, E_p(0, -4)$，即椭圆曲线为 $y^2 \equiv x^3 - 4, G = (2, 2)$ 是 $E_{211}(0, -4)$ 的阶为 241 的一个生成元，即 $241G = O$。用户 A 的私钥为 $n_A = 121$，公钥为 $P_A = 121(2, 2) = (115, 48)$。用户 B 的私钥为 $n_B = 203$，公钥为 $P_B = 203(2, 2) = (130, 203)$。由此得到的共享密钥为 $121(130, 203) = 203(115, 48) = (161, 169)$，即共享密钥是一对数。如果将这一密钥用作单密钥加密的会话密钥，则可简单地取其中的一个，如取 x 坐标，或者取 x 坐标的某一简单函数。

2. ElGamal 密码算法

密钥产生过程如下：首先选择一个质数 p 及两个小于 p 的随机数 g 和 x，计算 $y \equiv g^x \pmod{p}$。以 (y, g, p) 为公钥，x 为私钥。

加密过程如下：设待加密明文为 M，随机选择一个与 $p-1$ 互质的整数 k，计算 $C_1 \equiv g^k \pmod{p}, C_2 \equiv y^k M \pmod{p}$，密文为 $C = (C_1, C_2)$。

解密过程如下：

$$M = \frac{C_2}{C_1^x} \pmod{p} \tag{3.10}$$

这是因为

$$\frac{C_2}{C_1^x} \pmod{p} = \frac{y^k M}{g^{kx}} \pmod{p} = \frac{y^k M}{y^k} \pmod{p} = M \pmod{p} \tag{3.11}$$

下面讨论利用椭圆曲线实现 ElGamal 密码算法。

首先选取一条椭圆曲线，并得 $E_p(a, b)$，将明文 m 嵌入椭圆曲线上的点 P_m，再对点 P_m 做加密变换。

取 $E_p(a, b)$ 的一个生成元 G，$E_p(a, b)$ 和 G 作为公开参数。

用户 A 选取 n_A 作为私钥，并以 $P_A = n_A G$ 为公钥。用户 B 若想向用户 A 发送信息 P_m，则可选取一个随机正整数 k，产生以下点对作为密文：

$$C_m = \{kG, P_m + kP_A\} \tag{3.12}$$

用户 A 解密时，以密文点对中的第 2 个点减去用户自己的私钥与第 1 个点的倍乘，即

$$P_m + kP_A - n_A kG = P_m + k(n_A G) - n_A kG = P_m \tag{3.13}$$

攻击者若想由 C_m 得到 P_m，就必须知道 k。而要得到 k，只有通过椭圆曲线上的两个已知点 G 和 kG，这意味着必须求解椭圆曲线上的离散对数问题，因此不可行。

【例 3-6】取 $p = 751, E_p(-1, 188)$，即椭圆曲线为 $y^2 \equiv x^3 - x + 188$，$E_p(-1, 188)$ 的一个生成元是 $G = (0, 376)$，用户 A 的公钥为 $P_A = (201, 5)$。假定用户 B 已将欲发往用户 A 的明文嵌入椭圆曲线上的点 $P_m = (562, 201)$，用户 B 选取随机数 $k = 386$，由 $kG = 386(0, 376) = (676, 558)$ 和 $P_m + kP_A = (562, 201) + 386(201, 5) = (385, 328)$ 得密文为 $\{(676, 558), (385, 328)\}$。

与基于有限域上的离散对数问题的公钥密码算法（如 DH 密钥交换和 ElGamal 密码算法）相比，ECC 算法具有以下优点。

1）安全性高

攻击有限域上的离散对数问题有指数积分法，其运算复杂度为 $O\left(\exp \sqrt[3]{(\log_2 p)(\log\log_2 p)^2}\right)$，其中，$p$ 是模数，为质数。而它对椭圆曲线上的离散对数问题并不是有效的。目前，攻击椭圆曲线上的离散对数问题只适合攻击任何循环群上的离散对数问题的大步小步法，其运算复杂度为 $O\left(\exp\left(\log_2 \sqrt{p_{\max}}\right)\right)$，其中，$p_{\max}$ 是椭圆曲线所形成的阿贝尔群的阶的最大质因子。因此，ECC 算法比基于有限域上的离散对数问题的公钥密码算法更安全。

2）密钥量小

由攻击二者的运算复杂度可知，在实现相同安全性的条件下，ECC 算法所需的密钥量远比基于有限域上的离散对数问题的公钥密码算法的密钥量小。

3）灵活性好

在有限域 $\mathrm{GF}(q)$ 一定的情况下，其上的循环群 $\big(\mathrm{GF}(q)-\{0\}\big)$ 就确定了。而 $\mathrm{GF}(q)$ 上的椭圆曲线可以通过改变曲线参数得到不同的曲线，形成不同的循环群。因此，椭圆曲线具有丰富的群结构和多选择性。

正是由于椭圆曲线具有丰富的群结构和多选择性，并可在保持和 RSA/DSA 算法相同安全性的前提下大大缩短密钥长度（目前 160 比特足以保证安全性），因而在密码领域有着广阔的应用前景。表 3.4 给出了 ECC 算法和 RSA/DSA 算法在保持相同安全性的条件下所需的密钥长度。

表 3.4　ECC 算法和 RSA/DSA 算法在保持相同安全性的条件下所需的密钥长度（单位：比特）

RSA/DSA 算法	512	768	1024	2048	21000
ECC 算法	106	132	160	211	600

3.9　SM2 算法

SM2 算法是中国国家密码管理局颁布的中国商用公钥密码标准算法，它是一组 ECC 算法，其中包含加密算法、解密算法、数字签名算法。

SM2 算法与国际标准的 ECC 算法相比具有以下特点。

（1）ECC 算法通常采用 NIST 等国际机构建议的曲线及参数，而 SM2 算法的参数需要利用一定的算法产生。由于 SM2 算法中加入了用户特异性的曲线参数、基点、用户的公钥点信息，故其安全性得到了明显提高。

（2）在 ECC 算法中，用户可以选择 MD5 或 SHA-1 等国际通用的哈希算法。而在 SM2 算法中则使用 SM3 哈希算法，输出为 256 比特，其安全性与 SHA-256 算法基本相当。

SM2 算法分为基于质数域和基于二元扩域两种。本节仅介绍基于质数域的 SM2 算法。

3.9.1　基本参数

基于质数域 F_p 的 SM2 算法的基本参数如下。

（1）F_p 的特征 p 为 m 比特长的质数，p 要尽可能大，但太大会影响计算速度。

（2）长度不小于 192 比特的比特串 SEED。

（3）F_p 上的两个元素 a、b 满足 $4a^3 + 27b^2 \neq 0$，定义曲线 $E(F_p)$：$y^2 = x^2 + ax + b$。

（4）基点 $G = (x_G, y_G) \in E(F_p), G \neq O$。

（5）G 的阶 n 为 m 比特长的质数，满足 $n > 2^{191}$ 且 $n > 4\sqrt{p}$。

（6） $h = \dfrac{\left| E(F_p) \right|}{n}$ 称为余因子，其中， $\left| E(F_p) \right|$ 是曲线 $E(F_p)$ 的点数。

SEED 和 a、b 的产生算法如下。

（1）任意选取长度不小于 192 比特的比特串 SEED。

（2）计算 $H = H_{256}(\text{SEED})$，记 $H = (h_{255}, h_{254}, \cdots, h_0)$，其中，$H_{256}$ 表示 256 比特输出的 SM3 算法。

（3）取 $R = \displaystyle\sum_{i=0}^{255} h_i 2^i$ 。

（4）取 $r = R(\bmod\ p)$ 。

（5）在 F_p 上任意选择两个元素 a、b，满足 $rb^2 = a^3 (\bmod\ p)$ 。

（6）若 $4a^3 + 27b^2 = 0(\bmod\ p)$，则转向（1）。

（7）所选择的 F_p 上的曲线是 $E(F_p)$：$y^2 = x^2 + ax + b$ 。

（8）输出 (SEED, a, b) 。

3.9.2 密钥产生

设接收方 B 的私钥取为 $\{1, 2, \cdots, n-1\}$ 中的一个随机数 d_B，记为 $d_B \leftarrow_R \{1, 2, \cdots, n-1\}$，其中，$n$ 是基点 G 的阶。

接收方 B 的公钥取为椭圆曲线上的点：

$$P_B = d_B G \qquad\qquad (3.14)$$

式中，$G = G(x, y)$ 是基点。

3.9.3 加密算法

设发送方 A 要发送的消息为比特串 M，M 的长度为 klen。加密运算如下。

（1）选择随机数 $k \leftarrow_R \{1, 2, \cdots, n-1\}$ 。

（2）计算椭圆曲线上的点 $C_1 = kG = (x_1, y_1)$，将 (x_1, y_1) 表示为比特串。

（3）计算椭圆曲线上的点 $S = hP_B$，若 S 是无穷远点，则报错退出。

（4）计算椭圆曲线上的点 $kP_B = (x_2, y_2)$，将 (x_2, y_2) 表示为比特串。

（5）计算 $t = \text{KDF}(x_2 \| y_2, \text{klen})$，若 t 为全 0 的比特串，则返回（1）。

（6）计算 $C_2 = M \oplus t$。

（7）计算 $C_3 = \text{Hash}(x_2 \| M \| y_2)$ 。

（8）输出密文 $C = (C_1, C_2, C_3)$。

其中，（5）中的 $\text{KDF}(\cdot)$ 是密钥派生函数，其本质就是一个伪随机数产生函数，用来产生密钥，取为 SM3 算法。（7）中的 $\text{Hash}(\cdot)$ 函数也取为 SM3 算法。

图 3.8 所示为 SM2 加密算法的流程图。

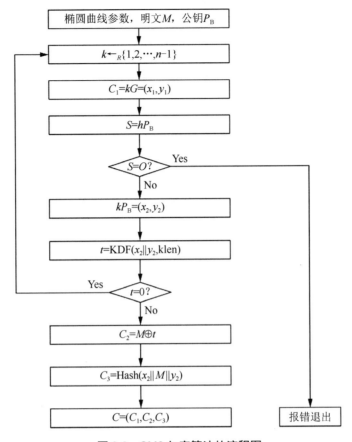

图 3.8　SM2 加密算法的流程图

3.9.4　解密算法

接收方 B 收到密文 L 后，执行以下解密运算。

（1）从密文 C 中取出比特串 C_1，将 C_1 表示为椭圆曲线上的点，验证 C_1 是否满足椭圆曲线方程，若不满足，则报错退出。

（2）计算椭圆曲线上的点 $S = hC_1$，若 S 是无穷远点，则报错退出。

（3）计算 $d_B C_1 = (x_2, y_2)$，将 (x_2, y_2) 表示为比特串。

（4）计算 $t = \text{KDF}(x_2 \| y_2, \text{klen})$，若 t 为全 0 比特串，则报错退出。

（5）从 C 中取出比特串 C_2，计算 $M = C_2 \oplus t$。

（6）计算 $u = \text{Hash}(x_2 \| M \| y_2)$，从 C 中取出 C_3，若 $u \neq C_3$，则报错退出。

（7）输出明文 M。

图 3.9 所示为 SM2 解密算法的流程图。

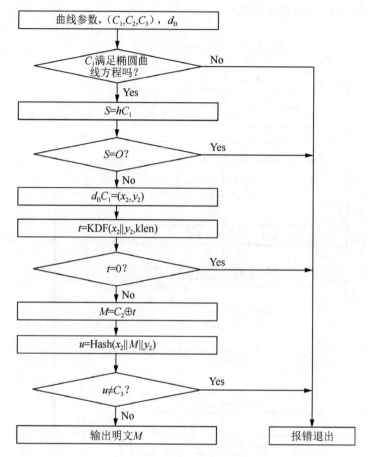

图 3.9　SM2 解密算法的流程图

解密的正确性：因为 $P_B = d_B G, C_1 = kG = (x_1, y_1)$，由解密算法的（3）可得

$$d_B C_1 = d_B kG = k(d_B G) = kP_B = (x_2, y_2) \qquad (3.15)$$

所以解密算法（4）中得到的 t 与加密算法（5）中得到的 t 相等，由 $C_2 \oplus t$ 得到明文 M。

习　题

1. 试讨论对称加密与非对称加密的概念、二者的区别及它们的优缺点？
2. 请阐述使用 DH 算法产生一个会话密钥的具体过程。
3. 试简述对称密码和公钥密码的区别，并指出它们各自所能提供的安全服务。
4. 给出至少 3 种对 RSA 密码的攻击方法，并简述其原理。
5. （　　）算法只能用于实现密钥交换，算法的安全性依赖有限域上的离散对数问题。

　A．ECC　　　　　　B．AES　　　　　　　　C．RSA　　　　　　　D．DH

6. 下面关于公钥密码体制的说法，不正确的是（　　）。

　A．一般情况下，公钥密码的加密和解密速度较对称密码慢

　B．若知道加密算法，则从加密密钥中得到解密密钥在计算上是不可行的

C．加密和解密由不同的密钥完成，并且可以交换使用

D．通信双方掌握的秘密信息（密钥）是一样的

7．1976 年，Diffie 和 Hellman 在论文 *New Direction in Cryptography* 中首次提出了公钥密码的思想，（   ）。

A．将公钥公开，将私钥保密   B．将私钥公开，将公钥保密

C．将公钥和私钥都保密   D．将公钥和私钥都公开

8．（   ）算法不是分组加密算法。

A．AES   B．RSA   C．DES   D．RC4

9．（   ）不属于 RSA 算法的应用。

A．密钥交换   B．数据加密   C．数字签名   D．可靠传输

第 4 章　报文鉴别与哈希函数

4.1　安全服务与安全需求

发送方和接收方在不安全信道上互相传输信息，在通信过程中我们需要解决通信保密的需求，通信保密主要采用对称密码和公钥密码实现。通信保密不能概括所有的安全需求，信息的安全需求有很多，通信保密只是其中一种。我们对现实世界的安全需求进行提炼和归类，用以下抽象名词来概括典型的安全需求（科学家最早提出的安全需求是 CIA，即下列前三个需求）：保密性（Confidentiality）、完整性（Integrity）、可用性（Availability）、可认证（Authentication）、抗抵赖（Non-repudiation）。

4.1.1　保密性

保密性的广义定义：防止未经授权的访问。对称密钥和公钥密码主要解决通信保密的需求，通信保密属于安全需求里的保密性。保密性指的是，假设通信双方的信道总是不安全的，攻击者可以在信道上获取通信双方的信息，在这个前提下我们要实现防止未经授权的访问（即使攻击者获取了传输在信道上的密文，也很难破解得到明文）。保密性除针对数据之外，对计算机系统同样适用，对系统的保密性工作包括访问控制（未经授权的用户是不能访问该系统的，拥有不同访问权限的用户所访问的保密文件是不同的）。通过上述内容可知，保密性是一个很抽象的名词，它既可以表示数据本身的保密，又可以表示系统的保密。

4.1.2　完整性

完整性的广义定义：防止未经授权的修改。完整性既有数据层面，又有计算机系统层面。

在数据层面实现完整性通常采用密码，如对数据加密后发送。未经授权的修改者即使得到了这个密文也不能修改，因为他修改这个密文之后，会导致接收方无法解码或解码之后是乱码，无法识别。

在计算机系统层面实现完整性有很多手段，最典型的例子就是计算机病毒对计算机系统完整性的威胁，计算机病毒总是把自己加载到一个可执行文件或系统文件里面，当系统调用这个可执行文件或系统文件时，病毒程序会被加载到内存中运行，运行之后会对一些内核文件进行篡改导致系统崩溃。为了解决病毒问题保证计算机系统的完整性，我们可以对每个系统文件计算它的哈希值或报文鉴别码并保存，一旦该文件被篡改，系统可以通过哈希值或报文鉴别码很快地发现。在计算机系统层面实现完整性的例子还包括数据库系统里面的事务（Transaction），事务指的是数据库系统里面一组完整的数据库操作，这组操作中间是不允许中断的，否则会导致数据不一致等错误。如果事务不完整（如中间中断），也是对完整性的破坏，将直接导致交易中断、操作不完整。

4.1.3　可用性

可用性的广义定义：在任何时候合法用户的请求都应该被满足。可用性和前两个安全需求不太一样，它指的是业务连续性，即合法用户的请求总应该是被允许的。在计算机系统或信息系统里，对可用性的威胁有很多，这里举两个例子：拒绝服务（Denial of Service，DoS）攻击和分布式拒绝服务（Distributed Denial of Service，DDoS）攻击。

DoS 攻击：在计算机网络里，攻击者会使用大量的合法报文攻击某一个服务器，在同一时刻用大量的合法报文访问同一个服务器，可能会造成两种危害。一是服务器 CPU 资源耗尽，内存不足，服务器没办法处理其他合法用户的请求；二是网络带宽被占尽，服务器没办法接收其他合法用户的请求。

DDoS 攻击：可能有多台服务器组成集群，这时候攻击一台主机不能完成 DoS 攻击。此时攻击者可能会采用木马或后门程序事先控制一组主机（数量有数十台，甚至上万台），使之成为"僵尸网络"。DDoS 攻击通常难以防范，原因如下。①攻击者发送的报文通常都是合法报文，网络安全设施（如入侵检测系统、防火墙）无法判断该报文是正常报文还是攻击者发送的报文；②DDoS 攻击的访问报文源 IP 地址都是假的 IP 地址，甚至可以随机变化，这将导致即使网络安全设施发现了攻击，阻止该 IP 地址继续发送请求，也不能解决攻击，因为下一次攻击报文的 IP 地址不一样；③由于攻击报文同一时刻的大量涌现，当受害主机所在的网络系统发现攻击的时候，已经有很多攻击报文大量涌入，网络系统自己也被淹没，来不及做出相应措施。

1990 年，在 ITSEC（Information Technology Security Evaluation Criteria）中首次提出了 CIA，当时的欧洲科学家试图将所有的安全需求都用 CIA 中的其中一种抽象名词来概括。在互联网发展之前，计算机系统或信息系统的安全需求主要面向军方，互联网在民间大发展之后，计算机系统的安全需求和每个人都息息相关，新的应用场景带来了新的安全需求，比如我们接下来要讨论的可认证和抗抵赖。

4.1.4　可认证

可认证的广义定义：通信双方的身份是可以被认证的。尤其是在互联网时代，可认证是一种普遍的安全需求。例如，网络银行首先要能够认证访问用户的身份，才能保证用户个人账户的合法使用和安全。

4.1.5　抗抵赖

抗抵赖的广义定义：当通信发生之后，报文或数据的发送方不能抵赖发送过这样一个报文。前面 4 种安全需求中通信双方的利益是一致的，而在分析抗抵赖时，通信双方的利益可能是不一致的。抗抵赖特别强调"事后追查"，假设下面一个情景：用户使用了自己银行账户里的资金，然后抵赖自己没有使用过，这种情况就需要抗抵赖来防止。在互联网上你可能和从未谋面的人通信，如在网购中，买方下单之后会达成一个和商家的电子协议，如果买方抵赖付过了钱或商家抵赖拒绝发货，就可以通过这个电子协议来防止。

4.1.6 总结

面向各种应用场景，我们用抽象名词总结了 5 种主要的安全需求：保密性、完整性、可用性、可认证、抗抵赖。本章开始，我们的视野应该开阔起来，不再局限于通信保密的需求，以上提到的 5 种安全需求可以概括 90%以上的安全需求。安全服务和安全需求一样都是这 5 个抽象名词，不过二者看问题的视角不一样，对于安全需求技术的使用者，如通信双方就有保密性的安全需求；对于密码机制的提供者，如对称密码就可以提供保密性的安全服务。

🔓 4.2 报文鉴别的安全需求

为了理解报文鉴别，先看如下几个安全需求的例子：①泄密。密文被攻击者破解得到了报文，显然泄密是对保密性的威胁。②流量分析。通信双方之间的通信内容虽然得到了加密不能被第三方截获，但是第三方可以监听知道通信的流量大小。如果攻击者知道了通信的流量大小，他就可以做概率统计，当流量发生异常的时候，攻击者会猜想发生了一些重要的事情。流量分析也是对保密性的威胁，因为攻击者可以通过流量分析，或多或少地猜出一些内容。③修改内容。发送方发送给接收方的报文被第三方篡改了，这显然是对完整性的威胁。④破坏数据包收到的先后顺序。在网络通信中，报文都是有序接收的，即使攻击者不能修改报文的内容，也可以通过破坏报文收到的先后顺序进行攻击。这也是对完整性的威胁。⑤不承认发送过某个报文。发送方发送了一个报文，接收方也正常收到了，但事后发送方抵赖没有发送过这个报文。这是对抗抵赖的威胁。⑥冒名顶替。通信双方用其他身份进行通信。这是对可认证的威胁。⑦浏览器访问网络银行 Web 服务器应用。保密性，用户不希望访问网络银行的报文被别人看到；完整性，假设用户 A 给用户 B 转账 1000 元，这里面的报文信息必须完整，金额、转账双方的信息等都不能被篡改；可认证，用户需要确定自己访问的网络银行 Web 服务器是真的，Web 服务器也要能够识别不同用户的身份；抗抵赖，用户取钱后不能抵赖自己没取过，用户存钱后网络银行也不能抵赖没存过。

4.2.1 报文鉴别安全需求的三重含义

从围绕 5 个抽象名词（保密性、完整性、可用性、可认证、抗抵赖）的安全需求分析框架出发，报文鉴别安全需求包括 3 个方面：①保护报文的完整性；②验证发送方的身份；③抗抵赖，防止报文发送方抵赖（解决争议）。

设接收方 B 收到发送方 A 发来的一个报文，如果 B 能确定这个报文没有被篡改过，即该报文是完整的，那么满足报文的完整性需求；如果 B 准确地知道发送方只可能是 A 不可能是其他人，那么满足验证发送方身份的需求；如果 B 留存该报文，事后能够作为证据防止 A 抵赖，证明 A 确实发送过这个报文，那么满足抗抵赖的需求。如果这三者都满足，就实现了报文鉴别的安全需求。

4.2.2 实现报文鉴别的方案

接下来对实现报文鉴别的 3 种方案一一进行讨论：①报文加密；②报文鉴别码（MAC）；③哈希函数。

注意：这 3 种方案不能够单独地实现报文鉴别的全部安全需求，将要给出的其中一些方案只能实现一部分安全需求，有些方案能够全部实现，而有些方案什么都无法实现，需要读者用密码学思维分析每种方案分别能实现哪些安全需求。

🔓4.3 报文加密

我们先对一些名词做出定义和区分。

报文与明文：本章讨论的对象不再是明文而是报文，这有一个概念的切换。报文就是对应以前所讨论的加密算法的明文，是网络中交换与传输的数据单元，即通信双方一次性要发送的数据块。报文鉴别和明文加密的安全需求有所差别，研究报文鉴别的时候一般不考虑保密性需求。

报文鉴别与身份认证：报文鉴别通常指的是用密码的方法对报文进行处理；身份认证往往是一个协议。

4.3.1 对称密码加密报文实现报文鉴别

报文加密在提供保密性的同时，提供某些报文鉴别的安全服务。

在图 4.1 中，M 是要处理的报文，用对称密钥 K 加密之后得到密文 D，密文 D 在不安全信道上传输，接收方 B 接收到发送方 A 发过来的密文 D 之后，用与 A 加密所用的相同密钥 K 进行解密还原出报文 M。

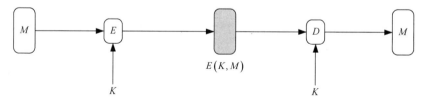

$E(K,M)$

图 4.1 对称密码加密报文实现报文鉴别

报文加密的方法可以提供部分报文鉴别的安全服务，如果发送方使用对称密钥加密报文，则可以提供验证发送方身份的安全服务，因为现在只有发送方和接收方知道这个对称密钥，如果接收方自己没有创建过这个报文，那么一定是发送方创建的；还可以实现保护报文完整性的需求，因为接收方知道报文内容在通信过程中是否被篡改过，如果报文被篡改过，那么接收方解密报文后得到的很可能是乱码。接收到的密文可以解密为报文，但是难以做到机器自动确定报文是否被篡改过，所以报文应该具有合适的结构，采用冗余信息或校验和来检测报文是否被篡改过。

报文加密–对称密钥：

$$A \rightarrow B : E(K, M) \text{ 或 } E_K(M)$$

上述公式表达了图 4.1 的报文发送过程，E 表示加密算法，K 表示对称密钥，M 表示发送方 A 要发送的报文。

保密性：只有 A 和 B 知道 K。

一定程度上的报文鉴别：报文只能来自 A，在传输过程中没被篡改过（需要特定的格式和冗余）。

不提供抗抵赖：接收方可以伪造报文，发送方可以抵赖报文，这是因为 A 和 B 都可以创建报文。

4.3.2 公钥密码加密报文实现报文鉴别

公钥密码加密报文有两种用法，公钥加密和私钥加密，用私钥加密报文相当于对报文进行数字签名。

1. 公钥加密

在图 4.2 中，发送方 A 用接收方 B 的公钥 PU_B 加密报文后得到密文，密文在不安全信道上传输，接收方 B 收到信道上传输过来的密文后，用自己的私钥 PR_B 解密还原出报文。

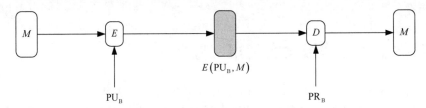

图 4.2 公钥加密报文实现报文鉴别

公钥加密无法实现报文鉴别所包含的任何一项安全需求，因为任何人都知道公钥。不能实现完整性需求是因为攻击者在信道上截获报文之后，可以用 PU_B 生成一个新密文替换原报文；不能实现验证发送方身份的需求是因为任何人都可以用 PU_B 生成密文发送给 B，B 无法判断接收到的报文来自哪个发送方；不能实现抗抵赖需求是因为即使 A 发送用 PU_B 加密的报文给 B，A 也可以抵赖说是 C 发的，因为任何人都知道 PU_B，都可以给 B 发送加密的报文。公钥加密只能提供保密性的安全服务，即使密文在信道上被截获后也不会泄漏信息。

2. 私钥加密

在图 4.3 中，发送方 A 用自己的私钥 PR_A 加密报文得到密文，密文在不安全信道上传输，接收方 B 收到信道上传输过来的密文后，用发送方 A 的公钥 PU_A 解密还原出报文。

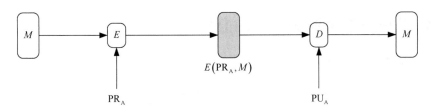

图 4.3　私钥加密报文实现报文鉴别

私钥加密不具有保密性，因为任何人都知道 A 的公钥，由于信道是不安全的，因此攻击者在信道上截获密文后，可以用 A 的公钥解密密文得到原报文。虽然用私钥加密报文不能实现保密性的需求，但是可以实现报文鉴别的全部安全需求，当然我们仍然需要冗余信息来确认报文是否被篡改过。下面来分析为什么私钥加密报文可以实现报文鉴别的全部安全需求。

（1）完整性：假设攻击者在信道上截获了密文 $E(\mathrm{PR_A},M)$，想要把 M 替换为 M' 加密发送给 B，由于攻击者不知道 A 的私钥，因此其无法篡改 M 后对 M 加密。如果攻击者在不知道 A 的私钥的前提下强行加密，那么 B 收到密文之后用 A 的公钥解密很可能会出现乱码。加上我们还有特定格式的报文和冗余信息，就更加确保报文的完整性。

（2）验证 A 的身份：B 用 A 的公钥解开了密文，B 就可以确定这个密文是使用 A 的私钥进行加密创建的，由于 A 的私钥只有 A 自己知道，所以可以唯一确定 A 的身份。这点和对称密钥不同，对称密钥由于 A、B 使用相同的密钥，所以 B 还要确认自己没有发送过相同的报文后才能唯一确定 A 的身份。

（3）抗抵赖：因为私钥只有 A 自己知道，B 在收到 A 的密文之后可以把这个密文保存下来，一旦发生了纠纷，B 就可以把保存的密文提供给第三方，用 A 的公钥对其进行解密，验证 A 的数字签名。只要能用 A 的公钥解密成功，就能证明该报文是 A 发送的，因为只有 A 有自己的私钥，意味着这个报文只能是 A 用自己的私钥创建的。这与对称密钥不同，对称密钥由于通信双方都知道通信的密钥，双方都可以创建任何密文，在对称密钥加密报文实现报文鉴别中，只能确定加密后的报文是由 A 或 B 创建的，不能进一步确认究竟是 A 还是 B。

除了以上两种基本的加密方式，我们还可以构造叠加混合的加密方式。

3．先私钥后公钥加密报文

在图 4.4 中，发送方 A 先用自己的私钥 $\mathrm{PR_A}$ 加密报文进行签名得到 $E(\mathrm{PR_A},M)$，然后用接收方 B 的公钥 $\mathrm{PU_B}$ 加密签名后的密文得到 $E\big(\mathrm{PU_B},E(\mathrm{PR_A},M)\big)$，两次加密后得到的 $E\big(\mathrm{PU_B},E(\mathrm{PR_A},M)\big)$ 在不安全信道上传输；B 收到密文后用自己的私钥 $\mathrm{PR_B}$ 解密得到 $E(\mathrm{PR_A},M)$，用 A 的公钥解密得到原报文 M。

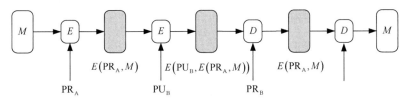

图 4.4　先私钥后公钥加密报文实现报文鉴别

这种加密方式可以实现保密性的需求和报文鉴别的全部安全需求，代价是需要加密两次，使用两个公钥和私钥，加密和解密耗时长。

4.3.3 公钥密码加密报文方案的总结

公钥密码加密报文方案的总结如表 4.1 所示。

表 4.1　公钥密码加密报文方案的总结

加密方式	保密性	报文鉴别
$A \rightarrow B: E(PU_B, M)$	可以实现，只有 B 知道 PR_B	不可以实现，任何人都可以用 PU_B 加密报文且声称自己是 A
$A \rightarrow B: E(PR_A, M)$	不可以实现，谁都知道 PU_A	可以实现全部安全需求：传输过程中没被篡改过；只有 A 知道 PR_A 用来加密；任何人都可以用自己的私钥进行签名（抗抵赖）
$A \rightarrow B: E(PU_B, E(PR_A, M))$	可以实现，因为有 PU_B	可以实现报文鉴别的全部安全需求，还可以实现保密性的需求，因为有 PR_A

4.4　报文鉴别码

4.4.1　报文加密的缺点

从前面的讨论中我们发现，虽然某些加密报文可以实现报文鉴别的需求，但是在实际应用中有一些问题，如开销大、较难实现自动鉴别。开销大是因为需要加密整个报文，相当于用整个报文作为报文鉴别码，用整个密文提供报文鉴别的服务；较难实现自动鉴别是因为需要报文有一定的结构和一些冗余信息来实现自动判断，会加大传输数据量，不适合采用。为了解决这些问题，下面引出专用的报文鉴别方案，即报文鉴别码。

4.4.2　报文鉴别码的定义

报文鉴别码（Message Authentication Code，MAC）就是专门用来提供报文鉴别安全服务的方案，是一个固定长度的比特串（如 128 比特等），由报文鉴别码算法生成，算法的输入包括报文和密钥，算法设计类似对称密钥算法，但不可逆，将报文鉴别码附加到报文上用于报文鉴别。接收方收到密文后对密文执行相同方向的计算并检查它是否与收到的报文鉴别码匹配，如果匹配，则可以确定报文未被篡改过和确定发送方的身份。

有时候只需要报文鉴别码。例如，有些档案需要长时间保存且不希望被损坏，可以加上报文鉴别码保证报文的完整性；在计算机系统中，为了保证系统的完整性，可以计算系统文件的报文鉴别码，并将其存储在可信区域。

4.4.3　报文鉴别码的用法

1. $A \rightarrow B: M \| C_K(M)$，$K$ 为对称密钥

在图 4.5 中，A 表示发送方，M 表示要发送的报文，C 表示报文鉴别码算法，K 表示对称密钥。在使用过程中，A 用 C 和 K 对报文进行处理，生成报文鉴别码 $C(K, M)$。

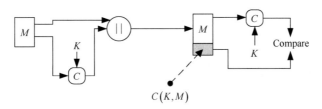

图 4.5　报文鉴别码的用法 1

图 4.5 中的符号"‖"表示连接，将生成的报文鉴别码 $C(K,M)$ 附加到 M 的后面。A 发送报文鉴别码 $C(K,M)$ 附加到 M 后面，B 接收到 $M\|C(K,M)$ 后，由于 K 是对称密钥，B 也知道 K，B 用 C 和 K 以同样的方法计算 M 的报文鉴别码，最后 B 比较自己生成的报文鉴别码和 A 发送的附加到 M 后面的报文鉴别码是否一致。如果一致，则可确定发送方的身份和报文的完整性。在这里也有个概率问题，由于报文鉴别码的长度是固定的（一般为 128 比特），而发送的报文可能是几兆字节，所以可能存在不同报文对应相同报文鉴别码的情况，但是攻击者在不知道密钥的情况下找到这种报文的概率很小。

这种方法可以实现完整性和验证发送方身份的安全需求，但是不能实现抗抵赖的安全需求。完整性，如果报文被修改，那么 B 收到之后用 C 和 K 生成的报文鉴别码和发送过来的报文鉴别码是不一样的；验证发送方身份，由于 K 只有 A 和 B 知道，只要 B 没有生成 M 就一定是 A 生成的；不能实现抗抵赖，双方拥有相同的对称密钥，A 和 B 都可以生成相同的报文。

2.　$A \rightarrow B: E(K_2, M\|C(K_1, M))$，$K_1$ 和 K_2 为对称密钥

在用法 1 的基础上用一个对称密钥进行报文和报文鉴别码整体的加密，如图 4.6 所示。小技巧：可以看到加密相当于入栈，解密相当于出栈，先加密的后解密，后加密的先解密。当 A 和 B 共享 K_1 时，可以实现部分报文鉴别的安全需求（完整性和验证发送方身份）；当 A 和 B 共享 K_2 时，可以实现保密性的安全需求。

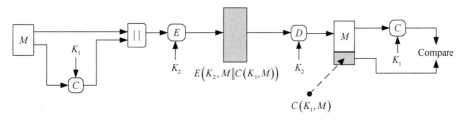

图 4.6　报文鉴别码的用法 2

3.　$E(K_2, M)\|A \rightarrow B: C(K_1, E(K_2, M))$，$K_1$ 和 K_2 为对称密钥

用法 3 和用法 2 提供的安全服务完全相同，只不过这里先用密钥加密，然后用报文鉴别码算法生成报文鉴别码，最后将二者连接起来，如图 4.7 所示。

总结：使用对称密钥的报文鉴别码只能实现报文鉴别的前两个安全需求（完整性和验证发送方的身份），不能实现抗抵赖的安全需求。

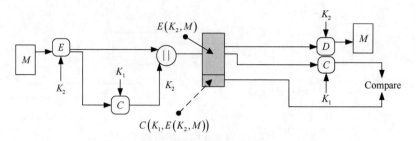

图 4.7   报文鉴别码的用法 3

4.4.4   报文鉴别码的性质

报文鉴别码是密码性质的校验和 $\text{MAC} = C(K, M)$，输入可变长度的报文 M、报文鉴别码算法 C 和对称密钥 K，输出固定长度的报文鉴别码。报文鉴别码是一个多对一的函数，但是找到和一个特定报文有相同报文鉴别码的报文是很困难的。

对报文鉴别码的攻击是能够找到一个 $M' \neq M$，但 $C(K, M') = C(K, M)$；因此需要报文鉴别码满足以下要求：不能通过一个报文和它的报文鉴别码找到另一个有相同报文鉴别码的报文；报文鉴别码的输出应该接近于随机比特序列，是均匀分布的，取决于报文的每位数据。

4.4.5   构造报文鉴别码算法

可以使用分组密码的 CBC（Cipher Block Chaining）模式将最后一个密文块作为报文鉴别码；报文鉴别码算法 DAA（Data Authentication Algorithm，数据认证算法）就是基于 DES-CBC 构建的，是一个早期的报文鉴别码算法，其原理如图 4.8 所示。构造 DAA 的过程如下：令初始值 IV=0 并用比特 0 填充最后一个报文块，在 CBC 模式下使用 DES 加密报文，将最后一个密文块作为报文鉴别码或最后一个密文块的最左边的 M 位（$16 \leqslant M \ll 64$）作为报文鉴别码。这个算法最终得到的报文鉴别码较短，不够安全。

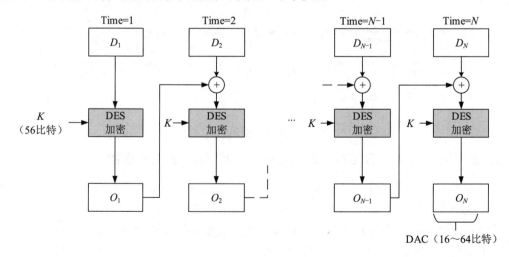

图 4.8   DAA 的原理

4.5　哈希函数

4.5.1　哈希函数的定义和性质

哈希函数应该满足的要求：可以将任意长度的报文压缩成固定长度的二进制串 $h = H(M)$，其中 h 表示哈希值，H 表示哈希算法，M 表示报文；通常假设哈希函数是公开的且没有密钥，这点和报文鉴别码不一样，报文鉴别码使用对称密钥；用于检测报文是否被篡改过，即实现完整性的安全需求，这点在软件下载过程中有所体现，用户在下载软件安装包的时候往往会附带下载一个哈希值，这个哈希值就是为了验证安装包在下载过程中是否被篡改过，但是无法防止在下载前的蓄意篡改，这是因为任何人都知道哈希函数，可以在篡改软件之后再生成哈希值，这个问题可以采用数字签名的方法解决。哈希函数能够通过不同的方式应用于报文，经常和公钥密码算法一起用于创建数字签名。

1．哈希函数与数字签名

在前面章节的讨论中，我们提到数字签名就是用私钥加密的，但是在实际应用中很少用私钥对整个报文加密，这样的方案显然成本很高，因为报文可能有几兆字节。在实际中一般采用如图 4.9 所示的签名方案。

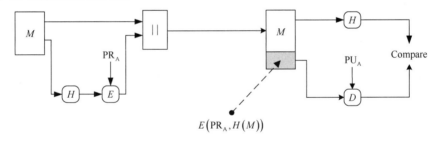

图 4.9　哈希函数与数字签名

在图 4.9 中，M 为待签名的报文，H 为哈希函数，$\mathrm{PR_A}$ 为发送方 A 的私钥，A 发送给接收方 B 的数据为 $M \parallel E(\mathrm{PR_A}, H(M))$，表示用 A 的私钥 $\mathrm{PR_A}$ 加密报文 M 的哈希值 $H(M)$，附在报文 M 的后面。由于报文的哈希值的长度一般为固定的 128 比特，所以加密起来比较容易，而且 B 收到之后可以很好地定位到哪些是原报文 M，哪些是哈希值。B 收到报文后，计算出收到的报文 M 的哈希值 h_1，用 A 的公钥解密附在报文 M 后面的密文，得到 A 附在 M 后面的哈希值 h_2，如果这两个哈希值相等（$h_1 = h_2$），则说明报文 M 一定来自 A，因为 A 在加密过程中用到了自己的私钥；报文一定是完整的，因为如果把 M 修改了，攻击者同时需要用 A 的私钥加密修改后的报文，由于攻击者没有 A 的私钥所以无法实现；可以实现发送方的抗抵赖需求，B 可以保留报文 M 和密文，通过第三方用 A 的公钥解密，验证密文一定来自 A。

哈希函数与数字签名可以很好地防止软件安装包被恶意篡改，软件开发者可以用自己的私钥对安装包签名，如果有软件分发者想要篡改安装包，那么他必须同时用开发者的私钥加密修改后的安装包（否则用户用开发者公钥解密报文后对不上签名），由于攻击者不知道开发者的私钥，所以这是无法实现的。

2．哈希函数的特点

（1）哈希函数本质上是生成输入文件/报文/数据的指纹。

（2）哈希值的计算为 $h = H(M)$。

（3）将可变长度的报文 M 经过哈希函数生成固定长度的指纹。

3．对哈希函数的攻击

对哈希函数的主要攻击形式是寻找哈希碰撞，哈希碰撞是指两个不同的输入，经过哈希函数的处理后，得到相同的输出，即找到报文 $M' \neq M$，但是 $H(M') = H(M)$。例如，A 计算报文 M 的哈希值，签名并发送给接收方 B，但是在发送的信道上被攻击者截获且篡改为 M'，由于 $H(M') = H(M)$，B 在接收到报文之后，并不能发现发送过来的报文已经被篡改了。

4．哈希函数的性质

（1）可应用于任意大小的报文 M。

（2）生成固定长度的输出 h。

（3）很容易（多项式时间算法内）计算报文 M 的哈希值：$h = H(M)$。

（4）哈希函数的单向性：已知 h，不能计算得到 x，使得 $H(x) = h$。

（5）弱抗碰撞性：给定 x，找到 y，使得 $H(y) = H(x)$ 在计算上是不可行的。

（6）强抗碰撞性：找到任意的 x、y，使得 $H(y) = H(x)$ 在计算上是不可行的。

4.5.2 哈希函数的应用

下面讨论哈希函数的应用，在接下来的用法示意图中，左边都是发送方 A，右边都是接收方 B，下面分别介绍每张图的操作流程。

哈希函数应用 a 的整个过程如图 4.10 所示。

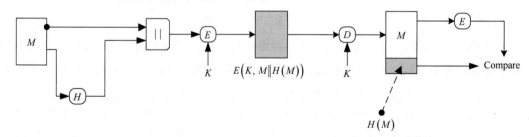

图 4.10 哈希函数应用 a 的整个过程

哈希函数应用 a 的整个过程可以表示为 $A \rightarrow B : E\big(K, M \parallel H(M)\big)$，A 计算出报文 M 的哈希值 $H(M)$ 附在 M 的后面，用对称密钥 K 对整个报文加密；B 用同样的对称密钥 K 对收到的报文解密，计算报文 M 的哈希值，和收到的哈希值进行比较，若一致，则说明报文未被篡改过且报文的发送方只能是 A（前提是 B 没有构造过这个报文）。这种方案可以实现保密性、完整性和验证发送方的身份的安全需求，但是不能实现抗抵赖的安全需求，因为 A 可以抵赖报文是 B 构造的。$H(M)$ 是用对称密钥保护的。

哈希函数应用 b 的整个过程如图 4.11 所示。

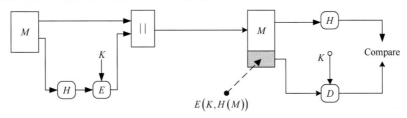

图 4.11　哈希函数应用 b 的整个过程

哈希函数应用 b 的整个过程可以表示为 $A \rightarrow B : M \| E\left(K, H(M)\right)$，这个操作流程和报文鉴别码的操作流程几乎一模一样。不能实现保密性的安全需求，因为报文 M 未被加密过，可以实现完整性和验证发送方的身份的安全需求。 $H(M)$ 是用对称密钥保护的。

哈希函数应用 c 的整个过程如图 4.12 所示。

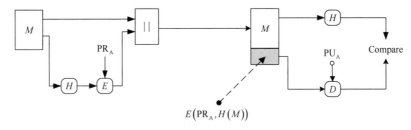

图 4.12　哈希函数应用 c 的整个过程

哈希函数应用 c 的整个过程可以表示为 $A \rightarrow B : M \| E\left(PR_A, H(M)\right)$，和我们前面讨论的哈希函数与数字签名一样。由于只有 A 可以构造 $E\left(PR_A, H(M)\right)$，因此可以实现报文鉴别的全部安全需求，但无法实现保密性，因为没有加密报文 M。

哈希函数应用 d 的整个过程如图 4.13 所示。

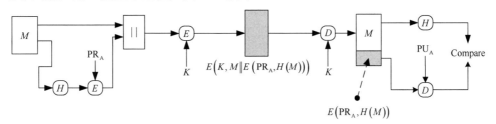

图 4.13　哈希函数应用 d 的整个过程

哈希函数应用 d 的整个过程可以表示为 $A \rightarrow B : E\left(K, M \| E\left(PR_A, H(M)\right)\right)$，A 先计算 M 的哈希值，然后用自己的私钥 PR_A 加密哈希值，加密后的签名附在报文 M 的后面，并用对称密钥 K 对整个报文加密。B 收到报文后，用对称密钥 K 解密得到报文 M 和签名，和哈希函数应用 c 的整个过程一样。可以看到哈希函数应用 d 就是在哈希函数应用 c 的基础上用对称密钥 K 加密整个报文，这样可以实现哈希函数应用 c 不能实现的保密性的安全需求，因此哈希函数应用 d 可以实现保密性和报文鉴别的全部安全需求。

哈希函数应用 e 的整个过程如图 4.14 所示。

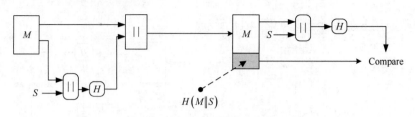

图 4.14　哈希函数应用 e 的整个过程

哈希函数应用 e 和前面的应用不同，哈希函数应用 e 的整个过程可以表示为 $A \rightarrow B: M \| H(M \| S)$，这里没有使用对称密钥，而是使用了一个随机数 S。A 先把随机数加在报文 M 的后面，然后计算出这个报文的哈希值，最后附在报文 M 的后面发送给 B。B 接收到该报文之后，计算 $M\|S$ 的哈希值并和收到的哈希值进行比较。由于没有加密报文 M，因此这种应用不能实现保密性的安全需求，仅能实现完整性和验证发送方的身份的安全需求。这种方案在口令文件的保护里面常用。

哈希函数应用 f 的整个过程如图 4.15 所示。

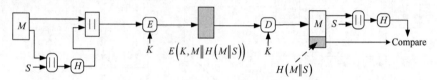

图 4.15　哈希函数应用 f 的整个过程

哈希函数应用 f 的整个过程可以表示为 $A \rightarrow B: E\big(K, M \| H(M \| S)\big)$，哈希函数应用 f 是在哈希函数应用 e 的基础上对整个报文用对称密钥加密，比哈希函数应用 e 多实现了保密性的安全需求。

以上 6 种哈希函数应用为哈希函数最常见的应用，针对实际应用场景，用安全需求的分析方法，给出合理的密码解决方案，读者应有意培养这种能力。以上 6 种哈希函数应用的总结如图 4.16 所示。

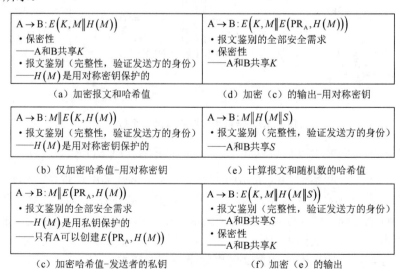

图 4.16　6 种哈希函数应用的总结

4.5.3　经典的哈希算法

简单的哈希函数，如将报文分组、把报文分组异或运算的结果作为哈希值，可以防止随机的报文比特错，但是不能防止蓄意破坏的比特错，需要构造有密码性质的、安全性更高的哈希函数。

经典的哈希算法包括 MD5 算法、SHA 系列、RIPEMD-160 算法等。

MD5（Message Digest 5）算法由 Ronald Rivest 设计，他设计了包括 MD2、MD4 等在内的一系列哈希算法，MD5 算法生成 128 比特的哈希值，曾经是广泛使用的哈希算法，并成为 Internet 标准 RFC1321。2000 年起，针对该算法的穷举攻击和密码分析受到广泛关注。其中，中国学者在算法分析工作方面做出了重大贡献。王小云等提出了比特跟踪法快速寻找哈希碰撞。在 CRYPTO 2004 会议的快报中，王小云等演示了如何快速找到 MD5 和 SHA 等哈希算法的碰撞，获得了极大的国际影响和关注。

SHA（Secure Hash Algorithm）最初由 NIST 和 NSA 于 1993 年设计，1995 年修订为 SHA-1，与 DSA 签名方案一起作为美国标准，标准号为 FIPS 180-1，是 Internet 标准 RFC3174。SHA-1 基于 MD4 算法设计，生成 160 比特的哈希值。2005 年起，针对 SHA-1 安全性的最新碰撞分析研究结果引起了一定程度的担忧。

2002 年，NIST 发布了修订版 FIPS 180-2（常被称为 SHA-2 家族），给出了 3 种新的 SHA 版本（SHA-256、SHA-384、SHA-512），为兼容 AES 密码提供更高的安全性而设计，结构和相关细节与 SHA-1 类似，相关密码分析也是类似的，安全性比 SHA-1 的安全性更高。

图 4.17 所示为 SHA-2 家族哈希函数的一般结构，其中 IV 表示初始值，L 表示输入分组的数量，n 表示哈希值，Y_i 表示第 i 个输入分组，b 表示输入分组的长度，f 表示压缩函数（含非线性的布尔运算与模加运算等操作），CV_i 表示第 i 轮输出。

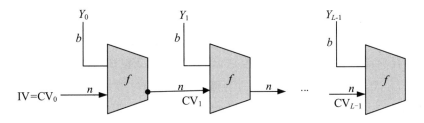

图 4.17　SHA-2 家族哈希函数的一般结构

RIPEMD-160 算法是在欧洲开发的，由参与 MD4/MD5 算法的研究人员设计，某些方面与 MD5/SHA 类似，生成 160 比特的哈希值，比 SHA-1 慢，但更安全。

4.5.4　SHA-512

SHA-512 的输入是最大长度小于 2^{128} 比特的报文，输出是 512 比特的报文摘要，输入报文以 1024 比特的分组为单位进行处理。图 4.18 显示了处理报文、输出哈希值的总体过程，其迭代结构遵循如图 4.17 所示的一般结构。

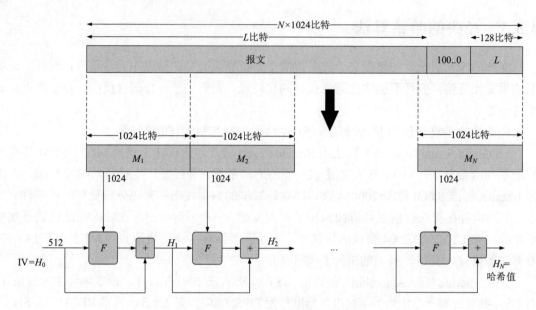

图 4.18　SHA-512 生成信息摘要

这个过程还包含以下步骤。

（1）附加填充比特。填充报文使其长度模 1024 与 896 同余，即使报文满足上述长度要求，仍然需要进行填充，因此填充比特数在 1～1024 之间。第 1 个比特填充 1，后续比特填充 0。

（2）附加长度。在填充报文后面附加一个 128 比特的块，将其视为 128 比特的无符号整数（最高有效字节在前），整数取值为填充前报文的长度。步骤（1）和（2）的结果是产生了一个长度为 1024 整数倍的报文，将报文按 1024 比特分组。

（3）初始化哈希缓冲区。哈希函数的中间结果和最终结果保存于 512 比特的缓冲区中，缓冲区用 8 个 64 比特的寄存器 a～h 表示，并将这些寄存器初始化为特定的 64 比特整数。

（4）对于每个报文分组 M_i，如图 4.19 所示，以 1024 比特的分组（128 字节）为单位进行处理。算法的核心是具有 80 轮运算的模块，每轮都把 512 位缓冲区的值、$W_t\left(t=0,1,\cdots,79\right)$ 及附加常数 $K_t\left(t=0,1,\cdots,79\right)$ 作为输入，并更新缓冲区的值。其中，W_t 和 K_t 均为 64 比特。W_t 由报文分组 M_i 经报文扩展（Message Schedule）后导出；附加常数 K_t 的获得方法是对前 80 个质数开立方根，取小数部分的前 64 位。这些常数提供了 64 位随机比特组合，可以初步消除输入数据里的统计规律。

（5）输出。所有 N 个 1024 报文分组都处理完后，第 N 阶段输出 512 比特的报文摘要，即哈希值。

SHA-512 总结如下：

$$H_0 = \mathrm{IV}$$
$$H_i = \mathrm{SUM}_{64}\left(H_{i-1}, \mathrm{abcdefgh}_i\right)$$
$$\mathrm{MD} = H_N$$

式中，IV 为步骤（3）中定义的缓冲区的初始值；$\mathrm{abcdefgh}_i$ 为第 i 个报文分组处理的最后一轮的输出；N 为报文（包括填充和长度域）中的分组数；SUM_{64} 为对输入中的每个字进行独

立的模 2^{64} 加；MD 为最后的报文哈希值。

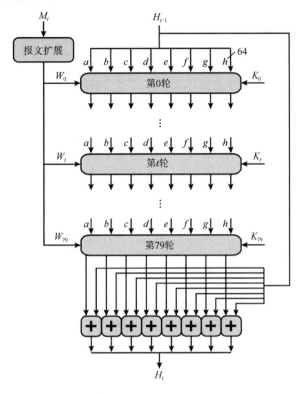

图 4.19　SHA-512 对单个 1024 比特分组的处理

哈希函数的安全性讨论。

像分组密码一样，在算法本身没有设计漏洞和缺陷的前提下，穷举攻击是最好的选择。穷举报文 $x_1, x_2, x_3, \cdots$，找到其中两个报文 x_i、x_j，使得 $H(x_i) = H(x_j)$，即发生碰撞的平均尝试次数是 $2^{m/2}$，其中 m 是输出的哈希值的比特数；目前输出为 128 比特的哈希函数相对易受穷举攻击威胁，160 比特甚至更长的哈希值更好。相比较而言，分组密码穷举攻击的平均尝试次数是 $\frac{1}{2} \times 2^m$，其中 m 是密钥长度。

🔓 4.6　生日攻击

首先我们思考生日悖论问题：假设一个班级有 n 个人，如何计算这 n 个人中至少有两个人生日相同（同一个月的同一天）的概率？一般情况下，我们在感性认识上会觉得班级上至少有两个人生日相同的概率比较低，毕竟每个人的生日都有 365 种选择（不考虑闰年）。但实际上至少有两个人生日相同的概率却远远大于我们的感性认识。例如，一个 23 人的班级中至少有两个人生日相同的概率超过 50%，找到哈希碰撞和找到具有相同生日的两个人在本质上没有区别。生日悖论数学统计如图 4.20 所示。

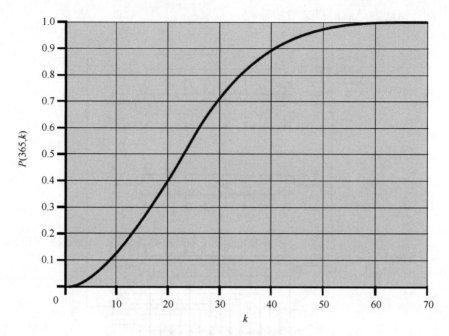

图 4.20　生日悖论数学统计

这里先分析 23 个人生日各不相同的概率为

$$1 \times \left(1 - \frac{1}{365}\right) \times \left(1 - \frac{2}{365}\right) \times \cdots \times \left(1 - \frac{22}{365}\right) \approx 0.493$$

因此，23 个人中至少有两个人生日相同的概率约为 $1 - 0.493 = 0.507$。

上述计算概率的公式不易求解，需要找到近似方便计算的方法，我们对以自然对数 e 为底数的指数函数 e^x 进行 Taylor 展开：$\mathrm{e}^x = \lim_{n \to \infty} 1 + x + \frac{x^2}{2!} + \cdots + \frac{x^n}{n!}$，当 x 很小时，$\mathrm{e}^x \approx 1 + x$，因此有 $1 - \frac{\alpha}{365} \approx \mathrm{e}^{-\alpha}$。

下面将生日悖论推广到 n 个人的情况，先计算 n 个人生日各不相同的概率为

$$P = 1 \times \left(1 - \frac{1}{365}\right) \times \left(1 - \frac{2}{365}\right) \times \cdots \times \left(1 - \frac{n-1}{365}\right) \approx 1 \times \mathrm{e}^{-\frac{1}{365}} \times \mathrm{e}^{-\frac{2}{365}} \times \cdots \times \mathrm{e}^{-\frac{n-1}{365}} = \mathrm{e}^{-\frac{n(n-1)}{730}} \approx \mathrm{e}^{-\frac{n^2}{730}}$$

所以，n 个人中至少有两个人生日相同的概率约为 $1 - \mathrm{e}^{-\frac{n^2}{730}}$。

图 4.21 绘制了 n 个人中至少有两个人生日相同的概率，分别使用原概率计算公式和近似概率计算公式。图中的横坐标表示人数，纵坐标是至少有两个人生日相同的概率。

更一般地说，我们假设存在 N 个对象，N 很大，有 r 个人，每个人选择一个对象，那么至少两个人选择同一个对象的概率 $P \approx 1 - \mathrm{e}^{-r^2/2N}$。令 $P = 0.5$ 可得 $\frac{r^2}{2N} = \ln 2$，即如果 $r \approx 1.77\sqrt{N}$，那么至少两个人选择同一个对象的概率约为 50%，如果有 N 种可能性（N 种哈希值），并且我们穷举一个长度约为 $\sqrt{N}$ 的列表（$\sqrt{N}$ 个报文），那么其中两个报文哈希碰撞

的可能性在 50%左右。如果我们想增大匹配的可能性，那么可以穷举列出一个长度为 $\sqrt{N}$ 的常数倍的列表。

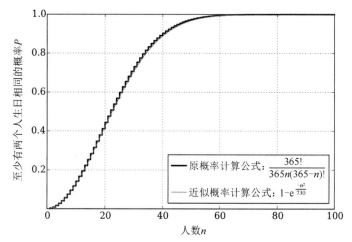

图 4.21　生日悖论概率计算近似拟合

下面是一个有关生日攻击的例子：假设有 40 个车牌，每个车牌号都以 3 位数结尾，两个车牌号结尾的 3 位数相同的概率是多少？

解：N=1000，r=40。

准确答案：$1-\left(1-\dfrac{1}{1000}\right)\times\left(1-\dfrac{2}{1000}\right)\times\cdots\times\left(1-\dfrac{39}{1000}\right)=0.546$。

近似答案：$1-\mathrm{e}^{-\frac{40^2}{2\times1000}}=0.551$。

假设我的车牌号已知，路上随机抽取 40 个车牌，车牌号结尾的 3 位数和我的车牌号都不相同的概率是 $(1-1/1000)^{40}\approx0.961$，40 个车牌中至少有一个车牌号和我的车牌号结尾的 3 位数相同的概率为 $1-\left(1-\dfrac{1}{1000}\right)^{40}\approx1-0.961=0.039$。

通过上面的对比我们可以看出，生日悖论起作用的原因是我们不是只寻找一个固定车牌号是否和其他车牌号结尾的 3 位数相同；而是车牌中任意两个车牌号结尾的 3 位数是否相同，因此有更高的概率。

如果哈希函数的输出位数不够长，则可以使用生日攻击来寻找哈希碰撞，假设一个输出 n 位的哈希函数，有 $N=2^n$ 个可能的输出，即报文有 N 个可能的哈希值，则获得二分之一碰撞概率的列表长度（穷举查找测试的报文数量）$r\approx\sqrt{N}=2^{n/2}$。如果哈希函数的输出是 128 比特，那么列表的长度为 $2^{64}\approx10^{19}$，即要获得 $\dfrac{1}{2}$ 的碰撞概率，需要穷举的报文空间为 10^{19}。

🔓4.7　HMAC

DAA 是传统上构造报文鉴别码最为普通的方法，即基于分组密码的构造方法。但近年来人们研究构造报文鉴别码的兴趣已经转移到基于密码哈希函数的构造方法上，原因如下。

（1）密码哈希算法（如 MD5、SHA 系列）的软件实现快于分组密码（如 DES）的软件实现。

（2）密码哈希函数的库代码来源广泛。

（3）密码哈希函数没有出口限制，而分组密码即使用于报文鉴别码也有出口限制。

哈希函数并不是为构造报文鉴别码而设计的，由于哈希函数不使用密钥，因此不能直接用于报文鉴别码。目前已经提出了很多将哈希函数用于构造报文鉴别码的方法，HMAC（Hash-based Message Authentication Code）就是其中之一，且已作为 RFC2104 公布，并在 IPSec 和其他网络协议（如 SSL）中得以应用。

4.7.1　HMAC 的设计目标

RFC2104 列举了 HMAC 的设计目标。

（1）可不经修改而使用现有的哈希函数，特别是那些易于软件实现的、源代码可方便获取且免费使用的。

（2）其中嵌入的哈希函数可易于替换为更快或更安全的哈希函数。

（3）保持嵌入的哈希函数的最初性能，不因用于 HMAC 而使其性能降低。

（4）以简单方式使用和处理密钥。

（5）在对嵌入的哈希函数进行合理假设的基础上，易于分析 HMAC 用于认证时的密码强度。

其中前两个设计目标是 HMAC 被公众普遍接受的主要原因，这两个目标是将哈希函数当作一个黑盒来使用，这种方法有两个优点：一是哈希函数的实现可作为实现 HMAC 的一个模块，这样一来，HMAC 代码中的很大一块可事先准备好，无须修改就可使用；二是如果 HMAC 要求使用更快或更安全的哈希函数，则只需用新模块代替旧模块，如用 SHA-256 模块代替 MD5 模块。

最后一个设计目标是 HMAC 优于其他基于哈希函数的报文鉴别码的一个主要方面，HMAC 在其嵌入的哈希函数具有合理密码强度的假设下，可证明是安全的，这一问题将在 4.7.3 节 HMAC 的安全性中进行介绍。

4.7.2　算法描述

图 4.22 所示为 HMAC 的运行框图，其中 H 为嵌入的哈希函数（如 MD5、SHA-256），M 为 HMAC 的输入报文（包括哈希函数所要求的填充位），$Y_i(0 \leqslant i \leqslant L-1)$ 为 M 的第 i 个分组，L 为 M 的分组数，b 为一个分组中的比特数，n 为由嵌入的哈希函数产生的哈希值的长度，K 为密钥，如果 K 的长度大于 b，则将密钥输入哈希函数中产生一个 n 比特长的密钥，即 $K = H(K)$，如果 K 的长度小于 b，则填充 0 使其长度达到 b，K^+ 是左边经填充 0 后的密钥，K^+ 的长度为 b 比特，ipad 为 $b/8$ 个 00110110，opad 为 $b/8$ 个 01011010。

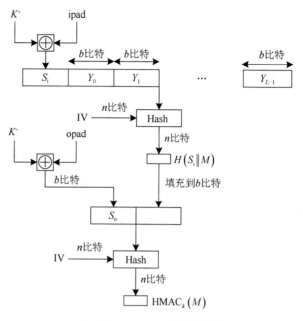

图 4.22　HMAC 的运行框图

HMAC 的输出可表示为

$$\mathrm{HMAC}_k = H\left\{ \left(K^+ \oplus \mathrm{opad} \right) \middle\| H\left[\left(K^+ \oplus \mathrm{ipad} \right) \middle\| M \right] \right\}$$

HMAC 的运行过程如下。

（1）K 的左边填充 0 以产生一个 b 比特长的 K^+（例如，K 的长度为 160 比特，$b = 512$，则需要填充 44 个 0x00）。

（2）K^+ 与 ipad 逐比特异或以产生 b 比特长的分组 S_i。

（3）将 M 链接到 S_i 后。

（4）将 H 作用于步骤（3）产生的数据流。

（5）K^+ 与 opad 逐比特异或以产生 b 比特长的分组 S_o。

（6）将步骤（4）得到的哈希值链接在 S_o 后。

（7）将 H 作用于步骤（6）产生的数据流并输出最终结果。

注意，K^+ 与 ipad 逐比特异或和与 opad 逐比特异或，其结果是将 K 中的一半比特取反，但两次取反的比特的位置不同。而 S_i 和 S_o 通过哈希函数中压缩函数的处理，相当于以伪随机方式从 K 中产生两个密钥。

在实现 HMAC 时，可预先求出下面两个量（见图 4.23，虚线以左为预计算）：

$$f\left(\mathrm{IV}, \left(K^+ \oplus \mathrm{ipad} \right) \right)$$

$$f\left(\mathrm{IV}, \left(K^+ \oplus \mathrm{opad} \right) \right)$$

其中 f 是哈希函数中的压缩函数，其输入是 n 比特的链接变量和 b 比特的分组，输出是 n 比特的链接变量。这两个量的预先计算只需在每次更改密钥时进行。事实上，这两个预先计算的量用于作为哈希函数的初始值 IV。

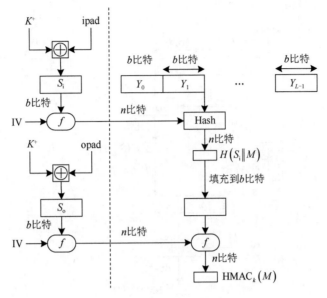

图 4.23　HMAC 的有效实现

4.7.3　HMAC 的安全性

基于密码哈希函数构造的报文鉴别码的安全性取决于嵌入的哈希函数的安全性，而 HMAC 最吸引人的地方是它的设计者已经证明了算法的强度和嵌入的哈希函数的强度之间的确切关系，证明了对 HMAC 的攻击等价于对嵌入的哈希函数的下述两种攻击之一。

（1）攻击者能够计算压缩函数的一个输出，即使 IV 是随机的和秘密的。

（2）攻击者能够找出哈希函数的碰撞，即使 IV 是随机的和秘密的。

在攻击（1）中，我们可以将压缩函数视为哈希函数的等价，而哈希函数的 n 比特长 IV 可视为 HMAC 的密钥。对这一哈希函数的攻击可通过对密钥的穷举攻击进行或生日攻击实施，对密钥的穷举攻击的复杂度为 $O(2^n)$。而生日攻击可归结为攻击（2）。

攻击（2）指攻击者寻找具有相同哈希值的两个报文，也就是生日攻击。对于哈希值长度为 n 的哈希函数，攻击的复杂度为 $O(2^{n/2})$。因此攻击（2）对 MD5 算法的攻击复杂度为 $O(2^{64})$，就现在的技术来说，这种攻击是可行的。但这是否意味着 MD5 算法不适用于 HMAC？回答是否定的，原因如下：攻击者在攻击 MD5 算法时，可选择任意报文集合后离线寻找碰撞。由于攻击者知道哈希算法和默认的 IV，因此能为自己产生的每个报文求出哈希值。然而，在攻击 HMAC 时，由于攻击者不知道密钥 K，从而不能离线产生报文和其报文鉴别码对。所以攻击者必须得到 HMAC 在同一密钥下产生的一系列报文和报文鉴别码对，并对得到的报文进行攻击。对于长度为 128 比特的哈希值，需要得到用同一密钥产生的 2^{64} 个报文和报文鉴别码对。

4.8　SM3 算法

SM3 算法是中国国家密码管理局颁布的一种密码哈希函数，采用迭代型哈希算法的一般结构。

4.8.1　SM3 算法的描述

输入数据长度为 l 比特，$1 \leqslant l \leqslant 2^{64} - 1$，输出哈希值为 256 比特。

1．常数与函数

SM3 算法中使用以下常数与函数。

1）常数

初始值：

　　　　IV = 7380166F 4914B2B9 172442D7 DA8A0600 A96F30BC 163138AA

　　　　　　　E38DEE4D B0FB0E4E

常量：

$$T_j = \begin{cases} 79CC4519, & 0 \leqslant j \leqslant 15 \\ 7A879D8A, & 16 \leqslant j \leqslant 63 \end{cases}$$

2）函数

布尔函数：

$$\mathrm{FF}_j(X,Y,Z) = \begin{cases} X \oplus Y \oplus Z, & 0 \leqslant j \leqslant 15 \\ (X \wedge Y) \vee (X \wedge Z) \vee (Y \wedge Z), & 16 \leqslant j \leqslant 63 \end{cases}$$

$$\mathrm{GG}_j(X,Y,Z) = \begin{cases} X \oplus Y \oplus Z, & 0 \leqslant j \leqslant 15 \\ (X \wedge Y) \vee (\bar{X} \wedge Z), & 16 \leqslant j \leqslant 63 \end{cases}$$

式中，X、Y、Z 为 32 位字。

　　置换函数：

$$P_0(X) = X \oplus (X \lll 9) \oplus (X \lll 17)$$

$$P_1(X) = X \oplus (X \lll 15) \oplus (X \lll 23)$$

式中，X 为 32 位字；符号 $a \lll n$ 表示把 a 循环左移 n 位。

2．算法过程

首先对数据进行填充，再进行迭代压缩生成哈希值。

1）填充并附加报文的长度

设报文 m 的长度为 l 比特，这与 SHA-512 类似。

2）迭代压缩

将填充后的报文 m' 按 512 比特进行分组，得到 $m' = B^0 B^1 \cdots B^{L-1}$，对 m' 按下列方式迭代

压缩：

$$\text{For } i = 0 \text{ to } L-1$$
$$V^{i+1} = \text{CF}\left(V^i, B^i\right)$$

式中，CF 是压缩函数；V^0 为 256 比特初始值 IV；B^i 为填充后的报文分组，迭代压缩的结果为 V^L，V^L 为报文 m 的哈希值。

3）报文扩展

在对报文分组 B^i 进行迭代压缩之前，首先对其进行报文扩展，步骤如下。

（1）将报文分组 B^i 划分为 16 个字 $W_0, W_1, \cdots, W_{15}$。

（2）For $j = 16$ to 67

$$W_j = P_1\left(W_{j-16} \oplus W_{j-9} \oplus \left(W_{j-3} <<< 15\right)\right) \oplus \left(W_{j-13} <<< 7\right) \oplus W_{j-6}$$

（3）For $j = 0$ to 63

$$W'_j = W_j \oplus W_{j+4}$$

B^i 经报文扩展后得到 $W_0, W_1, \cdots, W_{67}$，$W'_0, W'_1, \cdots, W'_{63}$。

4）压缩函数

设 A～H 为字寄存器，SS_1、SS_2、TT_1、TT_2 为中间变量，压缩函数 $V^{i+1} = \text{CF}\left(V^i, B^i\right)$ $\left(0 \leqslant i \leqslant n-1\right)$ 的计算过程如下：

$$ABCDEFGH = V^i$$
$$\text{For } j = 0 \text{ to } 63$$
$$\text{SS}_1 \leftarrow \left(\left(A <<< 12\right) + E + \left(T_j <<< j\right)\right) <<< 7$$
$$\text{SS}_2 = \text{SS}_1 \oplus \left(A <<< 12\right)$$
$$\text{TT}_1 = \text{FF}_j\left(A, B, C\right) + D + \text{SS}_2 + W'_j$$
$$\text{TT}_2 = \text{GG}_j\left(E, F, G\right) + H + \text{SS}_1 + W_j$$
$$D = C$$
$$C = B <<< 9$$
$$B = A$$
$$A = \text{TT}_1$$
$$H = G$$
$$G = F <<< 19$$
$$F = E$$
$$E = P_0\left(\text{TT}_2\right)$$
$$\text{EndFor}$$
$$V^{i+1} = ABCDEFGH \oplus V^i$$

其中"$\oplus$"为模 2^{32} 加运算，字的存储为大端格式（Big-Endian）。图 4.24 所示为压缩函数中一步迭代的示意图。

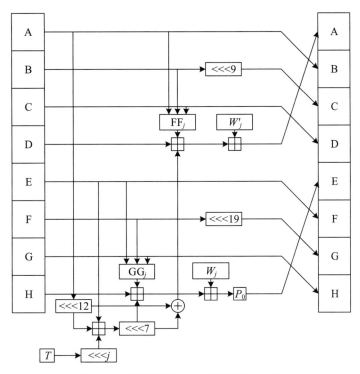

图 4.24　压缩函数中一步迭代的示意图

5）输出哈希值：

$$ABCDEFGH = V^L$$

输出 256 比特的哈希值 $y = ABCDEFGH$。

图 4.25 所示为 SM3 算法的整体处理过程。

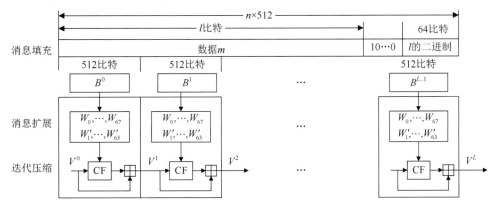

图 4.25　SM3 算法的整体处理过程

4.8.2　SM3 算法的安全性

压缩函数是哈希函数安全的关键，SM3 算法的压缩函数 CF 中的布尔函数 $\mathrm{FF}_j(X, Y, Z)$ 和 $\mathrm{GG}_j(X, Y, Z)$ 是非线性函数，经过循环迭代后提供混淆作用。置换函数 $P_0(X)$ 和 $P_1(X)$ 是线性函数，经过循环迭代后提供扩散作用。再加上 CF 中其他运算的共同作用，CF 具有很高的安全性，从而确保 SM3 算法具有很高的安全性。

习　题

1. 试列举哈希函数的 3 种性质。

2. 报文鉴别码和哈希函数有哪些区别？

3. 哈希函数有哪些特性？什么是碰撞？找到一个碰撞意味着什么？找到碰撞的代价是多大？提示：生日悖论和生日攻击。

4. 图 4.26 给出的加密方案能够提供的安全服务有哪些？并简述理由。

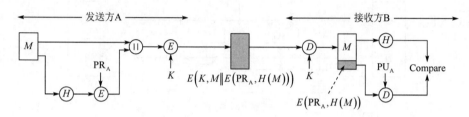

图 4.26　加密方案

5. 试给出 SHA-2 家族哈希函数的一般性结构。

6. 信息安全需求包括（　　　）。

　　A. 抗抵赖　　　　　B. 保密性　　　　　C. 以上都是　　　　D. 完整性

7. 报文的（　　　），即验证报文在传输和存储过程中是否被篡改过、错序等。

　　A. 抗抵赖　　　　　B. 保密性　　　　　C. 身份认证　　　　D. 完整性

8. 若发送方使用对称密钥加密报文，则无法实现（　　　）的安全需求。

　　A. 保密性　　　　　B. 身份认证　　　　C. 抗抵赖　　　　　D. 完整性

9. （　　　）不属于哈希函数的特性。

　　A. 可逆性　　　　　　　　　　　　　B. 抗碰撞

　　C. 固定长度的输出　　　　　　　　　D. 单向性

10. 对于报文 M，若找到 M' 使（　　　），即找到碰撞能够构成对哈希函数 H 的攻击。

　　A. $M = M'$ 且 $H(M') = H(M)$　　　　　B. $M' \neq M$ 且 $H(M') \neq H(M)$

　　C. $M' \neq M$ 但 $H(M') = H(M)$　　　　　D. $M' = M$ 但 $H(M') \neq H(M)$

11. 要找到两个不同的报文 x、y，使 $H(y) = H(x)$，在计算上是不可行的，则哈希函数 H 具有（　　　）。

　　A. 压缩性　　　　B. 弱抗碰撞性　　　　C. 单向性　　　　D. 强抗碰撞性

12. 发送方先用（　　　）对报文签名，然后使用（　　　）加密，同时提供保密性和报文鉴别的全部安全服务。

　　A. 自己的私钥，自己的公钥　　　　　B. 自己的私钥，接收方的公钥

　　C. 自己的公钥，接收方的私钥　　　　D. 自己的公钥，自己的私钥

13．下列不属于哈希算法的是（　　　）。

　　A．MD5　　　　　　B．RIPEMD-160　　C．RSA　　　　　　D．SHA-1

14．发送方使用接收方的公钥加密报文传递给接收方，能实现（　　　）。

　　A．仅保密　　　　　　　　　　　　B．保密且报文鉴别

　　C．保密与部分报文鉴别　　　　　　D．仅报文鉴别

15．在下列描述中，对报文的数字签名不能实现的是（　　　）。

　　A．防止报文发送方抵赖

　　B．验证报文发送方的身份

　　C．保证报文传输过程中的保密性

　　D．保护报文的完整性

第 5 章　流密码

对称密码的另一个分支是流密码，流密码主要应用于军事领域及一些本身就是比特（字节）流形式的数据加密。本章要解决的主要问题是如何生成无限长（指密钥比特序列无周期性）、接近纯随机的密钥流。一个简单的思路是密钥流直接由某个固定长度的初始密钥使用某种算法变换得来，那么如何生成一个随机比特序列作为密钥流，要求易于使用，但不能太短以至于不安全呢？本章将围绕这一问题，从 4 个方面进行介绍：简单流密码、对流密码的攻击、随机比特序列生成、典型流密码算法实例（RC4 算法）。

🔓 5.1　简单流密码

流密码的密钥流一般是由初始密钥使用某种算法变换得来的。如果密钥流和明文串在统计上相互独立，则称这种类型的流密码为同步流密码，正式定义如下。

定义 5-1　同步流密码为一六元组 $(\mathcal{P},\mathcal{C},\mathcal{X},\mathcal{L},\mathcal{E},\mathcal{D})$ 和函数 g，并且满足如下条件。

（1）$\mathcal{P}$ 是由所有可能的明文构成的有限集。

（2）$\mathcal{C}$ 是由所有可能的密文构成的有限集。

（3）密钥空间 $\mathcal{X}$ 为一有限集，由所有可能的密钥构成。

（4）$\mathcal{L}$ 是一个称为密钥流字母表的有限集。

（5）g 是一个密钥流生成函数。g 使用密钥 K 作为输入，产生无限的密钥流 $z = z_1 z_2 \cdots$，$z_i \in \mathcal{L}$，$i \geqslant 1$。

（6）对于任意的 $z \in \mathcal{L}$，都有一加密规则 $e_x \in \mathcal{E}$ 和相应的解密规则 $d_z \in \mathcal{D}$，并且对于每个明文 $x \in \mathcal{P}$，$e_z : \mathcal{P} \to \mathcal{C}$ 和 $d_z : \mathcal{C} \to \mathcal{P}$ 都是满足 $d_z(e_x(x)) = x$ 的函数。

我们利用前面提到的 Vigenere 密码给同步流密码定义一个解释。假设 m 为 Vigenere 密码的密钥长度，定义 $\mathcal{X} = (\mathbb{Z}_{26})^m$，$\mathcal{P} = \mathcal{C} = \mathcal{L} = \mathbb{Z}_{26}$；定义 $e_z(x) = (x+z)(\bmod\, 26)$，$d_z(y) = (y-z)(\bmod\, 26)$；再定义密钥流 $z_1 z_2 \cdots$，则

$$z_i = \begin{cases} k_i, & 1 \leqslant i \leqslant m \\ z_{i-m}, & i \geqslant m+1 \end{cases}$$

$K = (k_1, k_2, k_3, \cdots, k_m)$，这样利用 K 可产生的密钥流为

$$k_1 k_2 \cdots k_m k_1 k_2 \cdots k_m k_1 k_2 \cdots$$

如果对所有 $i \geqslant 1$ 的整数都有 $z_{i+d} = z_i$，则称该流密码为具有密钥周期 d 的流密码。上面分析的密钥长度为 m 的 Vigenere 密码可视为周期为 m 的流密码。

流密码通常用二元字符表示，即 $\mathcal{P} = \mathcal{C} = \mathcal{L} = \mathbb{Z}_2$，此时加密和解密刚好都可视为模 2 加：

$$e_z(x) = (x + z)(\bmod\,2)$$

和

$$d_z(r) = (y + z)(\bmod\,2)$$

如果认为"0"代表布尔值为"假","1"代表布尔值为"真",那么模 2 加法与异或运算有相同的真值表。这样,加密和解密都可用异或硬件方便地实现。

5.1.1　同步流密码与 LFSR

下面给出另一个产生密钥流的方法。假设输入密钥为初始向量 $(k_1, k_2, k_3, \cdots, k_m)$,并且 $z_i = k_i\,(1 \leqslant i \leqslant m)$。利用次数为 m 的线性递归关系产生密钥流:

$$z_{i+m} = \sum_{j=0}^{m-1} c_j z_{i+j}\,(\bmod\,2)$$

式中,$c_0, c_1, \cdots, c_{m-1} \in \mathbb{Z}_2$ 是确定的常数。

注意,这个递归关系的次数为 m,是因为每项都依赖前面的 m 项;又因为 z_{i+m} 是前面项的线性组合,故称其为线性的。不失一般性,我们取 $c_0 = 1$,否则递归关系的次数将降为 $m-1$。

这里的密钥流由 $2m$ 个值 $k_1, k_2, \cdots, k_m$ 和 $c_0, c_1, \cdots, c_{m-1}$ 决定。如果 $(k_1, k_2, \cdots, k_m) = (0, 0, \cdots, 0)$,则生成的密钥流的比特全为零,当然这种情况是需要避免的,否则明文将与密文相同。如果常数 $c_0, c_1, \cdots, c_{m-1}$ 选择适当,则任意非零初始向量 $(k_1, k_2, \cdots, k_m)$ 都将产生周期为 $2^m - 1$ 的密钥流。这种利用"短"的密钥来产生较长密钥流的方法,正是我们希望看到的,后面将用实例来说明具有短周期密钥流的 Vigenere 密码是很容易被攻破的。

下面给出一个具体例子。

设 $m = 4$,密钥流按如下线性递归关系产生:

$$z_{i+4} = (z_i + z_{i+1})(\bmod\,2) \quad (i \geqslant 1)$$

如果密钥流的初始向量不为零,则我们将获得周期为 $2^4 - 1 = 15$ 的密钥流。若初始向量为 $(1, 0, 0, 0)$,则可产生如下密钥流:

$$1\,0\,0\,0\,1\,0\,0\,1\,1\,0\,1\,0\,1\,1\,1\cdots$$

任何一个非零的初始向量都将产生具有相同周期的密钥流。这种密钥流产生方法的诱人之处在于密钥流能使用线性反馈移位寄存器(LFSR)以硬件的方式有效地实现。LFSR 使用具有 m 个状态的移位寄存器,初始向量 $(k_1, k_2, \cdots, k_m)$ 用来初始化 LFSR,在每个时间单元内自动完成下列运算。

(1)k_1 被抽出作为下一个密钥流比特。

(2)$k_2, \cdots, k_m$ 分别左移一个状态位。

(3)新的 k_m 由下式"线性反馈"给出:

$$\sum_{j=0}^{m-1} c_j k_{j+1}$$

可以看出,线性反馈是通过抽取寄存器的某级状态并计算模 2 加进行的,如图 5.1 所示,其对应的 LFSR 将产生可使用的密钥流。

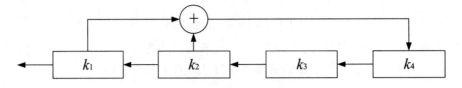

图 5.1　线性反馈的过程

5.1.2　异步流密码

在流密码中，还有这样一种情况，密钥流 z_i 的产生不但与输入的初始密钥 K 有关，而且与明文元素 $(x_1, x_2, \cdots, x_{i-1})$ 或密文元素 $(y_1, y_2, \cdots, y_{i-1})$ 有关，这类流密钥我们称为异步流密码。下面给出一个来源于 Vigenere 密码的异步流密码，称为自动密钥密码。称为"自动密钥"的原因是它使用明文构造密钥流（除最初的"初始密钥"外）。当然，由于仅有 26 个可能的密钥，因此自动密钥密码是不安全的。

设 $\mathcal{P} = \mathcal{C} = \mathcal{X} = \mathcal{L} = \mathbb{Z}_{26}$，$x_1 = K$，定义 $z_i = x_{i-1}(i \geqslant 2)$。对于任意的 $0 \leqslant z \leqslant 25$，$x, y \in \mathbb{Z}_{26}$，定义

$$e_z(x) = (x + z)(\mathrm{mod}\ 26)$$

和

$$d_z(y) = (y - z)(\mathrm{mod}\ 26)$$

下面给出一个例子。假设 $K=8$，则明文为

r e n d e z v o u s

首先将明文转换为整数序列：

17 4 13 3 4 25 21 14 20 18

相应的密钥流为

8 17 4 13 3 4 25 21 14 20

将对应的元素相加，并通过模 26 约简，得到

25 21 17 16 7 3 20 9 8 12

转换为字母形式的密文就是

Z V R Q H D U J I M

解密时，接收方首先转换密文字母为相应的数字串：

25 21 17 16 7 3 20 9 8 12

然后计算

$$x_1 = d_8(25) = (25 - 8)(\mathrm{mod}\ 26) = 17$$

最后计算

$$x_2 = d_{17}(21) = (21 - 17)(\mathrm{mod}\ 26) = 4$$

这样一直进行下去，每获得一个明文元素，就用它作为下一个密钥流元素。

5.2　对流密码的攻击

我们将从对 LFSR 这类流密码的攻击开始。先介绍密码分析时常用的攻击模型，一般在分析某密码算法的安全性时，首先假设在某种攻击模型之下是分析的前提，不同的密码算法在不同的攻击模型下性能不同，因此了解攻击模型对密码算法的理解有着十分重要的意义。常见的攻击模型有：唯密文攻击，攻击者只有密文串；已知明文攻击，攻击者具有明文串和对应的密文串；选择明文攻击，攻击者可获得对加密机的访问权限，这样能获得任意的明文串对应的密文串；选择密文攻击，攻击者可获得对解密机的访问权限，这样能获得任意的密文串对应的明文串。

在上述情况下，攻击者的目的只有一个，就是确定正在使用的密钥。

5.2.1　已知明文攻击

在前面介绍的 LFSR 中，密文流是明文流和密钥流中对应二元符号的模 2 加，即 $y_i = (x_i + z_i)(\mathrm{mod}\, 2)$：

$$x_i = (y_i + z_i)(\mathrm{mod}\, 2)$$
$$z_i = (x_i + y_i)(\mathrm{mod}\, 2)$$

利用下列线性递归关系从初态 $(z_1, z_2, \cdots, z_m) = (k_1, k_2, \cdots, k_m)$ 产生密钥流：

$$z_{m+1} = \sum_{j=0}^{m-1} c_j z_{i+j} (\mathrm{mod}\, 2) \quad (i > 1)$$

式中，$c_0, c_1, \cdots, c_m \in \mathbb{Z}_2$。

注意，这个密码算法中的所有运算都是线性的，容易受到已知明文攻击。

假定攻击者有了明文串 $x_1 x_2 \cdots x_n$ 和相应的密文串 $y_1 y_2 \cdots y_n$，他就能计算密钥流比特 $z_i = (x_i + y_i)(\mathrm{mod}2)\ (1 \leq i \leq n)$。若攻击者再知道 m 的值，则仅需计算 $c_0, c_1, \cdots, c_{m-1}$ 就能重构整个密钥流。换句话说，他只需确定 m 个未知的值 $(c_0, c_1, \cdots, c_{m-1})$。

现在已知，对于任何 $i \geq 1$，都有

$$z_{m+1} = \sum_{j=0}^{m-1} c_j z_{i+j} (\mathrm{mod}\, 2)$$

它是 m 个未知数的线性方程。如果 $n \geq 2m$，则有 m 个未知数的 m 个线性方程，利用它可以解出这 m 个未知数。

m 个线性方程采用矩阵形式表示为

$$(z_{m+1}, z_{m+2}, \cdots, z_{2m}) = (c_0, c_1, \cdots, c_{m-1}) \begin{bmatrix} z_1 & z_2 & \cdots & z_m \\ z_2 & z_3 & \cdots & z_{m+1} \\ & & \vdots & \vdots \\ z_m & z_{m+1} & \cdots & z_{2m-1} \end{bmatrix}$$

如果系数矩阵可逆（模 2），则可解得

$$(c_0, c_1, \cdots, c_{m-1}) = (z_{m+1}, z_{m+2}, \cdots, z_{2m}) \begin{bmatrix} z_1 & z_2 & \cdots & z_m \\ z_2 & z_3 & \cdots & z_{m+1} \\ & \vdots & & \vdots \\ z_m & z_{m+1} & \cdots & z_{2m-1} \end{bmatrix}^{-1}$$

事实上，如果 m 是产生密钥流的递归次数，那么这个矩阵一定是可逆的。

假设攻击者得到密文串 101101011110010 和相应的明文串 011001111111001，那么他能计算出密钥流比特是 110100100001010。

假定攻击者还知道密钥流是使用 5 级 LFSR 产生的，那么他利用前面 10 个比特可得到如下方程组：

$$(0,1,0,0,0) = (c_0, c_1, c_2, c_3, c_4) \begin{bmatrix} 1 & 1 & 0 & 1 & 0 \\ 1 & 0 & 1 & 0 & 0 \\ 0 & 1 & 0 & 0 & 1 \\ 1 & 0 & 0 & 1 & 0 \\ 0 & 0 & 1 & 0 & 0 \end{bmatrix}$$

攻击者易求得

$$\begin{bmatrix} 1 & 1 & 0 & 1 & 0 \\ 1 & 0 & 1 & 0 & 0 \\ 0 & 1 & 0 & 0 & 1 \\ 1 & 0 & 0 & 1 & 0 \\ 0 & 0 & 1 & 0 & 0 \end{bmatrix}^{-1} = \begin{bmatrix} 0 & 1 & 0 & 0 & 1 \\ 1 & 0 & 0 & 1 & 0 \\ 0 & 0 & 0 & 0 & 1 \\ 0 & 1 & 0 & 1 & 1 \\ 1 & 0 & 1 & 1 & 0 \end{bmatrix}$$

可解得

$$(c_0, c_1, c_2, c_3, c_4) = (0,1,0,0,0) \begin{bmatrix} 0 & 1 & 0 & 0 & 1 \\ 1 & 0 & 0 & 1 & 0 \\ 0 & 0 & 0 & 0 & 1 \\ 0 & 1 & 0 & 1 & 1 \\ 1 & 0 & 1 & 1 & 0 \end{bmatrix} = (1,0,0,1,0)$$

由此可知，用来产生密钥流的递推公式为

$$z_{i+5} = (z_i + z_{i+3})(\mathrm{mod}\ 2)$$

即 LFSR 的第 1、4 位为反馈位。

5.2.2 攻击方法实例

1. 插入攻击

插入攻击是一种选择明文攻击，假设攻击者能拦截密文串，可以在明文串某处插入一个比特，用同样的密钥加密后发送，得到新的密文串，根据新、旧密文串可以破解得到密钥与明文。

假设截获了密文串：

$$p_1\, p_2\, p_3\, p_4\, p_5\ldots$$
$$k_1\, k_2\, k_3\, k_4\, k_5\ldots$$
$$c_1\, c_2\, c_3\, c_4\, c_5\ldots$$

现在 p_1 后插入 p，得到新的密文串：

$$p_1\, p\, p_2\, p_3\, p_4\, p_5\ldots$$
$$k_1\, k_2\, k_3\, k_4\, k_5\, k_6\ldots$$
$$c_1\, c\, c_3{}'\, c_4{}'\, c_5{}'\, c_6{}'\ldots$$

这样密钥流和明文为

$$k_2 = c\ \mathrm{XOR}\ p \quad\Rightarrow\quad p_2 = c_2\ \mathrm{XOR}\ k_2$$
$$k_3 = c_3{}'\ \mathrm{XOR}\ p_2 \quad\Rightarrow\quad p_3 = c_3\ \mathrm{XOR}\ k_3$$
$$k_4 = c_4{}'\ \mathrm{XOR}\ p_3 \quad\Rightarrow\quad p_4 = c_4\ \mathrm{XOR}\ k_4$$

通过解线性方程组的方式，可以重构 LFSR。

2. 可能词攻击（唯密文/已知少量明文）

为了说明可能词攻击的过程，假设 LFSR 比较简单，只有第 1 位和第 2 位（未知位）为反馈。攻击目标是发现未知的反馈位（系数 c_i）、LFSR 的大小 m 及密钥流。要得到这些依靠密文流和已知的可能词。

举例如下，假设 LFSR 中的 $m=4$，且第 1、4 位为反馈位，根据线性递归关系，生成密钥流如下：

1011010110010001……

攻击者只知道密文流：

1110000111111001100011100100011010111…..

攻击者首先找可能词，猜测第 1 个词为"The"，经过 ASCII 编码得到明文：

010101000110100001100101

将这个可能的明文和密文进行异或操作得到一个可能的密钥：

101101011001000111101011

攻击者仅猜测一段密钥还不够，还要得到 m，这就需要进行错位异或操作，即密钥流的第 1 位和第 2 位做异或，第 2 位和第 3 位做异或，依次类推，得到

101101011001000111101011（猜测的密钥）

110111101011001000011110（错位异或得到的密钥）

注意，错位异或得到的密钥与猜测的密钥有重合，且位置相差 4，攻击者可以猜测 $m=4$，反馈位为第 1、4 位。

LFSR 易于硬件实现，但容易遭受攻击。显然，如何生成一个近乎随机的比特序列作为密钥流是流密码设计的关键。5.3 节将讲解随机比特序列生成。

🔓 5.3　随机比特序列生成

5.3.1　随机数生成的原则

在网络安全的各种应用里，随机数在加密算法里扮演着重要的角色，大量基于密码的网络安全应用和协议都使用了随机数或随机比特序列。

（1）密钥分发和身份认证方案，通信的参与方通过交换报文合作分发密钥和/或互相认证对方。许多时候需要使用 Nonce（时变值）进行握手以防重放攻击，随机数可以防止攻击者判断或猜测出 Nonce。

（2）会话密钥（Session Key）的产生，本书内我们将看到大量协议，需要为对称加密生成一个短时间内使用的秘密密钥。这个秘密密钥通常称为会话密钥。

（3）RSA 算法中密钥对的产生。

（4）用于对称流密码的密钥流的产生。

这些应用对随机比特序列生成提出了两个不同且未必兼容的要求：随机性和不可预测性。

1）随机性

一般认为随机比特序列应有良好的统计特性。下面是两个典型的随机性评价标准，密码学家对随机性的判定已经定义了若干成熟统计测试标准，将在本章后续小节讨论。

分布均匀性：随机比特序列中的位分布应是均匀的，即 0 和 1 出现的频率大约相等。

独立性：随机比特序列中的任何子序列都不能由其他子序列推导出。尽管有一些成熟的测试来判断随机比特序列是否符合某个特定的分布，如均匀分布，然而还没有某种测试可以表明一个随机比特序列的独立性强；有很多反向测试可以证明一个随机比特序列不具有独立性。因此，通常的策略是多进行反向测试，直至可认为它的独立性是足够强的。

2）不可预测性

在身份认证、会话密钥生成及流密码等应用中，对随机比特序列的要求不能仅仅停留在序列是统计随机的，还要求随机比特序列是不可预测的。所谓的"真随机数（比特）序列"是每个数（比特片段）都统计独立于其他数（比特片段），因而不可预测。不过，在实际应用中，很少使用真随机数（比特）序列；一般看上去随机的比特序列是由确定性算法产生的。此时，必须注意攻击者不能由先前的随机比特片段推导出后面的随机比特片段。

5.3.2　TRNG、PRNG 和 PRF

密码应用大多使用确定性算法来生成随机数，所以产生的比特序列并非是真随机的。不过，如果算法好，其产生的比特序列可以通过对随机性的统计测试。这样的数一般称为伪随机数（Pseudo-Random Number）。这种把确定性算法生成的比特序列用作随机数的方法在实际应用中的确有效，伪随机数生成器（Pseudo-Random Number Generator，PRNG）能满足大多数应用场景需求。图 5.2 把一个真随机数生成器（True Random Number Generator，TRNG）和两种伪随机数生成器进行了对比。TRNG 把一个随机的物理源作为输入，这个源常称为熵源，熵是信息论的概念，用来度量不可预测性或随机性。本质上，熵源是从计算机的物理环境中抽取的，可能包括键盘敲击时间模式、磁盘的电活动、鼠标移动、系统时间的瞬时值等。熵源或其组合作为算法的输入，产生随机的二元输出。TRNG 也许仅仅是把模拟信号源转换为数字化的二元输出，也可能会做额外的处理以消除源里的不平衡。相反，PRNG 取一个固定值作为输入，称为种子（Seed），用一个确定性算法产生位输出序列。需要注意的是，输出比特序列仅由输入决定，所以知道算法和种子的攻击者可以重现整个比特序列。

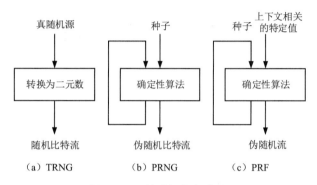

图 5.2　三种随机数生成器

面向不同的应用需要，有两种常见的伪随机数生成方式，如图 5.2（b）和（c）所示：用于生产不限长比特序列的算法称为 PRNG，其通常可作为对称流密码的密钥流。PRF（Pseudo-Random Functions，伪随机函数）用于产生固定长度的伪随机比特串，其输出可用作对称密钥分组密码的密钥和 Nonce。通常 PRF 的输入为种子和上下文相关的特定值，如用户 ID 或应用 ID。除了输出的比特数量和模式，PRNG 和 PRF 之间没有差别，二者可以使用相同的算法，都需要种子，都必须具有随机性和不可预测性，而且 PRNG 可能也需要使用上下文相关的特定值，接下来，如无特别说明，我们对二者不做区分。

读者也许会问如果可以用 TRNG，为何还需要 PRNG 呢？因为 PRNG 更适应大多数应用场景。例如，产生流密码的密钥流时单纯使用 TRNG 是不实际的，发送方需要产生和明文一样长的密钥流，并把密钥流和密文安全传输给接收方；如果使用 PRNG，则发送方仅需给接收方安全传输流密码的初始密钥。即便是 PRF 应用，即只需产生固定长度的比特串，往往也是用 TRNG 为 PRF 提供真随机种子的，并使用 PRF 的输出而不是直接使用 TRNG。此外，由于用熵源作为输入，因此产生真随机数机制的输出速率一般跟不上伪随机比特序列。

5.3.3　对 PRNG 的随机性测试

当 PRNG 或 PRF 应用于密码时，其基本要求是不知道种子的攻击者不能获得伪随机比特序列。例如，伪随机比特序列用于流密码的密钥流，如果知道伪随机比特序列，将导致攻击者能由密文恢复为明文。同样，攻击者应不能获得 PRF 的输出，考虑如下场景：128 比特的种子和上下文相关的特定值输入 PRF 产生 128 比特的密钥，该密钥用于对称加密。通常情况下，128 比特的密钥是能抗穷举攻击的，然而，如果 PRF 不能产生足够随机的 128 比特输出，那么攻击者有可能降低穷举空间实现攻击。

对 PRNG 和 PRF 输出的保密性需求本质上是对输出比特序列随机性的要求，即确定性算法生成的比特序列要满足统计上的随机性。没有单个的统计测试可以判定一个 PRNG 生成的数据具有随机性，所能做的就是对 PRNG 进行一系列测试，如果一个 PRNG 在多个测试中均通过了随机性测试，那么可以认为它满足随机性的要求。

国内随机性测试的标准规范有 GM/T0005—2021，这里给出其中的扑克测试与游程测试（游程总数测试和游程分布测试）。数据格式以待检数据采用比特串的形式接受检测，该标准确定的显著性水平为 $\alpha = 0.01$，标准要求待检数据样本长度选取 10^6 比特。

1．扑克测试

扑克测试用于统计检测待检序列中 m 比特非重叠子序列的个数是否接近，其定义如下。

（1）将待检序列 ε 划分成 $N = \left|\dfrac{n}{m}\right|$ 个长度为 m 的非重叠子序列，将多余的比特舍弃，统计第 i 种子序列模式出现的频数，用 $n_i\left(1 \leqslant i \leqslant 2^m\right)$ 表示。规范中一般取 m=4、8。

（2）计算统计值 $V = \dfrac{2^m}{N}\displaystyle\sum_{i=1}^{2^m} n_i^2 - N$。

（3）计算 $\text{Pvalue} = \text{igamc}\left(2^{m-1}/2, V/2\right)$。

（4）如果 $\text{Pvalue} \geqslant \alpha$，（本标准确定的显著性水平为 α=0.01），则认为待检序列通过扑克检测。

2．游程总数测试

游程总数测试用于检测待检序列中的游程（连串，指连续的 1 或连续的 0）总数是否服从随机性要求，其定义如下。

（1）对于长度为 n 的待检序列 $\varepsilon_1\varepsilon_2\cdots\varepsilon_n$，计算 $V_n\left(\text{obs}\right) = \displaystyle\sum_{i=1}^{n-1} r(i) + 1$。其中，当 $\varepsilon_i = \varepsilon_i + 1$ 时，$r(i) = 0$；否则 $r(i) = 1$。

（2）计算待检序列中 1 游程的比例 $\pi = \dfrac{\displaystyle\sum_{i=1}^{n}\varepsilon_i}{n}$。

（3）计算 $\text{Pvalue} = \text{erfc}\left(\dfrac{V_n\left(\text{obs}\right) - 2n\pi\left(1-\pi\right)}{2\sqrt{2n}\pi\left(1-\pi\right)}\right)$。

（4）如果 $\text{Pvalue} \geqslant \alpha$（本标准确定的显著性水平为 α=0.01），则认为待检序列通过游程总数测试。

3．游程分布测试

游程分布测试是一种统计检测项目，用于检测待检序列中相同长度的游程数目是否接近，其定义如下。

（1）计算 $e_i = (n - i + 3)/2^i + 2\left(1 \leqslant i \leqslant n\right)$，并求出满足 $e_i \geqslant 5$ 的最大整数 k。

（2）统计待检序列 ε 中每个游程的长度。变量 b_i 和 g_i 分别记录一个二元序列中长度为 i 的 1 游程和 0 游程的数目。

（3）计算 $V = \sum_{i=1}^{k} \frac{(b_i - e_i)^2}{e_i} + \sum_{i=1}^{k} \frac{(g_i - e_i)^2}{e_i}$。

（4）计算 $\text{Pvalue} = \text{igamc}(k-1,\ V/2)$。

（5）如果 $\text{Pvalue} \geqslant \alpha$（本标准确定的显著性水平为 $\alpha=0.01$），则认为待检序列通过游程分布测试。

国际上的随机性测试标准有 NISTSP 800-22（密码学应用中的随机数和伪随机数生成器统计测试工具集），它列出了 15 种独立的随机性测试，与上面提到的 GM/T0005—2021 中的测试规范大多数相同。理解这些测试的原理需要统计分析的知识，此处不做过深的技术描述，仅列出其中 3 个测试及每个测试的目的。频率测试，这是最基本的测试，任何测试工具集都必须包含，这个测试的目的是判断序列中 0 和 1 的数目是否和随机比特序列的期望值大约相同；游程测试，本测试的焦点是序列里游程总数和分布，目的是判断各种长度的 0 游程和 1 游程的数目是否符合随机比特序列的期望值；Maurer 通用统计测试，该测试的重点是匹配模式（与压缩序列长度相关的一种度量）间的位数，目的是检测序列是否能大幅度压缩而不损失信息，一个能大幅度压缩的序列被认为是非随机的。通过 NISTSP 800-22 随机性测试后的随机数生成器，可以在各种安全应用中使用。

5.3.4　设计 PRNG

PRNG 多年来一直是密码学的研究主题之一，产生了大量的算法，这些算法可以大体分为两类。

特意构造的算法，这些算法是为了生产伪随机比特序列而特意或专门设计的。一些算法则特意为了流密码而设计，典型的例子是 RC4 算法；其他算法面向各自不同的 PRNG 应用。

基于现有密码算法的 PRNG，优秀密码算法的输出一般具有良好的随机性，这是密码算法的基本素质。对称密钥分组密码、公钥密码、哈希函数和报文鉴别码，这三类密码算法均可用于构造 PRNG。

上述算法中的任意一种都可以构造密码学意义上强的 PRNG，而且都可以用于通用目的。特意构造的算法可以由操作系统提供，用于通用目的；对于那些已经使用密码算法加密或认证的应用，把这些代码重用于 PRNG 也是有意义的。

5.3.5　专门的 PRNG

本节研究用于 PRNG 的两种经典算法：线性同余生成器和 BBS 生成器。

1. 线性同余生成器

一个广泛使用的产生伪随机数的简单算法是由 Lehmer 提出的线性同余生成器，该算法使用以下 4 个参数：

m	模	$m > 0$
a	乘数	$0 < a < m$

c	增量	$0 \leqslant c < m$
X_0	初始值或种子	$0 \leqslant X_0 < m$

随机数序列 $\{X_n\}$ 按下面的迭代式获得：

$$X_{n+1} = (aX_n + c)(\mathrm{mod}\ m)$$

若 m、a、c 和 X_0 都是整数，则这种方法将产生一个整数序列，且每个整数都满足 $0 \leqslant X_0 < m$。

要想设计一个好的随机数生成器，a、c 和 m 的选择至关重要。假设 $a = c = 1$，产生的序列明显不行；假设 $a = 7$，$c = 0$，$m = 32$ 且 $X_0 = 1$，产生序列是 $\{7, 17, 23, 1, 7, 17, \cdots\}$，这也明显不行，因为最多有 32 个可能的值，它却只用其中 4 个，即随机数序列的周期为 4。如果把 a 改成 5，序列就成了 $\{5, 25, 29, 17, 21, 9, 13, 1, 5, \cdots\}$，周期为 8。

m 一般选大数，一个常见的评价标准是 m 与给定计算机可表示的最大非负整数的值接近相等。例如，对于 32 位机，m 可以选择接近或等于 2^{31} 的值。

随机数生成器的 3 个条件如下。

（1）：随机数生成器应是全周期的，即输出在重复之前应该产生 $0 \sim (m-1)$ 之间的所有数。

（2）：产生的序列应有良好的随机性。

（3）：随机数生成器可以用 32 位运算器方便地实现。

选择合适的参数 a、c 和 m，可以同时满足这三个条件。对于条件（1），可以证明若 p 是质数且 $c = 0$，则 a 的某些取值可以使随机数生成器的周期为 $m-1$，只是不能得到 0 这个数。对于 32 位算术运算，$2^{31} - 1$ 就是一个常用的质数，这时的产生函数为

$$X_{n+1} = (aX_n)\left(\mathrm{mod}\left(2^{31} - 1\right)\right)$$

a 的可能取值超过 20 亿个，但满足上述条件的只有其中很小一部分。当 a 的取值为 $7^5 = 16807$ 时可以满足上述条件，这个数最开始是在 IBM360 系列计算机中使用的，这个特定的生成器使用广泛，比起其他生成器经过了更为全面的测试，尤其适用于统计和仿真方面。

若乘数和模选择恰当，则用线性同余生成器产生的随机数序列的统计特性几乎与从集合 $\{1, 2, \cdots, m-1\}$ 里随机抽取的序列相当（无放回抽取）。但是除初始值 X_0 外，算法没有任何东西是随机的，一旦 X_0 选定了，后续产生的随机数也就确定了，这一点对密码分析有帮助。

如果攻击者知道了上述算法及参数（如 $a = 7^5$、$c = 0$、$m = 2^{31} - 1$），他只要知道一个随机数，就可获得后续的所有序列，即使他只知道是采用了线性同余生成器，那么只根据随机比特序列中的一小部分就可以找到这些参数。

设攻击者可确定 X_0、X_1、X_2 和 X_3，则

$$X_1 = a(X_0 + c)(\mathrm{mod}\ m)$$
$$X_2 = a(X_1 + c)(\mathrm{mod}\ m)$$
$$X_3 = a(X_2 + c)(\mathrm{mod}\ m)$$

由上述三个等式可求解出 a、c 和 m。

因此，尽管线性同余生成器有很多优点，但最理想的还是使产生的序列不可预测，这样

攻击者才不能由部分序列求得以后的序列。有几种办法可以达到这个目的，如使用内部系统时钟修正随机数序列，一个方法是每隔 N 个数就以时钟对 m 取模为新的种子来产生新的序列；另一个方法是直接将随机数加上时钟对 m 取模。

2．BBS 生成器

BBS 生成器是产生安全伪随机数的典型算法，BBS 是 3 个设计者 Blum、Blum、Shub 名字的首字母。它是特意构造的 PRNG 算法里密码强度有最强公开证明的一个，被称为密码安全伪随机数发生器，其算法过程如下。

首先，选择两个大质数 p 和 q，要求

$$p \equiv q \equiv 3 \pmod 4$$

符号"$\equiv$"表示 $p \pmod 4 = q \pmod 4 = 3$。例如，质数 7 和 11 满足 $7 \equiv 11 \equiv 3 \pmod 4$。令 $n = p \times q$。接着，选择一个随机数 s，且要求 s 与 n 互质，即 p 或 q 都不是 s 的因子。最后，BBS 生成器按下列算法产生二进制比特序列 B_i：

$$X_0 = s^2 \pmod n$$
$$\text{for } i = 1 \text{ to } \infty$$
$$X_i = \left(X_{i-1}\right)^2 \pmod n$$
$$B_i = X_i \pmod 2$$

易知每次循环输出一个比特，是 X_i 的二进制表示的最低位。表 5.1 给出了 BBS 生成器的一个例子。这里，$n = 192649 = 383 \times 503$，$s = 101355$。

表 5.1　BBS 生成器的一个例子

i	X_i	B_i	i	X_i	B_i
0	20749	—	11	137922	0
1	143135	1	12	123175	1
2	177671	1	13	8630	0
3	97048	0	14	114386	0
4	89992	0	15	14863	1
5	174051	1	16	133015	1
6	80649	1	17	106065	1
7	45663	1	18	45870	0
8	69442	0	19	137171	1
9	186894	0	20	48060	0
10	177046	0			

BBS 生成器被称为密码安全伪随机比特生成器（CSPRBG），其框图如图 5.3 所示。BBS 生成器的安全性基于大数因数分解问题的困难性，即给定 n，不存在多项式时间算法求解其质因子 p 和 q。它能经受住续位测试，续位测试定义如下：若不存在多项式时间算法，对于某输出序列的最初 k 位输入，可以以超过 1/2 的概率预测出第 $k+1$ 位输入，称某伪随机比特生成器可通过续位测试。换句话说，给定序列的最开始 k 位，没有有效算法可以让你以超过 1/2 的概率确定下一位是 1 还是 0，即这个序列是不可预测的。

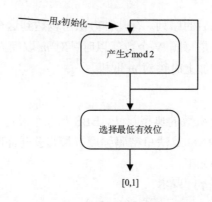

图 5.3　BBS 生成器的框图

5.3.6　基于分组密码的 PRNG

构造 PRNG 的常用方法是用分组密码作为 PRNG 的核心。分组密码适用于构造 PRNG，对于任意的明文分组，分组密码输出有良好随机性的密文输出分组，即密文里没有规律性或模式可用于推导明文。如果使用一个成熟的标准分组密码，如 DES 或 AES，那么 PRNG 的安全性能得到有力的保证，并且许多实际应用正在使用 DES 或 AES 作为 PRNG 的核心组件。

1．CTR 模式与 OFB 模式

有两种常见的用分组密码构造 PRNG 的模式：CTR（Counter，计数器）模式和 OFB（Output-FeedBack，输出反馈）模式。随机数生成器标准 NIST SP 800-90A、ANSI 标准 X9.82 及 RFC4086 都推荐使用 CTR 模式；X9.82 和 RFC4086 推荐使用 OFB 模式。图 5.4 展示了 CTR 模式与 OFB 模式的原理，均使用种子作为输入，种子由两部分组成：加密密钥和每产生一个 PRNG 输出分组后都要更新的 V 值。例如，对于 AES，种子由 128 比特的密钥和 128 比特的 V 值构成。当使用 CTR 模式时，V 值每加密一次都增加 1，当使用 OFB 模式时，V 值更新为前一个 PRNG 输出分组的值。单次循环均输出一个密文分组大小的伪随机比特序列（对于 AES，一次输出 128 比特的伪随机比特序列）。

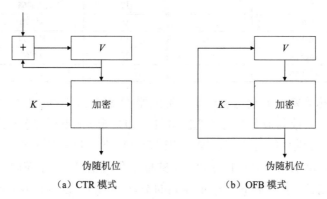

（a）CTR 模式　　　　　　（b）OFB 模式

图 5.4　CTR 模式与 OFB 模式的原理

用于 PRNG 的 CTR 模式总结如下：

```
while (length (temp) <需要的位数量) do
V= (V+1) mod 2^128
output_block =E (Key, v)
temp=temp|| output_block
```

OFB 模式可以总结如下：

```
while (length (temp) <需要的位数量) do
V=E (Key, v)
temp=temp||V
```

下述简单实验有助于了解这两种模式的性能。实验使用的种子（256 比特的真随机比特序列）是从"random.org"处获得的，其熵源是通过使用 3 个相互之间可以调节的无线电获取的空气噪声。在 256 比特的种子中，比特 1 的总数为 124，占比约为 48%，很接近理想情况下的 50%。使用 AES 算法，这 256 比特的种子分成下面两个部分（各 128 比特）：

密钥 cfb0ef3108d49cc4562d5810b0a9af60

V 值 4c89af496176b728edle2ea8ba27f5a4

表 5.2 显示了基于 OFB 模式的 PRNG 的前 8 个输出分组（1024 比特），并给出两个简单的随机性度量指标。第 2 列对应 NIST 的比特频数这个随机性测试，显示了每个 128 比特分组里比特 1 的占比，结果表明输出比特 0 和 1 的数目大致相等。第 3 列是相邻分组相同位置的匹配到相同比特的比率，如果这个数值偏离 0.5 比较大，就表明分组间有相关性，这会成为安全弱点，实验结果表明相邻分组间无明显相关性。

表 5.2 基于 OFB 模式的 PRNG 的前 8 个输出分组（1024 比特）

输出分组	比特 1 占比	相邻分组匹配比特的比率
1786f4c7ff6e291dbdfdd90ec3453176	0.57	—
5e17b22b14677a4d66890f87565eae64	0.51	0.52
fd18284ac82251dfb3aa62c326cd46cc	0.47	0.54
c8e545198a758ef5dd86b41946389bd5	0.50	0.44
fe7bae0e23019542962e2c52d215a2e3	0.47	0.48
14fdf5ec99469598ae0379472803accd	0.49	0.52
6aeca972e5a3ef17bdlalb775fc8b929	0.57	0.48
f7e97badf359d128f00d9b4ae323db64	0.55	0.45

表 5.3 显示了使用相同密钥和 V 值的前提下，基于 CTR 模式的 PRNG 的前 8 个输出分组（1024 比特），同样表现出良好的随机性。

表 5.3 基于 CTR 模式的 PRNG 的前 8 个输出分组（1024 比特）

输出分组	比特 1 占比	相邻分组匹配比特的比率
1786f4c7ff6e291dbdfdd90ec3453176	0.57	—
60809669a3e092a01b463472fdcae420	0.41	0.41
d4e6e170b46b0573eedf88ee39bff33d	0.59	0.45
5f8fcfc5deca18ea246785d7fadc76f8	0.59	0.52
90e63ed27bb07868c753545bdd57ee28	0.53	0.52
0125856fdf4a17£747c7833695c52235	0.50	0.47
f4be2d179b0£2548fd748c8fc7c81990	0.51	0.48
1151fc48f90eebac658a3911515c3c66	0.47	0.45

2．ANSI X9.17 中的 PRNG

ANSI X9.17 中的 PRNG 是密码学意义上最强的 PRNG 之一，许多应用都使用了这种方法。图 5.5 说明了其算法流程，使用 3DES 加密，构成如下。

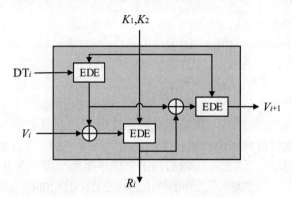

图 5.5　ANSI X9.17 中的 PRNG 算法流程

1）输入

用两个伪随机数作为 PRNG 的初始输入。一个是 64 比特的数 DT_i，来自当前日期和时间，每产生一个伪随机数就会被更新；另一个是 64 比特的种子 V_i，可以被初始化为任意值，并在生成随机数的过程中被更新。

2）密钥

PRNG 使用 3DES 加密，3DES 都使用相同的一对 56 比特密钥，这个密钥对必须保密，且只在产生随机数时才使用。

3）输出

输出包括 64 比特的伪随机数和 64 比特的新种子。

定义以下变量。

DT_i：算法第 i 轮开始时的日期和时间。

V_i：算法第 i 轮开始时的种子。

R_i：算法第 i 轮所产生的伪随机数。

K_1,K_2：算法各阶段所用的 DES 密钥。

有

$$R_i = \mathrm{EDE}\Big([K_1,K_2],\big[V_i \oplus \mathrm{EDE}([K_1,K_2],DT_i)\big]\Big)$$

$$V_{i+1} = \mathrm{EDE}\Big([K_1,K_2],\big[R_i \oplus \mathrm{EDE}([K_1,K_2],DT_i)\big]\Big)$$

式中，$\mathrm{EDE}\big([K_1,K_2],X\big)$ 代表加密-解密-加密序列加密 X，使用的算法为两个密钥的 3DES。

该算法的密码强度基于几方面支撑，包括 112 比特密钥和 3DES，共计 9 次 DES 加密。整个方法的输入用当前日期和时间引入随机性，攻击者即使知道了一个 R_i，也不能由 R_i 推导出 V_{i+1}，因为产生 V_{i+1} 时又用了一次 3DES 加密。

3．NIST SP 800-90 中的 PRNG

接下来介绍 NIST SP 800-90 中的 PRNG，被称为 CTR_DRBG（Counter Mode-Deterministic

Random Bit Generator），CTR_DRBG 有广泛的应用实例，并且英特尔处理器芯片的硬件随机数生成器也使用了这种方法。

CTR_DRBG 使用熵源提供输入的随机比特，熵源通常是基于某物理随机量的 TRNG，或者来自其他被测量能达到所需熵要求的源。

CTR_DRBG 使用的加密算法是可选的，可以是带 3 个密钥的 3DES，或者是密钥长度为 128 比特、192 比特、256 比特的 AES。

与 CTR_DRBG 有关的 4 个参数如下。

（1）输出分组长度（Outlen）：加密算法的输出分组的长度。

（2）密钥长度（Keylen）：加密密钥的长度。

（3）种子长度（Seedlen）：Seedlen＝Outlen＋Keylen，种子是一个比特串作为 CTR_DRBG 的输入，种子确定了 CTR_DRBG 的一部分内部状态，它的熵必须能保证 CTR_DRBG 的安全性。

（4）补种间隔（Reseed_Interval）：用新种子更新算法前的输出分组的最大数量。

表 5.4 列出了 CTR_DRBG 参数的值。

表 5.4 CTR_DRBG 参数的值

参数	3DES	AES-128	AES-192	AES-256
Outlen	64	128	128	128
Keylen	168	128	192	256
Seedlen	232	256	320	384
Reseed_Interval	$\leqslant 2^{32}$	$\leqslant 2^{48}$	$\leqslant 2^{48}$	$\leqslant 2^{48}$

CTR_DRBG 的函数主要有初始化和更新函数、生成函数，如图 5.6 所示。首先考虑 CTR_DRBG 如何使用初始化和更新函数初始化。CTR 模式需要一个密钥 K 和一个初始计数器值 V，K 和 V 的组合称为种子。开始 DRGB 操作时可以使用任意的 K 和 V。英特尔数字随机数生成器使用 $K=0$ 和 $V=0$，这些值是 CTR 模式用来生成 Seedlen 个比特的参数。此外，全部的 Seedlen 个比特必须是熵源提供的，熵源通常是某种形式的 TRNG。

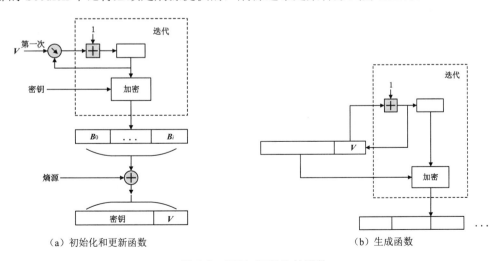

（a）初始化和更新函数　　　　　　　　　（b）生成函数

图 5.6　CTR_DRBG 的函数

CTR 模式迭代产生一个一个的输出分组序列，每输出一个加密分组，V 就加 1，这个过程一直持续到产生最后一个 Seedlen 比特。最左边的 Seedlen 个（加密分组的）比特输出与 Seedlen 个熵源比特进行异或以产生新的种子。将新种子最左边的 Keylen 比特作为新密钥，种子最右边的 Outlen 比特作为新的 V 值。

生成函数：一旦产生了密钥和 V 值，CTR_DRBG 就进入生成函数阶段生成伪随机比特，迭代加密函数基于 CTR 模式（V 值每次迭代加 1 生成伪随机比特，每次迭代输出一个分组的比特序列，每次迭代使用相同的密钥）。

更新：为了提高安全性，同一密钥下 PRNG 生成的比特数应该受限。CTR_DRGB 使用参数 Reseed_Interval 来设置限制条件。在生成函数阶段，补种计数器从初始化值 1 开始，每次迭代都增加 1，当补种计数器达到 Reseed_Interval 时进入更新函数。在图 5.6 中，更新函数和初始化函数相同，当前最新的被生成函数使用的密钥和 V 值作为更新函数的输入参数。更新函数使用熵源新生成的 Seedlen 个比特产生一个新种子 (K, D)，这个新种子用于产生生成函数使用的新的密钥和 V 值。

🔓 5.4 RC4 算法

在介绍 RC4 算法之前，先简单说明流密码算法的设计准则：①密钥流的循环周期应该尽可能长；②生成的伪随机密钥流应满足随机性要求，通过随机性测试；③初始密钥的长度不少于 128 比特；④安全性上应尽可能和使用同样长度密钥的分组密码相同。

RC4 算法是 Ron Rivest 为 RSA 公司在 1987 年设计的一种流密码，它是一个初始密钥长度可变（1～255 字节）、面向字节操作的流密码。分析显示选择合适的参数时，密钥流周期很可能大于 10^{100}。RC4 算法以随机置换为基础，每输出 1 字节的密文仅需 8～16 条机器操作指令。RC4 算法应用很广，用于 IEEE 802.11 无线局域网标准一部分的 WEP（Wired Equivalent Privacy）协议和新的 WiFi 受保护访问协议（WPA）中。作为可选项，它也被用于 Secure Shell（SSH）、Kerberos、SSL 等协议中。最初，RC4 算法作为 RSA 公司的商业机密并没有被公开。直到 1994 年 9 月，RC4 算法才通过 Cypherpunks 匿名邮件列表匿名地公开于 Internet 上。

RC4 算法非常简单，易于描述：用 1～256 字节（8～2048 比特）的可变长度密钥初始化一个 256 字节的状态向量 S，S 的分量是一个字节，S 的元素记为 $S[0], S[1], \cdots, S[255]$，加密操作时 S 的元素会被随机置换，然而从始至终 S 都包含从 0～255 所有的 8 位二进制数。加密和解密的输出是字节序列，单次输出的字节是从 S 的 256 个元素中按一种系统化的方式选出的一个元素生成的，每输出一个字节，S 中的某些元素就被置换一次。

RC4 算法可以分为两个子算法：KSA（Key Scheduling Algorithm）和 PRGA（Pseudo-random Generation Algorithm）。KSA 是密钥调度算法，用来初始化 S；PRGA 是伪随机生成算法，用来产生密钥流。

5.4.1　初始化 S

开始时，S 中的元素按下标升序被置为 0～255，即 $S[0]=0, S[1]=1, \cdots, S[255]=255$，同时建立一个临时向量 T。如果初始密钥 K 的长度为 256 字节，则将 K 赋给 T；若密钥长度为 Keylen 个字节（Keylen<256），则将 K 赋给 T 的前 Keylen 个元素，并循环重复用 K 赋给 T 剩下的元素，直到 T 的所有元素都被赋值。预操作的伪代码如下：

```
/* 初始化*/
for i=0 to 255 do
{
S[i]=i;
T [i] =K [i mod Keylen];
}
```

然后用 T 对 S 进行初始置换，从 $S[0]$ 到 $S[255]$，对每个 $S[i]$，根据 $T[i]$，将 $S[i]$ 与 S 的另一个元素置换，代码如下：

```
/*  S 的初始置换*/
j=0;
for i = 0 to 255 do
{
j = ( j + S[i] + T[i]) mod 256;
Swap (S[i],S[i]);
}
```

注意，对 S 中的元素的唯一操作是置换，S 仍然包含所有值为 0～255 的元素。

5.4.2　产生密钥流

初始化 S 后，S 将用于产生密钥流。从 $S[0]$ 到 $S[255]$，对每个 $S[i]$，根据 $S[i]$ 的当前值，将 $S[i]$ 与 S 的另一个元素置换，并将这两个元素的值相加取模得到 t，$S[t]$ 为生成的一个密钥字节。在输出 256 个字节后，重复上述步骤输出后续的密钥字节，代码如下：

```
/*产生密钥流*/
i, j = 0;
while (true)
{
i = (i + 1) mod 256;
j = ( j + S[i]) mod 256;
Swap (S[i], S[j]);
t = (S[i]+ S[j] ) mod 256;
k = S[t];
}
```

加密时，将 k 与明文的字节逐个异或；解密时，将 k 与密文的字节逐个异或。图 5.7 总结了 RC4 算法的逻辑结构。

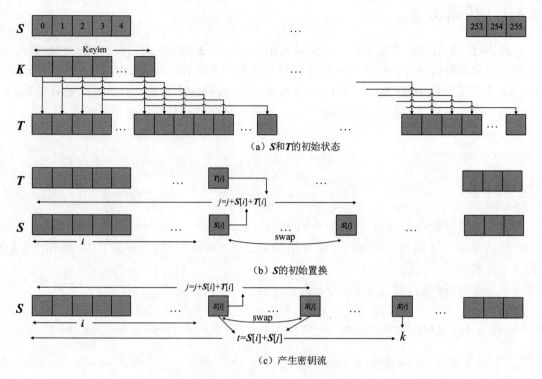

（a）S和T的初始状态

（b）S的初始置换

（c）产生密钥流

图 5.7 RC4 算法的逻辑结构

为了更好地理解，举一个具体的例子，设流密码的最小字符单位是 3 个比特，即假设一个字符单位的取值为 0～7，初始密钥为 567，首先初始化 S，$S[0]$～$S[7]$ 初始化为 0,1,2,3,4,5,6,7，根据初始密钥初始化 T：5,6,7,5,6,7,5,6。

按照 T 来置换 S：

$$i = 0, j = 0$$
$$j = (j + S[i] + T[i])(\mathrm{mod}\ 8)$$
$$j = (0 + 0 + 5)(\mathrm{mod}\ 8) = 5$$
$$\mathrm{swap}(S[0], S[5])$$

依次进行，最终得到初始化后的 S 为 5,4,0,7,1,6,3,2。

置换完成后，用 PRGA 算法生成密钥流：

$$i = (i + 1)(\mathrm{mod}\ 8) = (0 + 1)(\mathrm{mod}\ 8) = 1$$
$$j = (j + S[i])(\mathrm{mod}\ 8) = (0 + 4)(\mathrm{mod}\ 8) = 4$$
$$\mathrm{swap}(S[1], S[4])$$
$$t = (S[j] + S[i])(\mathrm{mod}\ 8) = (1 + 4)(\mathrm{mod}\ 8) = 5$$
$$k = S[t] = S[5] = 6$$

因此，生成的密钥流的第一个 3 比特字符为 6，按照这种方式可以生成后续密钥流。

5.4.3 RC4 算法的强度

针对 RC4 算法的攻击有许多公开发表的文献，初步结论是当初始密钥长度足够大时，如 128 比特，没有哪种攻击有效。值得注意的是，当 RC4 算法用于为 IEEE 802.11 无线局域网提供机密性的 WEP 时，易于受到一种特殊方法的攻击。从本质上讲，这个问题并不在于 RC4 算法本身，而是作为 RC4 算法的初始密钥的产生途径有漏洞。这种特殊的攻击不适用于其他使用 RC4 算法的应用，通过修改 WEP 中密钥产生的途径也可以修复这种攻击。这个问题恰恰说明，设计一个安全协议的困难性不仅在于作为其核心的密码函数，还在于协议如何正确地使用这些密码函数。

习　题

1．已知一个用 LFSR 输出的密钥流序列为 011111001101001…，求这个 LFSR 的线性递归关系式的递归次数 m 和递归关系式的系数 C_i，并给出求解方法和求解过程。

2．试简述在构造随机数生成器时，CTR 模式和 OFB 模式的原理和区别。

3．使用某个 LFSR 生成的密钥流序列为 100011100011…，求这个 LFSR 对应的线性递归多项式。

提示：可以先使用最小的 LFSR，也就是从递归次数 $m=2$ 开始尝试，如果发现生成的序列不对，则将 m 加 1，直到找到能够生成上述序列的 m。

4．假设输入密钥为初始向量 $(k_1, k_2, k_3, \cdots, k_m)$，给出输出为同步流密码的递归次数为 m 的线性递归多项式。

5．（　　）方法可以帮助确定 LFSR 的递归次数 m 和系数 C_i。

　　A．观察明文序列　　　　　　　　B．从 $m=1$ 开始尝试

　　C．通过增加 m 寻找最小 LFSR　　D．直接使用最大的 m 进行尝试

6．在构造随机数生成器时，CTR 模式和 OFB 模式的主要区别在于（　　）。

　　A．使用的加密算法　　　　　　　B．密钥长度

　　C．加密函数的输出反馈方式　　　D．初始向量的选择

第6章 国密对称密码

6.1 国密算法的概况

早在 1999 年，我国国务院就通过了《商用密码管理条例》，规定了商用密码应用的要求，并依据条例实施监管。条例规定：只有经过国家密码管理机构授权才能进行国产商用密码算法（简称国密算法）的科学研究工作，并且，对于国密算法的研究成果，必须经过国家密码监管机构委派专家进行审查和鉴定；市场上使用了国密算法的产品必须接受相应监管部门委派的密码管理产品质量检测机构的检测，通过检测才能进行市场流通；市场上使用了国密算法的产品的销售渠道必须获取国家密码监管部门的许可（进口需要上报，获得批准才能流通）；所有个人或单位使用的国密产品，必须经过国家密码管理机构的认可，未经批准不允许使用自行研制的密码产品。

为了保障国密的安全，国家密码管理办公室自 2002 年起，制定并颁布了一系列密码标准，从而建立并完善了国家的密码体系结构。这些密码标准可分为对称密码算法、非对称密码算法和哈希算法 3 类。

6.1.1 对称密码算法

1. SM1 算法

SM1 算法并没有公开，仅是以芯片中的 IP 核的形式存在。其分组长度和密钥长度均为 128 比特。从安全强度方面衡量，SM1 算法和 AES 算法相差无几。目前基于 SM1 算法已研制出加密机、加密卡、智能密码钥匙、IC 卡等产品。这些产品在电子商务、国家政务通等领域均有应用。

2. SM4 算法

SM4 算法的加密算法和密钥扩展算法是公开的，其分组长度和密钥长度均为 128 比特。SM4 算法以字为单位进行加密运算，一个迭代运算就是一轮变换，共进行 32 轮。每轮的过程如下：每次都将第 $i+1$ 个字、第 $i+2$ 个字、第 $i+3$ 个字和轮密钥进行异或操作，对操作的结果进行合成置换。合成置换由非线性变换和线性变换复合而成。非线性变换由 4 个并行的 S-Box 构成，非线性变换的输出是线性变换的输入。合成置换的结果和第 i 个字进行异或操作，并作为第 $i+4$ 个字。i 从 0 到 31 就完成了 32 轮迭代，而每轮的轮密钥由加密密钥通过密钥扩展算法实现。

3．SM7 算法

SM7 算法目前没有公开发布，其分组长度和密钥长度均为 128 比特。SM7 算法在 IC 卡中的应用较为广泛，包括各种一卡通、消费类卡、各种电子门票、身份识别类的卡等。

4．祖冲之密码算法

祖冲之密码（ZUC）算法是由中国科学院等单位研制的一种流密码，已应用于移动通信 4G 网络的国际标准。ZUC 算法的名字源于我国古代数学家祖冲之，是由我国学者自主设计的保密性和完整性算法。它是已经成为国际标准的两个 4G-LTE（Long Term Evolution，长期演进）算法的核心，这两个 4G-LTE 算法分别是加密算法 128-EEA3 和完整性算法 128-EIA3。ZUC 算法由 3 个基本部件组成：比特重组、非线性函数和 LFSR。

6.1.2　非对称密码算法

1．SM2 算法

SM2 算法属于 ECC 算法，其安全性建立在椭圆曲线离散对数问题之上。SM2 算法在数字签名、密钥交换方面不同于 ECDSA、ECDH 等 ECC 国际标准，而是采取了更为安全的机制。另外，SM2 算法推荐了一条 256 比特的曲线作为标准曲线。

SM2 算法包括总则、数字签名算法、密钥交换协议、公钥加密算法 4 个部分。SM2 算法主要考虑质数域 F_p 和 F_{2^m} 的椭圆曲线，首先定义了这两类域的表示、运算及域上椭圆曲线的点的表示，运算和多倍点计算算法。然后定义了编程语言中的数据转换，包括整数和字节串、字节串和比特串、域元素和比特串、域元素和整数、点和字节串之间的数据转换规则。详细说明了有限域上椭圆曲线的参数生成及验证，椭圆曲线的参数包括有限域的选取、椭圆曲线方程参数、椭圆曲线群基点的选取等，并给出了选取的标准以便于验证。最后给出了椭圆曲线上密钥对的生成及公钥的验证，用户的密钥对为 (s, sP)，其中 s 为用户的私钥，sP 为用户的公钥，由于离散对数问题从 sP 难以得到 s，并针对质数域和二元扩域给出了密钥对生成细节和验证方式。

SM2 数字签名算法适用于国密应用中的数字签名和验证，可满足多种密码应用中的身份认证和数据完整性、真实性的安全需求。SM2 密钥交换协议适用于国密应用中的密钥交换，可满足通信双方经过两次或可选三次信息传递过程，计算获取一个由通信双方共同决定的共享秘密密钥（会话密钥）。SM2 公钥加密算法适用于国密应用中的信息加密和解密，信息发送方可以利用接收方的公钥对信息进行加密，接收方用对应的私钥进行解密，获取信息。

在数字签名算法、密钥交换协议及公钥加密算法的实现中，使用了国家密码管理局批准的 SM3 算法和随机数发生器。数字签名算法、密钥交换协议及公钥加密算法根据总则来选取有限域和椭圆曲线，并生成密钥对。

2．SM9 算法

SM9 算法是基于双线性对的标识密码算法，与 SM2 算法类似，其包含 4 个部分：总则、数字签名算法、密钥交换协议及密钥封装机制和公钥加密算法。SM9 算法使用了椭圆曲线上的双线性对这一工具，区别于传统意义上的 SM2 公钥密码算法，可以实现基于身份的密码体制，也就是公钥与用户的身份信息即标识相关，无须申请、查询、验证、交换数字证书的环节（参见第 8 章），从而比传统意义上的公钥密码体制有许多优点，省去了烦琐的证书管理等操作。

SM9 算法以接收方的身份标识为公钥，接收方持有私钥可以解密密文数据。从国内外标识密码的应用现状可以看出，SM9 算法的应用领域均集中在具有标识的应用场景中，如安全邮件（邮件地址为公钥）、物联网安全（设备 ID 为公钥）、智能终端安全（手机号码为公钥），这些应用场景中的通信双方均拥有一个唯一的标识可以表示用户的身份，符合标识密码中对身份标识的要求，因此可以自然地使用 SM9 算法进行数据加密或数字签名。

6.1.3　哈希算法

SM3 算法是目前国密算法中唯一的哈希算法，其详细介绍参见第 4 章。SM3 算法可用于生成随机数和报文摘要等，可应用于完整性检验和构造数字签名等场景。SM3 算法对输入长度小于 2^{64} 比特的报文，经过填充和迭代压缩，生成长度为 256 比特的哈希值，其中使用了异或、模、模加、移位、与、或、非运算，由填充、迭代、消息扩展和压缩函数构成。SM3 算法的压缩函数与 SHA-256 的压缩函数具有相似的结构。

介绍了国密算法的分类，并对各算法进行了简要的概括之后，下面对两种国密算法进行详细的介绍，即 SM4 算法和 ZUC 算法。

🔓 6.2　SM4 算法

SM4 算法是我国制定的无线局域网鉴别和保密基础结构（Wireless LAN Authentication and Privacy Infrastructure，WAPI）标准的组成部分，于 2006 年发布，是我国第一个公开的国密算法。SM4 算法的迭代次数为 32，分组长度为 128 比特，密钥长度为 128 比特。SM4 算法可以抵抗差分攻击、线性攻击、代数攻击等。

6.2.1　算法参数

SM4 算法采用非平衡 Feistel 网络结构，由加密算法、解密算法和密钥扩展算法组成，采用非线性迭代结构。加密算法与解密算法的结构相同，只是轮密钥的使用顺序相反，解密轮密钥是加密轮密钥的逆序。

SM4 算法参数产生如下。

用 Z_2^e 表示 e 个比特排列的集合，Z_2^{32} 中的元素称为字，Z_2^8 中的元素称为字节。

SM4 算法的加密密钥长度是 128 比特，表示为 $MK = (MK_0, MK_1, MK_2, MK_3)$，其中，$MK_i (i = 0,1,2,3)$ 为 32 比特字。

轮密钥表示为 $(rk_0, rk_1, \cdots, rk_{31})$，其中，$rk_i (i = 0,1,\cdots,31)$ 为 32 比特字，轮密钥由加密密

钥生成。

$FK = (FK_0, FK_1, FK_2, FK_3)$ 为系统参数，$CK = (CK_0, CK_1, \cdots, CK_{31})$ 为固定参数。其中，$FK_i (i = 0,1,2,3)$ 和 $CK_i (i = 0,1,\cdots,31)$ 均为 32 比特字。

6.2.2 基本密码构件

1）S-Box

SM4 算法的 S-Box 是一个 8 比特输入、8 比特输出的布尔函数，简称 8 进 8 出 S-Box，是 SM4 算法唯一的非线性模块。S-Box 提高了 SM4 算法的非线性，隐藏了其代数结构，提供了混淆效果。

输入和输出数据均采用十六进制数表示，设 S-Box 的 8 比特输入、8 比特输出分别为 x、y。将 x 视为 2 个十六进制数的连接，即 $x = a \| b$，那么表 6.1 中的 a 行和 b 列的交叉处为 S-Box 的输出，用 $y = S(x)$ 表示。

表 6.1　SM4 算法的 S-Box

	0	1	2	3	4	5	6	7	8	9	A	B	C	D	E	F
0	d6	90	e9	fe	cc	e1	3d	b7	16	b6	14	c2	28	fb	2c	05
1	2b	67	9a	76	2a	be	04	c3	aa	44	13	26	49	86	06	99
2	9c	42	50	f4	91	ef	98	7a	33	54	0b	43	ed	cf	ac	62
3	e4	b3	1c	a9	c9	08	e8	95	80	Df	94	fa	75	8f	3f	a6
4	47	07	a7	fc	f3	73	17	ba	83	59	3c	19	e6	85	4f	a8
5	68	6b	81	b2	71	64	da	8b	f8	Eb	0f	4b	70	56	9d	35
6	1e	24	0e	5e	63	58	d1	a2	25	22	7c	3b	01	21	78	87
7	d4	00	46	57	9f	d3	27	52	4c	36	02	e7	a0	c4	c8	9e
8	Ea	bf	8a	d2	40	c7	38	b5	a3	f7	f2	ce	f9	61	15	a1
9	e0	ae	5d	a4	9b	34	1a	55	ad	93	32	30	f5	8c	b1	e3
A	1d	f6	e2	2e	82	66	ca	60	c0	29	23	ab	0d	53	4e	6f
B	d5	db	37	45	de	fd	8e	2f	03	Ff	6a	72	6d	6c	5b	51
C	8d	1b	Af	92	bb	dd	bc	7f	11	d9	5c	41	1f	10	5a	d8
D	0a	c1	31	88	a5	cd	7b	bd	2d	74	d0	12	b8	e5	b4	b0
E	89	69	97	4a	0c	96	77	7e	65	b9	f1	09	c5	6e	c6	84
F	18	f0	7d	ec	3a	dc	4d	20	79	Ee	5f	3e	d7	cb	39	48

例如，输入 $x = 0xAC$，经 S-Box 后的值为表中 A 行和 C 列的值，即 0d，$y = S(0xAC) = 0x0d$。同样，$S(0xEF) = 0x84$。

2）非线性变换 τ

SM4 算法的非线性变换 τ 是一种以 32 比特字为单位的非线性替代变换，由 4 个并行的 S-Box 构成，即将 32 比特字分为 4 个 8 比特字节，分别进行 S-Box 变换，本质上它是 S-Box 的一种并行应用。

设输入为 $A = (a_0, a_1, a_2, a_3) \in (Z_2^8)^4$，输出为 $B = (b_0, b_1, b_2, b_3) \in (Z_2^8)^4$，这里的 a_i 和 $b_i (i = 0,1,2,3)$ 分别为 8 比特字节，则

$$(b_0, b_1, b_2, b_3) = \tau(A) = \left(S(a_0), S(a_1), S(a_2), S(a_3)\right)$$

式中，S 为固定的替代映射表，即 S-Box，由表 6.1 给出。

3）线性变换 L

线性变换 L 是以字为处理单位的线性变换，其输入、输出都是 32 比特字，主要起到扩散作用。非线性变换 τ 的输出是线性变换 L 的输入。

设输入为 $B \in Z_2^{32}$，输出为 $C \in Z_2^{32}$，则

$$C = L(B) = B \oplus (B <<< 2) \oplus (B <<< 10) \oplus (B <<< 18) \oplus (B <<< 24)$$

由上述对非线性变换 τ 的描述可知，一个 S-Box 输出的 8 比特仅与输入的 8 比特有关。然而，通过引入线性变换 L，将各 S-Box 的输出打乱混合，可提高算法扩展性，使得算法能够抵抗差分攻击和线性攻击。

4）合成变换 T

合成变换 T 由非线性变换 τ 和线性变换 L 复合而成，处理单位是字。设输入为 X，则先对 X 进行非线性变换，再进行线性变换，记为

$$T(X) = L\left(\tau(X)\right)$$

由于合成变换 T 是非线性变换 τ 和线性变换 L 的复合，所以它起到混淆和扩散的作用，从而提高密码的安全性。

5）轮函数 F

轮函数 F 由上述基本密码构件组成，其结构如图 6.1 所示。

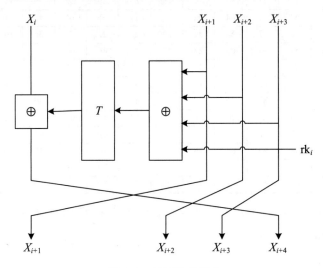

图 6.1　轮函数的结构

设轮函数 F 的输入为 4 个 32 比特字 (X_0, X_1, X_2, X_3)，共 128 比特。轮密钥 rk 为 1 个 32 比特字。轮函数 F 的输出也是 1 个 32 比特字，由下式给出：

$$F(X_0, X_1, X_2, X_3, \text{rk}) = X_0 \oplus T(X_1 \oplus X_2 \oplus X_3 \oplus \text{rk})$$

根据 $T(X) = L\left(\tau(X)\right)$，有

$$F\left(X_0, X_1, X_2, X_3, \mathrm{rk}\right) = X_0 \oplus L\left(\tau\left(X_1 \oplus X_2 \oplus X_3 \oplus \mathrm{rk}\right)\right)$$

记 $B = \left(X_1 \oplus X_2 \oplus X_3 \oplus \mathrm{rk}\right)$，根据上式，有

$$F\left(X_0, X_1, X_2, X_3, \mathrm{rk}\right) = X_0 \oplus \left[S(B)\right] \oplus \left[S(B) <\!\!<\!\!< 2\right] \oplus \left[S(B) <\!\!<\!\!< 10\right] \oplus$$
$$\left[S(B) <\!\!<\!\!< 18\right] \oplus \left[S(B) <\!\!<\!\!< 24\right]$$

6.2.3　加密算法和解密算法的描述

SM4 算法的加密算法和解密算法的轮密钥是由加密主密钥通过密钥扩展算法生成的。下面首先介绍密钥扩展算法。

1. 密钥扩展算法

设加密主密钥 $\mathrm{MK} = \left(\mathrm{MK}_0, \mathrm{MK}_1, \mathrm{MK}_2, \mathrm{MK}_3\right)$，$\mathrm{MK}_i \in Z_2^{32}$ $(i = 0,1,2,3)$。

系统参数 FK 的取值采用十六进制数表示为

$$\mathrm{FK}_0 = \mathrm{A3B1BAC6}$$
$$\mathrm{FK}_1 = \mathrm{56AA3350}$$
$$\mathrm{FK}_2 = \mathrm{677D9197}$$
$$\mathrm{FK}_3 = \mathrm{B27022DC}$$

固定参数 CK 按照以下方法取值：$\mathrm{CK}_i = \left(\mathrm{ck}_{i,0}, \mathrm{ck}_{i,1}, \mathrm{ck}_{i,2}, \mathrm{ck}_{i,3}\right) \in \left(Z_2^8\right)^4$，设 $\mathrm{ck}_{i,j}$ 为 CK_i 的第 j 个字节，$i = 0,1,\cdots,31$，$j = 0,1,2,3$，$\mathrm{ck}_{i,j} = (4i + j) \times 7 (\mathrm{mod}\ 256)$。

下面是 32 个固定参数 CK 的十六进制数表示：

00070E15	1C232A31	383F464D	545B6269
70777E85	8C939AA1	A8AFB6BD	C4CBD2D9
E0E7EEF5	FC030A11	181F262D	343B4249
50575E65	6C737A81	888F969D	A4ABB2B9
C0C7CED5	DCE3EAF1	F8FF060D	141B2229
30373E45	4C535A61	686F767D	848B9299
A0A7AEB5	BCC3CAD1	D8DFE6ED	F4FB0209
10171E25	2C333A41	484F565D	646B7279

令 $K_i \in Z_2^{32}$ $(i = 0,1,\cdots,35)$，轮密钥为 $\mathrm{rk}_i \in Z_2^{32}$ $(i = 0,1,\cdots,31)$，则轮密钥生成的过程为 $\left(K_0, K_1, K_2, K_3\right) = \left(\mathrm{MK}_0 \oplus \mathrm{FK}_0, \mathrm{MK}_1 \oplus \mathrm{FK}_1, \mathrm{MK}_2 \oplus \mathrm{FK}_2, \mathrm{MK}_3 \oplus \mathrm{FK}_3\right)$；$\mathrm{rk}_i = K_{i+4} = K \oplus T'$ $\left(K_{i+1} \oplus K_{i+2} \oplus K_{i+3} \oplus \mathrm{CK}\right)$ $(i = 0,1,\cdots,31)$。

其中，T' 与加密算法轮函数 F 中的 T 基本相同，只是其中的线性变换 L 变为 L'，L' 表示为

$$L'(B) = B \oplus (B <\!\!<\!\!< 13) \oplus (B <\!\!<\!\!< 23)$$

SM4 算法的密钥扩展流程如图 6.2 所示。

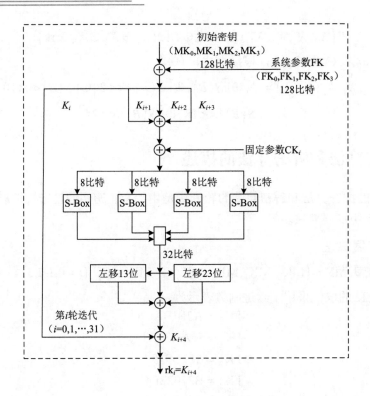

图 6.2　SM4 算法的密钥扩展流程

2. 加密流程和解密流程

SM4 算法的加密流程和解密流程包括 32 次迭代运算和 1 次反序变换。SM4 算法的加密和解密示意图如图 6.3 所示。

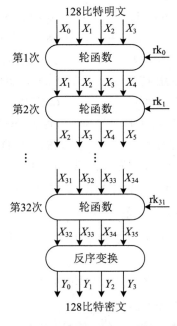

图 6.3　SM4 算法的加密和解密示意图

定义轮函数为 F，$F(X_0, X_1, X_2, X_3, \mathrm{rk}) = X_0 \oplus T(X_1 \oplus X_2 \oplus X_3 \oplus \mathrm{rk})$。

定义反序变换为 R，$R(A_0, A_1, A_2, A_3) = (A_3, A_2, A_1, A_0)$，其中 $A_i \in Z_2^{32}$ $(i = 0, 1, 2, 3)$。

假设明文 m 输入为 $(X_0, X_1, X_2, X_3) \in (Z_2^{32})^4$，密文输出为 $(Y_0, Y_1, Y_2, Y_3) \in (Z_2^{32})^4$，轮密钥 $\mathrm{rk}_i \in Z_2^{32}$ $(i = 0, 1, \cdots, 31)$，则 SM4 算法的加密变换为

$$X_{i+4} = F(X_i, X_{i+1}, X_{i+2}, X_{i+3}, \mathrm{rk}_i) = X_i \oplus T(X_{i+1} \oplus X_{i+2} \oplus X_{i+3} \oplus \mathrm{rk}_i) \quad (i = 0, 1, \cdots, 31)$$

$$(Y_0, Y_1, Y_2, Y_3) = R(X_{32}, X_{33}, X_{34}, X_{35}) = (X_{35}, X_{34}, X_{33}, X_{32})$$

解密变换与加密变换的结构相同，不同的是轮密钥的使用顺序。加密时轮密钥的使用顺序为 $(\mathrm{rk}_0, \mathrm{rk}_1, \cdots, \mathrm{rk}_{31})$，解密时轮密钥的使用顺序为 $(\mathrm{rk}_{31}, \mathrm{rk}_{30}, \cdots, \mathrm{rk}_0)$。

6.3　ZUC 算法

ZUC 算法由中科院信息安全国家重点实验室等单位研制，2011 年 9 月被批准成为新一代宽带无线移动通信系统（4G）国际标准的密码算法。ZUC 算法以分组密码的方式产生面向字的流密码所用的密钥流，输入是 128 比特的初始密钥和 128 比特的初始值（IV），输出是以 32 比特字（称为密钥字）为单位的密钥流。

6.3.1　算法中的符号及含义

1. 数制表示

整数如果不加特殊说明，则表示十进制数，如果有前缀 0x，则表示十六进制数，如果有下标 2，则表示二进制数。

例如，整数 a 可以有以下不同数制表示形式：

a=1234567890	十进制表示
=0x499602D2	十六进制表示
=10010011001011000000010110100010$_2$	二进制表示

2. 数据位序

所有数据的最高位（或字节）在左边，最低位（或字节）在右边。例如，a=10010011001011000000010110100010$_2$，a 的最高位为其最左边一位 1，最低位为其最右边一位 0。

3. 运算符号表示

+	两个整数加
ab	两个整数 a 和 b 相乘
=	赋值运算
mod	整数取模
$\oplus$	整数间逐比特异或（模 2 加）
$\boxplus$	模 2^{32} 加

$a\|b$	串 a 和 b 级联
a_H	整数 a 的高（最左）16 位
a_L	整数 a 的低（最右）16 位
$a{<}{<}{<}k$	a 循环左移 k 位
$a{>}{>}1$	a 右移一位
$(a_1, a_2, \cdots, a_n) \to (b_1, b_2, \cdots, b_n)$	a_i 到 b_i 的并行赋值

例如，a=0x1234，b=0x5678，$c=a\|b$=0x12345678；a=$1001001100101100000001011010010_2$，$a_H$=$1001001100101100_2$；$a_L$=$0000001011010010_2$；$a$=$1100100110010110000000101101010010_2$，$a{>}{>}1$=$1100100110010110000000101101001_2$；设 $a_1, a_2, \cdots, a_{15}$ 和 $b_1, b_2, \cdots, b_{15}$ 都是整数，$(a_1, a_2, \cdots, a_{15}) \to (b_1, b_2, \cdots, b_{15})$ 意味着 $b_i = a_i$（$1 \leqslant i \leqslant 15$）。

6.3.2 算法结构

ZUC 算法从逻辑上分为上中下 3 层，其结构如图 6.4 所示。上层是 16 级 LFSR，中层是比特重组（Bit Reconstruction，BR），下层是非线性函数 F。

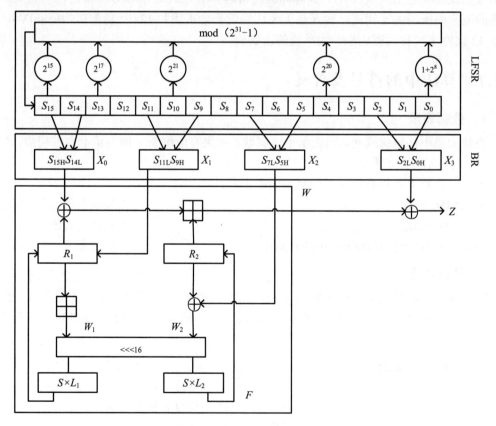

图 6.4 ZUC 算法的结构

下面是各层的具体解释。

1. LFSR

LFSR 由 16 个 31 比特寄存器单元 $s_0, s_1, \cdots, s_{15}$ 组成，每个单元都在集合 $\{1,2,3,\cdots,2^{31}-1\}$ 中取值。

LFSR 的特征多项式是有限域 $\text{GF}(2^{31}-1)$ 上的 16 次本原多项式：

$$p(x) = x^{16} - 2^{15} x^{15} - 2^{17} x^{13} - 2^{21} x^{10} - 2^{20} x^4 - \left(2^8 + 1\right)$$

因此，其输出为有限域 $\text{GF}(2^{31}-1)$ 上的 m 序列，具有良好的随机性。

LFSR 的运行模式有两种：初始化模式和工作模式。

1）初始化模式

在初始化模式中，LFSR 接收一个 31 比特字 u，u 是由非线性函数 F 的 32 比特输出 W 通过舍弃最低位比特得到的，即 $u=W>>1$。计算过程如下：

LFSRWithInitialisationMode(u)

{

（1）　$v = 2^{15} s_{15} + 2^{17} s_{13} + 2^{21} s_{10} + 2^{20} s_4 + \left(1 + 2^8\right) s_0 \left(\text{mod}\left(2^{31}-1\right)\right)$；

（2）　$s_{16} = (v+u)\left(\text{mod}\left(2^{31}-1\right)\right)$；

（3）　如果 $s_{16} = 0$，则置 $s_{16} = 2^{31} - 1$；

（4）　$\left(s_1, s_2, \cdots, s_{15}, s_{16}\right) \to \left(s_0, s_1, \cdots, s_{14}, s_{15}\right)$。

}

2）工作模式

在工作模式下，LFSR 没有输入。计算过程如下：

LFSRWithWorkMode()

{

（1）　$s_{16} = 2^{15} s_{15} + 2^{17} s_{13} + 2^{21} s_{10} + 2^{20} s_4 + \left(1 + 2^8\right) s_0 \left(\text{mod}\left(2^{31}-1\right)\right)$；

（2）　如果 $s_{16} = 0$，则置 $s_{16} = 2^{31} - 1$；

（3）　$\left(s_1, s_2, \cdots, s_{15}, s_{16}\right) \to \left(s_0, s_1, \cdots, s_{14}, s_{15}\right)$。

}

比较上述两种模式，差别在于初始化时需要引入由非线性函数 F 输出的 W 通过舍弃最低位比特得到 u，而工作模式不需要。目的在于引入非线性函数 F 的输出，使 LFSR 的状态随机化。

LFSR 的作用主要是为中层的比特重组提供随机性良好的输入驱动。

2. 比特重组

比特重组从 LFSR 的寄存器单元中抽取 128 比特组成 4 个 32 比特字 X_0, X_1, X_2, X_3，其中前 3 个字用于下层的非线性函数 F，第 4 个字参与密钥流的计算。具体计算过程如下：

BitReconstruction()

{

（1）　$X_0 = s_{15\text{H}} \| s_{14\text{L}}$；

（2）$X_1 = s_{11L} \| s_{9H}$；

（3）$X_2 = s_{7L} \| s_{5H}$；

（4）$X_3 = s_{2L} \| s_{0H}$。

}

注意，对于每个 $i\left(0 \leqslant i \leqslant 15\right)$，$s_i$ 的比特长都是 31，所以 s_{iH} 由 s_i 的第 30 比特到第 15 比特构成，而不是第 31 比特到第 16 比特。

3．非线性函数 F

非线性函数 F 有 2 个 32 比特长的存储单元 R_1 和 R_2，其输入为来自上层比特重组的 3 个 32 比特字 X_0, X_1, X_2，输出为一个 32 比特字 W。因此，非线性函数 F 是一个把 96 比特压缩为 32 比特的非线性压缩函数。具体计算过程如下：

$F(X_0, X_1, X_2)$

{

（1）$W = \left(X_0 \oplus R_1\right) \boxplus R_2$；

（2）$W_1 = R_1 \boxplus X_1$；

（3）$W_2 = R_2 \oplus X_2$；

（4）$R_1 = S\left(L_1\left(W_{1L} \| W_{2H}\right)\right)$；

（5）$R_2 = S\left(L_2\left(W_{2L} \| W_{1H}\right)\right)$。

}

其中，S 是 32×32 的 S-Box，L_1、L_2 是线性变换。S-Box 及 L_1、L_2 的描述如下。

S-Box：32×32（输入长和输出长都为 32 比特）的 S-Box 由 4 个并置的 8×8 的 S-Box 构成，即

$$S = \left(S_0, S_1, S_2, S_3\right)$$

式中，$S_2 = S_0$；$S_1 = S_3$，于是有

$$S = \left(S_0, S_1, S_0, S_1\right)$$

S_0 和 S_1 的定义如表 6.2 和表 6.3 所示。

表 6.2　S_0 的定义

	0	1	2	3	4	5	6	7	8	9	A	B	C	D	E	F
0	3E	72	5B	47	CA	E0	00	33	04	D1	54	98	09	B9	6D	CB
1	7B	1B	F9	32	AF	9D	6A	A5	B8	2D	FC	1D	08	53	03	90
2	4D	4E	84	99	E4	CE	D9	91	DD	B6	85	48	8B	29	6E	AC
3	CD	C1	F8	1E	73	43	69	C6	B5	BD	FD	39	63	20	D4	38
4	76	7D	B2	A7	CF	ED	57	C5	F3	2C	BB	14	21	06	55	9B
5	E3	EF	5E	31	4F	7F	5A	A4	0D	82	51	49	5F	BA	58	1C
6	4A	16	D5	17	A8	92	24	1F	8C	FF	D8	AE	2E	01	D3	AD
7	3B	4B	DA	46	EB	C9	DE	9A	8F	87	D7	3A	80	6F	2F	C8
8	B1	B4	37	F7	0A	22	13	28	7C	CC	3C	89	C7	C3	96	56
9	07	BF	7E	F0	0B	2B	97	52	35	41	79	61	A6	4C	10	FE
A	BC	26	95	88	8A	B0	A3	FB	C0	18	94	F2	E1	E5	E9	5D
B	D0	DC	11	66	64	5C	EC	59	42	75	12	F5	74	9C	AA	23

续表

C	0E	86	AB	BE	2A	02	E7	67	E6	44	A2	6C	C2	93	9F	F1
D	F6	FA	36	D2	50	68	9E	62	71	15	3D	D6	40	C4	E2	0F
E	8E	83	77	6B	25	05	3F	0C	30	EA	70	B7	A1	E8	A9	65
F	8D	27	1A	DB	81	B3	A0	F4	45	7A	19	DF	EE	78	34	60

表 6.3　S_1 的定义

	0	1	2	3	4	5	6	7	8	9	A	B	C	D	E	F
0	55	C2	63	71	3B	C8	47	86	9F	3C	DA	5B	29	AA	FD	77
1	8C	C5	94	0C	A6	1A	13	00	E3	A8	16	72	40	F9	F8	42
2	44	26	68	96	81	D9	45	3E	10	76	C6	A7	8B	39	43	E1
3	3A	B5	56	2A	C0	6D	B3	05	22	66	BF	DC	0B	FA	62	48
4	DD	20	11	06	36	C9	C1	CF	F6	27	52	BB	69	F5	D4	87
5	7F	84	4C	D2	9C	57	A4	BC	4F	9A	DF	FE	D6	8D	7A	EB
6	2B	53	D8	5C	A1	14	17	FB	23	D5	7D	30	67	73	08	09
7	EE	B7	70	3F	61	B2	19	8E	4E	E5	4B	93	8F	5D	DB	A9
8	AD	F1	AE	2E	CB	0D	FC	F4	2D	46	6E	1D	97	E8	D1	E9
9	4D	37	A5	75	5E	83	9E	AB	82	9D	B9	1C	E0	CD	49	89
A	01	B6	BD	58	24	A2	5F	38	78	99	15	90	50	B8	95	E4
B	D0	91	C7	CE	ED	0F	B4	6F	A0	CC	F0	02	4A	79	C3	DE
C	A3	EF	EA	51	E6	6B	18	EC	1B	2C	80	F7	74	E7	FF	21
D	5A	6A	54	1E	41	31	92	35	C4	33	07	0A	BA	7E	0E	34
E	88	B1	98	7C	F3	3D	60	6C	7B	CA	D3	EF	32	65	04	28
F	64	BE	85	9B	2F	59	8A	D7	B0	25	AC	AF	12	03	E2	F2

设 x 是 S_0（或 S_1）的 8 比特长输入，将 x 写成 2 个十六进制数 $x=h\|l$，那么 S_0（或 S_1）的输出是表 6.2（或表 6.3）第 h 行和第 l 列交叉位置的十六进制数。

例如，$S_0(0x12)=0xF9$，$S_1(0x34)=0xC0$。

设 S 的输入、输出分别为 X（32 比特长）和 Y（32 比特长），将 X 和 Y 分别表示成 4 个字节 $X=x_0\|x_1\|x_2\|x_3$，$Y=y_0\|y_1\|y_2\|y_3$，那么 $y_i=S_i(x_i)(i=0,1,2,3)$。

例如，设 $X=0x12345678$，则

$$Y=S(X)=S_0(0x12)S_1(0x34)S_2(0x56)S_3(0x78)=0xF9C05A4E$$

L_1、L_2：L_1、L_2 为 32 比特线性变换，即

$$\begin{cases} L_1(X)=X\oplus(X<<<2)\oplus(X<<<10)\oplus(X<<<18)\oplus(X<<<24) \\ L_2(X)=X\oplus(X<<<8)\oplus(X<<<14)\oplus(X<<<22)\oplus(X<<<30) \end{cases}$$

其中，$a<<<n$ 表示把 a 循环左移 n 位。其中，$L_1(X)$ 与 SM4 算法中的线性变换 $L(B)$ 相同。

在非线性函数 F 中，采用非线性变换 S-Box 的目的是提供混淆作用，采用线性变换 L 的目的是提供扩散作用。混淆和扩散相互配合提高了密码的安全性。非线性函数 F 输出的 W 与比特重组输出的 X_3 异或，形成输出密钥序列 Z。

4. 密钥装载

密钥装载将 128 比特的初始密钥 k 和 128 比特的初始值 IV 扩展为 16 个 31 比特长的整

数，作为 LFSR 寄存器单元 $s_0, s_1, \cdots, s_{15}$ 的初始状态。

设 k 和 IV 分别为 $k = k_0 \| k_1 \| \cdots \| k_{15}$ 和 $\text{IV} = \text{iv}_0 \| \text{iv}_1 \| \cdots \| \text{iv}_5$。

其中，k_i 和 $\text{iv}_i (0 \leqslant i \leqslant 15)$ 均为 8 比特字节，密钥装载过程如下。

（1）设 D 为 240 比特的常量，可按如下方式分成 16 个 15 比特的子串：$D = d_0 \| d_1 \| \cdots \| d_{15}$。

其中，d_i 的二进制表示为

$$d_0 = 100010011010111_2$$
$$d_1 = 010011010111100_2$$
$$d_2 = 110001001101011_2$$
$$d_3 = 001001101011110_2$$
$$d_4 = 101011110001001_2$$
$$d_5 = 011010111100010_2$$
$$d_6 = 111000100110101_2$$
$$d_7 = 000100110101111_2$$
$$d_8 = 100110101111000_2$$
$$d_9 = 010111100010011_2$$
$$d_{10} = 110101111000100_2$$
$$d_{11} = 001101011110001_2$$
$$d_{12} = 101111000100110_2$$
$$d_{13} = 011110001001101_2$$
$$d_{14} = 111100010011010_2$$
$$d_{15} = 100011110101100_2$$

（2）对 $0 \leqslant i \leqslant 15$ 取 $s_i = k_i \| d_i \| \text{iv}_i$。

6.3.3 算法运行

ZUC 算法运行有两个阶段：初始化阶段和工作阶段。

1. 初始化阶段

调用密钥装载过程，将 128 比特的初始密钥 k 和 128 比特的初始值 IV 装入 LFSR 寄存器单元 $s_1, s_2, \cdots, s_{15}$，作为 LFSR 的初始状态，并置非线性函数 F 中的 32 比特存储单元 R_1 和 R_2 全为 0。重复执行以下过程 32 次。

（1）BitReconstruction( )。

（2）$W = F(X_0, X_1, X_2)$。

（3）LFSRWithInitialisationMode(u)。

2. 工作阶段

初始化阶段以后，执行工作阶段。

首先执行以下过程一次，并将 F 的输出 W 丢弃。

（1） BitReconstruction()。

（2） $F(X_0, X_1, X_2)$。

（3） LFSRWithWorkMode()。

然后进入密钥输出阶段，其中每进行一次循环，执行以下过程一次，输出一个 32 比特的密钥字 Z。

（1） BitReconstruction()。

（2） $Z = F(X_0, X_1, X_2) \oplus X_3$。

（3） LFSRWithWorkMode()。

6.3.4 基于 ZUC 的保密性算法 128-EEA3

基于 ZUC 的保密性算法主要用于 4G 移动通信中移动用户设备 UE 和无线网络控制设备 RNC 之间的无线链路上通信信令和数据的加密和解密。

1. 算法的输入与输出

算法的输入参数如表 6.4 所示，算法的输出参数如表 6.5 所示。

表 6.4 算法的输入参数

输入参数	比特长度	备注
COUNT	32	计数器
BEARER	5	承载层标识
DIRECTION	1	传输方向标识
CK	128	保密性密钥
LENGTH	32	明文的比特长度
M	LENGTH	明文的比特流

表 6.5 算法的输出参数

输出参数	比特长度	备注
C	LENGTH	输出比特流

2. 算法的工作流程

加密算法和解密算法如图 6.5 所示。

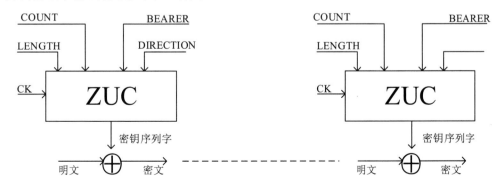

图 6.5 加密算法和解密算法

1）初始化

初始化是指根据保密性密钥 CK 及其他输入参数（见表 6.4）构造 ZUC 算法的初始密钥 K 和初始值 IV。把 CK（128 比特长）和 K（128 比特长）分别表示为 16 个字节：

$$CK = CK[0]\|CK[1]\|CK[2]\|\cdots\|CK[15]$$

$$K = K[0]\|K[1]\|K[2]\|\cdots\|K[15]$$

令

$$K[i] = CK[i] \quad (i = 0,1,\cdots,15)$$

把计数器 COUNT（32 比特长）表示为 4 个字节：

$$COUNT = COUNT[0]\|COUNT[1]\|COUNT[2]\|COUNT[3]$$

把 IV（128 比特长）表示为 16 个字节：

$$\begin{cases} IV[0] = COUNT[0], IV[1] = COUNT[1] \\ IV[2] = COUNT[2], IV[3] = COUNT[3] \\ IV[4] = BEARER\|DIRECTION\|00_2 \\ IV[5] = IV[6] = IV[7] = 00000000_2 \\ IV[8] = IV[0], IV[9] - IV[1] \\ IV[10] - IV[2], IV[11] - IV[3] \\ IV[12] - IV[4], IV[13] = IV[5] \\ IV[14] = IV[6], IV[15] = IV[7] \end{cases}$$

2）产生密钥流

设消息长为 LENGTH 比特，由初始化得到初始密钥 K 和初始值 IV，调用 ZUC 算法产生 L 个字（每个 32 比特长）的密钥，其中 L 为

$$L = \lceil LENGTH / 32 \rceil$$

将生成的密钥流用比特串表示为 $z[0], z[1], \cdots, z[32 \times L - 1]$，其中，$z[0]$ 为 ZUC 算法生成的第 1 个密钥字的最高位比特，$z[31]$ 为最低位比特，其他依次类推。

3）加密和解密

产生密钥流之后，数据的加密和解密就十分简单了。

设长度为 LENGTH 比特的输入明文的比特流为

$$M = M[0]\|M[1]\|M[2]\|\cdots\|M[LENGTH-1]$$

则输出密文的比特流为

$$C = C[0]\|C[1]\|C[2]\|\cdots\|C[LENGTH-1]$$

其中，$C[i] = M[i] \oplus z[i] (i = 0,1,\cdots,LENGTH-1)$。

习 题

1. 在国密算法中，属于对称密码算法的是（   ）。

   A．SM2   B．SM3   C．SM4   D．SM9

2. 下列（   ）不是 ZUC 算法的结构特点。

   A．使用简单的 LFSR   B．采用非线性置换和代换操作

   C．基于分组密码的结构   D．由 SM3 算法组成

3. 简要解释国密算法中的非对称密码算法和对称密码算法的区别。

4. 描述 ZUC 算法的基本结构及其在保密性算法中的应用。

第 7 章　公钥基础设施

公钥基础设施（Public Key Infrastructure，PKI）是应用公钥技术自身，为参与通信或信息交换的终端实体（End Entity）提供公钥技术使用的基础设施服务，来解决公钥在实际应用过程中的问题。

我们首先解释什么是基础设施，遍及城乡的电力基础设施使任何电器只要接通电线就能方便地获得电能，又如覆盖全球的通信基础设施使每部手机都能互通，使每台入网的计算机都能上网。同样，基于公钥密码体制的信息安全基础设施则应能方便地为每个网络上的实体提供信息安全的技术保障与最佳服务。

公钥基础设施是网络应用安全领域里的经典解决方案之一，属于应用安全范畴。本书前面章节介绍了密码学的基础理论和方法，以及基于安全需求的基本分析框架，这些是本章的技术基础。PKI 是一种基于公钥密码的信息安全的综合解决方案，是一套软、硬件系统和安全策略的集合，它遵循标准的密钥管理平台，结合技术和管理两方面因素，确保公钥密码应用过程中的完整性、可认证、抗抵赖等安全服务。

本章包括以下主题：①公钥密码回顾，简单回顾公钥密码学的相关技术；②PKI 的动机，即 PKI 要解决的核心问题是什么，其主要目的是什么；③数字证书的格式；④PKI 的组成；⑤PKI 中的信任关系，PKI 要解决的问题本质上是网络通信实体之间的信任问题；⑥PKI 的应用。

🔓 7.1　公钥密码回顾

7.1.1　公钥密码提供的安全服务

公钥密码中的公钥和私钥成对出现，用公钥加密、私钥解密，可以提供保密性的安全服务；用私钥对报文签名、公钥验证签名，可以提供完整性、可认证、抗抵赖的安全服务。

公钥密码提供保密性安全服务的应用场景如图 7.1 所示，A 作为发送方，要给接收方 B 发送报文，A 用 B 的公钥对报文进行加密，B 用自己的私钥进行解密。

公钥密码提供的完整性、可认证、抗抵赖安全服务的应用场景如图 7.2 所示，A 发送报文给 B 时，是用自己的私钥对报文进行加密的，B 在收到报文之后，用 A 的公钥来解密这个报文，公钥解密相当于验证签名。

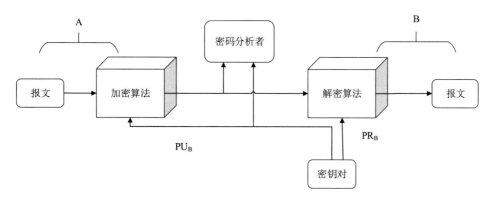

图 7.1　公钥密码提供保密性安全服务的应用场景

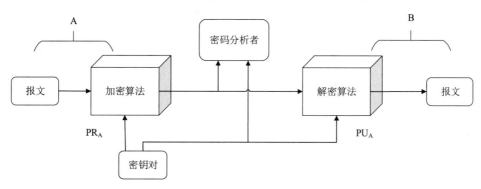

图 7.2　完整性、可认证、抗抵赖安全服务的应用场景

7.1.2　公钥的用途

事实上，在使用过程中公钥的持有者往往不是仅拥有一对密钥，而是拥有多对密钥，这些密钥按用途分类，在不同应用场合，使用对应的密钥。例如，根据密钥对用途的一种典型分类是：加密密钥对和签名密钥对。加密密钥对仅用于加密，这种密钥长度相对较短、密钥的使用期限较长；签名密钥对只用于签名，这种密钥长度更长，密钥的使用期限相对较短。

🔓 7.2　PKI 的动机

7.2.1　公钥应用面临的主要问题

在第 3 章讲解公钥密码时，提到公钥密码在一定程度上解决了密钥交换的问题，公钥持有者 A 可以把自己的公钥发布在个人主页或号码簿上，当 B 想要与 A 进行通信时，可以从 A 的个人主页中获取 A 的公钥，用 A 的公钥加密数据发给 A。然而在实际使用过程中，假使恶意攻击者假冒 A 的身份发布公钥（例如，Eve 仿冒 A 的个人主页发布 Eve 自己掌握的公钥，并声称这是 A 的公钥），会导致公钥和其持有者身份建立的联系无法得到可靠的保证。

事实上，公钥密码在实际应用过程中面临的主要问题就是"如何实现公钥和其持有者身份的绑定？"建立 PKI 的主要动机就是为网络环境下公钥和其持有者身份一致性提供一套规范。此外，大多数人并无能力生成自己的密钥对；互不相识的通信参与方又从哪里找到对方的公钥呢？彼此之间的信任怎样建立？PKI 系统不仅能够有效验证公钥持有者身份，还能对公钥的用途、信任关系建立、生命周期等方面进行管理。我们首先考虑如何解决上述问题？解决的主要思路是利用数字证书（Digital Certificate）。

在现实世界中，我们每个人都有各种各样的证书，如身份证、学位证等。证书具备两种特征：①包含持有者的身份信息及其具有的某种属性；②具有公信力的第三方通过签发证书的方式，为这种身份与其具有的某种属性提供担保。在数字世界中，PKI 方案有着类似的解决思路：①数字证书包含持有者的身份信息及其公钥；②具有公信力的第三方（称为 Certificate Authority，CA）通过签发数字证书的方式，为这种身份与其公钥的绑定关系提供担保。

数字证书（也称为公钥证书）是一个包含公钥及其持有者（当然也是相应的私钥拥有者）身份信息的文件，由具有公信力的第三方（证书授权中心 CA）签发，被各类主体（持卡人/个人、商户/企业/银行、网关/服务器等）持有，是在网络通信活动中进行信息交流及商务活动的身份证明。

数字证书中最重要的信息是主体（Subject，即证书持有者或证书中的公钥持有者）名称、主体的公钥、CA 的名称及 CA 的签名。通过 CA 的签名，数字证书可以把公钥与其所属主体（用户名和电子邮件地址等标识信息）可靠地捆绑在一起。证书中还可以包含公钥加密算法、用途、公钥有效期限等信息。可以说，数字证书是网络上安全交易主体的身份证和通行证。

若有人对某个 CA 存疑，则可以查阅该 CA 的数字证书，该数字证书是它的上级 CA 签发的，有它的上级 CA 的数字签名。如果还不放心，则继续追查，直到查阅顶级 CA 的证书，称为根证书，它以最高权威（人或机构）的信誉担保，其可信度无疑是全社会都认可的。正如你相信微软总公司，就相信它所指派的下属部门一样，对证书链中根证书的信任，保证了对它签发的一级证书的信任。

7.2.2　单 CA 模型

网络上互相不相识的终端实体为什么能够相信对方提供的数字证书呢？这是基于对 CA 的数字签名的信任。

CA 通过对证书签名的方法，可以实现公钥及其持有者身份的绑定。先考虑一种最简单的情形，这个情形就是单 CA 模型，如图 7.3 所示。在单 CA 模型中，我们假设全世界只有一个 CA，Bob 是 CA 的用户，Alice 也是 CA 的用户，其他用户都是这个 CA 的用户，该 CA 是所有用户唯一信任的锚点。此时，理论上讲，若 Bob 想要与 Alice 进行通信，则他从任何一个地方获取 Alice 的证书都可以，证书从哪里获取不重要，重要的是证书上的签名。Bob 必须验证证书上的签名，如果 CA 的签名验证通过了，Bob 就知道 Alice 的公钥是由 CA 担保的。将来如果产生纠纷，那么该 CA 有义务提供证据证明这个公钥就是 Alice 的。

获取证书的常见途径有两种：假设 Bob 要和 Alice 进行通信，那么 Bob 会请求 Alice 把自己的证书发给他；Bob 会从 CA 处下载或查询 Alice 的证书，CA 有义务发布证书，Bob 可以从 CA 处获得证书发布服务。

持有 CA 签发的数字证书,并不意味着这个证书可以永久地使用下去,证书有使用期限。图 7.4 给出了证书的完整生命周期,它包括以下几个阶段。

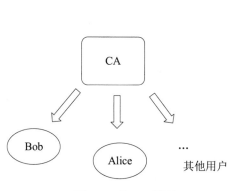

图 7.3　单 CA 模型

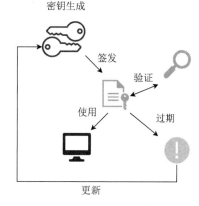

图 7.4　证书的完整生命周期

第 1 个阶段是密钥生成。根据具体应用场景及管理规范,PKI 系统、密钥管理第三方、主体均有可能生成密钥对。

第 2 个阶段是签发。CA 签发主体的证书,证书包括主体的公钥、主体身份、有效期等信息,这些信息均公开,私钥只有主体自己知道。证书签发后开始使用。

第 3 个阶段是使用。假设 Bob 的通信对象是 Alice,Alice 会从 Bob 的已签发证书中拿到 Bob 的公钥。检验证书的真伪,通过验证 CA 的签名,如果签名验证通过,那么证书验证通过。Alice 可以通过上述方式检验证书,并获取 Bob 的公钥和 Bob 进行通信。

第 4 个阶段是过期。数字证书常见的有效期一般为一年或三年,个人证书最长一般为五年。证书到期之后作废,旧的密钥作废,产生新的密钥,并更新证书。更新时,主体可能要去 CA 处重新申请证书的签发,或者在线更新。目前,很多 PKI 系统都支持在线更新。

注意,证书的生命周期管理也是 PKI 要解决的问题之一。PKI 作为利用公钥原理和技术实施提供安全服务的具有普适性的安全基础设施,首先需要解决公钥的真实性和所有权问题,还需要解决密钥的管理和分发等问题。PKI 提供了一种系统化的、可扩展的、统一的公钥授权和管理方法,具有一整套完整组件以解决这些问题,一般包括 CA、证书库、证书注销、密钥备份和恢复、自动密钥更新、密钥历史档案、交叉认证、抗抵赖、时间戳、客户端软件等,这些组件有些是功能服务,有些是物理设施。接下来先介绍 PKI 的核心组件——数字证书。

利用 PKI 系统可以使网络上的组织或实体建立安全域,并在其中生成密钥和证书。在安全域内,PKI 签发密钥和证书,提供密钥管理(包括密钥更新、密钥恢复和密钥委托等)、证书管理(包括证书产生、更新和注销等)和策略管理等服务。PKI 系统也允许一个组织通过证书级别或直接交换认证等方式,同其他安全域建立信任关系。通过提供一整套安全机制,用户可以在不知道对方身份或分布地域很广的情况下,以证书为基础,通过一系列的信任关系进行安全通信。鉴于 PKI 为各种网络应用提供了互信凭据,因此也可以说它是一个信任管理设施。

7.3 数字证书的格式

数字证书是 PKI 的核心组件，可以实现主体身份和其公钥的绑定。接下来对数字证书做进一步的讨论。数字证书简称证书（Certificate，简称 Cert），是由 CA 签发给安全主体的，证书的权威性取决于 CA 的权威性，在后面讨论 PKI 中的信任关系时会进一步解释权威性问题。

证书中最重要的信息是主体的名字、主体的公钥、CA 的签名算法、用途、签发的 CA 机构名称。证书中的信息还包括证书的有效性，即证书没有过期，密钥没有修改，用户仍然有权使用这个密钥。同时，证书应明确其公钥的用途和权限，如证书中的公钥是用于 Email 加密的，还是用于保证远程计算机身份的，抑或是其他用途。此外，CA 还要负责回收证书，发行无效证书清单，即 CA 要保证证书在使用期间能够证实证书主体身份，若某证书没有到期却失效了，则 CA 应及时回收该证书。

7.3.1 X.509 证书

PKI 的使用环境广泛，面向互联网这样的异构环境，需要在全球范围内定义证书的统一标准。与证书有关的标准和遵循的格式包括 X.509 证书、简单 PKI 证书、PGP（Pretty Good Privacy）证书、属性（Attribute）证书等。其中，X.509 证书应用范围最广，如 S/MIME、IPSec、SSL/TLS 等协议都应用了 X.509 证书。

X.509 是由国际电信联盟（ITU）制定的证书标准，它提供了一种通用的证书格式，是包含用户及其相应公钥信息的标准字段和扩展项的集合。X.509 证书目前有 3 个版本，X.509 证书第 1、2 版所包含的主要内容如表 7.1 所示。X.509 证书第 3 版在第 2 版的基础上进行了扩展，允许通过标准化和类的方式将证书进行扩展，包括额外的信息。任何人都可以向 CA 申请注册扩展项，如果它们应用广泛，以后可能会列入标准扩展集。

表 7.1 X.509 证书第 1、2 版所包含的主要内容

X.509 证书	
Version	证书版本号
Serial Number	证书序列号：由 CA 分配给证书的唯一数值型标识符
Signature	签名算法标识符：指定 CA 签发证书时所使用的签名算法
Issuer	签发机构
Validity	有效期：证书开始生效及失效的日期、时间
Subject	主体（持有者）
Subject Public Key Info	证书持有者公钥信息，包含公钥密码算法和哈希算法
Issuer Unique Identifier	签发者唯一标识符，第 2 版中加入，可选
Subject Unique Identifier	证书持有者唯一标识符，第 2 版中加入，可选
Issuer's Signature	签发机构对证书上述内容的签名

证书版本号字段：标识证书的版本（第 1 版、第 2 版或第 3 版），目前最常见的是第 3 版。

证书序列号字段：由 CA 生成，每家 CA 都会维护自己的序列号，保证每个证书都有唯一的编号。

签名算法标识符字段：用于指定 CA 签发证书时所使用的签名算法，方便证书验证方进行验证，由签名算法标识符加上相关的参数组成，用于说明本证书所用的数字签名算法。例如，SHA-1 和 RSA 的算法标识符说明该数字签名是利用 RSA 对 SHA-1 的哈希值进行加密的。

签发机构字段：签发该证书的 CA 的可识别名（Distinguished Name），是根据 X.500 标准的树形命名规则来唯一命名的。

有效期字段：像信用卡的有效期一样，由"Not Before"和"Not After"两项组成，分别由 UTC 时间或一般的时间表示（在 RFC2459 中有详细的时间表示规则）。

主体（持有者）字段：证书持有者的可识别名，也是根据标准规范命名的。

证书持有者公钥信息字段：由公钥密码算法标识符加上相关的参数组成，此处的公钥密码算法不一定和证书签发者的签名算法一致。

签发者唯一标识符字段：证书签发者的唯一标识符，仅在第 2 版和第 3 版中有要求，属于可选项。

证书持有者唯一标识符字段：证书持有者的唯一标识符，属于可选项。

X.509 证书还包括扩展字段，包括可选的标准和专用的扩展（仅第 2 版和第 3 版），扩展字段有丰富的信息。目前，常见的 X.509 证书扩展包括主体备用名和密钥用途等。主体备用名扩展允许其他身份也与证书的公钥相关联，可能包括其他域、DNS 名称、电子邮件地址和 IP 地址；密钥用途扩展以密钥的使用限制为特定目的，如"保证远程计算机身份""确保软件来自软件发布者"等。发布者密钥标识符扩展，指示了证书所含密钥的唯一标识符，用来区分同一证书持有者的多对密钥。有些 CA 会在扩展字段中提供查询证书注销列表（Certificate Revocation List，CRL）的统一资源定位符（URL），扩展字段中还会提供 PKI 的操作规范声明（Certification Practice Statement，CPS）发布的 URL 等信息。

7.3.2　证书实例

本节以 Windows 操作系统为工具，了解证书的基本格式。从软件发布者官网下载的软件包中包含发布者的数字签名和证书，图 7.5 给出了微软的 Visual Studio 安装包中的证书。打开该证书后，在"常规"选项卡中描述证书信息，证书的目的如下：①确保软件来自软件发布者；②保护软件在发行后不被更改。证书写明了 CA 名称（签发机构）和主体名称（颁发给）。该证书是 Microsoft Code Signing PCA 2011（颁发者）颁发给主体（Microsoft Corporation）的证书，有效期从 2020/3/5 到 2021/3/4。

图 7.6 展示了上述证书的详细信息，包括版本、序列号、签名算法、签名哈希算法、颁发者、有效期、使用者、公钥等信息，还包括证书扩展，如增强型密钥用法、使用者密钥标识符、使用者可选名称、授权密钥标识符、CRL 分发点、授权信息访问、基本约束等字段。

图 7.5　微软的 Visual Studio 安装包中的证书

图 7.6　证书的详细信息

7.3.3　证书注销机制

由于各种原因，如私钥泄露、密钥更换、持有者注册信息变化等，证书没有到期之前有可能需要提前注销，即在到期之前取消持有者身份和其公钥的绑定，使证书不再有效。PKI提供的机制是 CRL，CRL 中包含被注销证书的唯一标识（证书序列号），证书验证方定期查询和下载 CRL，根据 CRL 中是否包含该证书序列号来判断证书的有效性。为了实现互操作，首先需要统一 CRL 格式，目前广泛采用的标准是 X.509 证书第 2 版的 CRL 格式，PKIX 工作组在 RFC2459 中对 CRL 的最常用版本（版本 2）做了详细描述。CA 定期签发并发布 CRL，CRL 支持 LDAP、HTTP 等发布方式。目前，广泛采用的是 Web 提供 CRL 服务的方式，这种方式将检查 CRL 的 URL 内嵌到证书的扩展域中，当浏览器想要验证证书时，只需通过SSL 协议访问 URL，即可获得该证书的注销状态信息。

　　CRL 的使用有两个问题：一是 CRL 的规模性。在大规模的网络环境中，CRL 的大小正比于该 CA 域的终端实体数目、证书的生命周期和证书注销的概率。而注销信息必须在已签发证书的整个生命周期里存在，这就可能导致在某些 CA 域内 CRL 的发布变得非常庞大。二是 CRL 所含注销信息的及时性。因为 CRL 是定期发布的，而注销请求的到达是随机的，从接收注销请求到下一个 CRL 发布之间的时延所带来的状态不一致会严重影响由 PKI 框架提供的 X.509 证书服务的质量。为解决这两个问题，一方面，可以对 CRL 的分发机制进行改进。对于某些大型的 CA，可以采取分段 CRL、增量 CRL 的发布方式。另一方面，可以采用在线证书状态协议（Online Certificate Status Protocol，OCSP）对证书的有效性进行验证。

　　OCSP 是 PKIX 工作组在 RFC2560 中提出的协议，它是一种相对简单的请求/响应协议，提供了一种从 OCSP 响应器中获取在线注销信息的手段，使得客户端应用程序可以测定所需验证证书的状态。一个 OCSP 客户端发送一个证书状态查询给一个 OCSP 响应器并等待，直到该响应器返回了一个响应。RFC2560 对 OCSP 客户端和响应器之间所需交换的数据进行描述。一个 OCSP 请求包含以下数据：协议版本、服务请求、目标证书标识和可选扩展项等。OCSP 响应器对收到的请求返回一个响应（出错信息或确定的回复）。OCSP 响应器返回出错信息时，该响应不用签名。出错信息包括以下类型：请求编码格式不正确、内部错误、稍后再试、请求需要签名、未授权。OCSP 响应器返回确定的回复时，该响应必须进行签名。一个确定的回复由以下部分组成：版本、响应器名称、对每张被请求证书的回复、可选扩展项、签名算法对象标识和签名。在对每张被请求证书的回复中包含证书状态：正常、注销、未知。"正常"状态表示证书没有被注销；"注销"状态表示证书已被注销；"未知"状态表示响应器不能判断证书的状态。

　　为了使 OCSP 服务有效，PKI 应用客户端必须连接到 OCSP 响应器。如果这样的连接不可实现，那么证书客户端可以实现 CRL 来验证证书，作为一种退而求其次的方法。如果 OCSP 请求过多，将会使响应器相当脆弱，易遭受 DoS 攻击。对每个响应的签名运算也将显著地影响响应产生周期。如果不签名，那么攻击者可能发送假响应报文，造成 OCSP 服务被攻击导致无效。为了提高响应速度，可以使用预先产生的响应，但这可能导致重放攻击，一个旧（正常状态）的响应可被攻击者用来重发作为一个在有效期内但已被注销的证书状态。所以若想实现预先产生响应带来的优势，OCSP 应被小心配置，既要考虑成功执行后的效率代价，又要考虑被重放攻击的可能性。此外，OCSP 请求中没有指定一个特定的 OCSP 响应器，这可能导致攻击者向任意一个 OCSP 响应器的重放攻击。

🔓 7.4　PKI 的组成

7.4.1　组件之间的关系

　　证书解决的主要问题是身份和公钥的绑定，完整的 PKI 系统包括与证书相关的组件：注册授权中心（Registration Authority，RA）、CA、证书库与发布系统；还包括与证书生命周期管理相关的机制：证书注销的机制、密钥备份和恢复的机制、密钥自动更新的机制、历史密钥归档机制；以及与信任管理相关的交叉认证机制等。信任管理是指存在多个 CA 的情况下，某个 CA 信任域和另一个 CA 信任域之间的信任关系的建立、维护等问题，7.5 节将讨论 PKI 中的信任关系。

PKI 的基础组件可分成 3 层，其结构如图 7.7 所示。底层包含 PKI 策略及软件系统；中间层包含 3 个核心组件：CA、RA 及证书库与发布系统；顶层是 PKI 应用。其中相邻两层的下层为服务提供者，上层为服务调用者，如底层的 PKI 策略及软件系统可为中间层提供基础算力及法律规范保障。

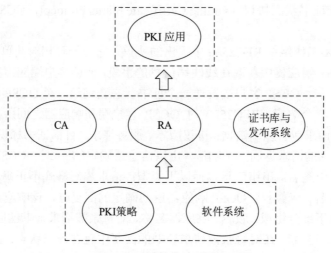

图 7.7　PKI 基础组件的结构

底层的软件系统指实现 PKI 系统的物理和软件基础设施。PKI 策略建立和定义了一个组织信息安全方面的指导方针，同时定义了密码系统使用的处理方法和原则。它包括一个组织怎样处理密钥和有价值的信息，根据风险的级别定义安全控制的级别。PKI 策略定义了证书管理过程和证书使用过程中的规则和约束。制定明确、合理的策略可以保证 PKI 系统正常运行。PKI 在实际应用中的性能很大程度上取决于 PKI 策略的制定。一般情况下，PKI 包括两类策略：证书策略（Certificate Policy，CP）和证书操作规范声明（CPS）。CP 用于管理证书的使用，在 X.509 证书中，CP 由唯一识别符标识，该识别符置于证书扩展项的"证书策略"字段。通过该项，将证书系统所要遵循的具体操作规则与具体策略对应起来；CPS 则是描述如何在实践中增强和支持安全策略及相应操作的过程，包括 CA 的建立和运作、证书的发放和注销，以及密钥的长度和产生过程等，一些商业证书发放机构（CCA）或可信的第三方操作的 PKI 系统需要制定 CPS。这是一个包含如何在实践中增强和支持安全策略的一些操作过程的详细文档。

顶层是 PKI 应用，包括各种基于 PKI 的应用。例如，带安全协议的超文本传输协议 HTTPS，SSL 协议允许在浏览器和服务器之间进行加密通信，服务器端和浏览器端通信时双方可以通过证书确认对方的身份。结合 SSL 协议和证书，PKI 可以保证 Web 交易多方面的安全需求，使 Web 上的交易和面对面的交易一样安全；基于 PKI 的 IPSec 协议现在已经成为 VPN（虚拟专用网）架构的基础，它可以为路由器之间、防火墙之间或路由器和防火墙之间提供经过加密和认证的通信；电子邮件安全方面的问题包括报文和附件可以在不为通信双方所知的情况下被读取、篡改或截掉，发信人的身份无法确认等。电子邮件的安全需求也是保密性、完整性、可认证和抗抵赖，而这些问题都可以利用 PKI 解决。

7.4.2　核心组件

典型 PKI 的核心组件为 CA、RA、证书库与发布系统，其结构如图 7.8 所示。

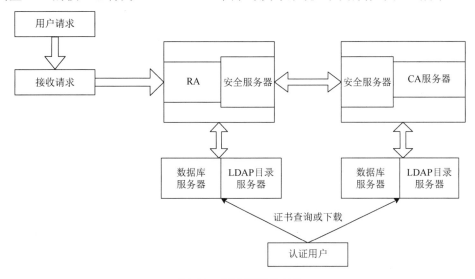

图 7.8　核心组件的结构

其中 RA 负责接收并处理用户请求，对用户的身份信息进行验证，向 CA 发送证书签发的请求。RA 提供了用户与 CA 之间的接口，在 CA 为终端实体签发证书以前，RA 负责收集终端实体信息，对其身份进行验证。RA 在 PKI 结构中起承上启下的作用，并不给用户签发证书，只是对用户进行资格审查，决定是否同意 CA 为其签发证书，向 CA 提出证书请求，并为用户注册。另外，RA 向证书发布系统转发 CA 签发的证书和 CRL。RA 是可选的管理组件，对于一个规模较小的 PKI 系统，CA 可承担 RA 的功能，而不设立独立运行的 RA。PKI 国际标准建议由独立的 RA 完成注册管理的任务，以增强系统的安全性。

从广义的角度来说，PKI 的整个服务端可以称为 CA；从狭义的角度来说，CA 是负责签发证书和 CRL 的、证书生命周期管理过程中的核心功能部件，也是整个 PKI 系统的核心部件。CA 拥有自身的私钥和公钥，其职责包括接收证书签发的请求（RA 发来的）、用自己的私钥签发证书、接收证书注销请求、签发 CRL，并将签发的证书和 CRL 传输给安全服务器。CA 还负责为操作员、安全服务器及 RA 生成证书。CA 服务器是整个结构中最重要的部分，存有 CA 的私钥及发行证书的脚本文件，出于安全的考虑，往往将 CA 服务器与其他服务器物理隔离，任何通信都采用人工干预的方式；或者经由运行私有安全协议的安全服务器与外界通信，确保 CA 服务器的安全。要注意，对于某些分布式 PKI 系统（无中心可信的第三方），CA 不是一个必需部分，如依据 PGP（Pretty Good Privacy，优良保密协议）模型建立的以用户为中心的 PKI 系统。

证书库与发布系统用于管理和发布已签发的证书，数据库服务器和 LDAP（Lightweight Directory Access Protocol，轻型目录访问协议）目录服务器共同组成了证书发布系统，CA 签发的证书和 CRL 会同时放到这两个服务器上，数据库包含证书库和证书注销列表库（Cert Repository and CRL Repository）。LDAP 提供目录查询服务，并响应用户的查询请求，便于用户方便地查询证书和已注销证书的信息。现在，目录浏览服务大多通过 HTTP 或 HTTPS 实现。

总结：PKI 系统的核心组件包括 RA、CA、证书库与发布系统，RA 用于验证用户身份、建立身份和用户密钥绑定关系；CA 负责签发证书和 CRL；证书库与发布系统负责保存证书并供公开访问。

最后，我们来看一下 PKI 的整体运作流程，如图 7.9 所示，其中菱形代表 RA、CA、终端实体，数字代表如下工作流程。

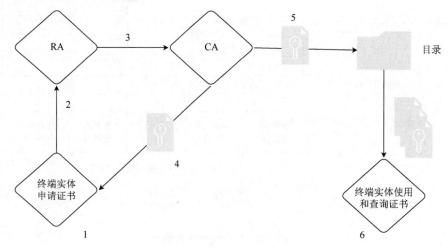

图 7.9　PKI 的整体运作流程

（1）终端实体向 RA 申请证书。

（2）RA 验证用户身份信息，实现身份和公钥的绑定。

（3）RA 验证成功后，请求 CA 签发证书。

（4）CA 签发证书。

（5）证书信息和 CRL 注销信息在证书发布系统中发布。

（6）终端实体使用和查询证书。

7.5　PKI 中的信任关系

CA 所管辖的证书系统被称为域或信任域。终端实体在某个 CA 域中注册后便属于这个 CA 的信任域，同一个 CA 域中的终端实体通信时，默认已经建立了可信任的信息交换基础（终端实体的证书是可信的）。当不同域中的终端实体需要通信时，需要通过域之间的信任关系（如果有）建立可信任的信息交换基础。

之前我们假设一种单 CA 模型，即所有的终端实体都属于同一 CA 的信任域。例如，Bob、Alice、Mike 都是同一个 CA 的终端实体，每个终端实体都信任这个 CA 和它签发的证书。但是现实世界中显然不可能只有单 CA 的情况，CA 的设立涉及比较大的经济利益和政治利益。

假设有两个 CA，Alice 和 Bob 是 CA1 域中的终端实体，Mike 和 John 是 CA2 域中的终端实体。现在 Alice 要和 Mike 通信，Mike 将他的证书（由 CA2 签发）发送给 Alice，Alice 并不在 CA2 的信任域中。当 Alice 获得 Mike 的证书后，判断是否可以接收该证书，涉及两个不同的 CA 域之间的信任关系。当一个终端实体看到另一个终端实体出示的证书时，他是否信任此证书？首先要确认签发该证书的 CA 是否可信。如果一个终端实体假设一个 CA 能够建立并维持一个准确的"主体与其持有公钥"之间的绑定，则他可以信任这个 CA，称这个 CA 为可信 CA。有了定义，那么怎么建立信任关系呢？

在回答这一问题之前，先看一个例子，日常使用浏览器访问 Web 服务器时，如图 7.10 所示，有时地址栏会出现一把绿色的锁，表明经过验证，浏览器信任该服务器的证书。互联网上 Web 服务器证书的 CA 各不相同，浏览器作为一种常见的 PKI 应用客户端，当收到来自另一个 CA 域的 Web 服务器证书时，如何验证？事实上，CA 之间可以通过互相签发证书的方式建立信任域之间的信任关系，建立信任关系普遍使用以下 3 种信任模型：层次结构（树状）、网状结构、混合结构，下面分别讨论这些信任模型。

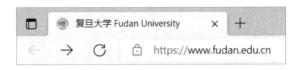

图 7.10　使用浏览器访问 Web 服务器

7.5.1　层次结构信任模型

层次结构信任模型可以描绘为一棵倒置的树，树根在顶上，树枝向下伸展，树叶在最下面。在这棵倒置的树上，根 CA 是整个 PKI 域内的所有 CA 和终端实体的信任根或称为唯一的信任锚点。在根 CA 的下面是零层或多层的中间 CA，因为属于根 CA 的信任域，也称为子 CA，子 CA 可作为中间节点，伸出分支，最下面是叶子节点，对应终端实体或称为终端用户。层次结构信任模型如图 7.11 所示。

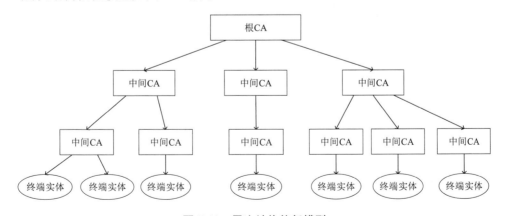

图 7.11　层次结构信任模型

根 CA 具有一个自签名证书，也称为根证书。根 CA 直接对自己的孩子节点 CA 认证并为其签发证书，这些 CA 再认证零个或多个自己的孩子节点 CA 并为其签发证书。在层次结构信任模型中的每个证书主体，包括中间 CA 和终端实体都被其上层的 CA 直接认证（签发证书）。倒置的树的根，是树结构的始点，也是信任的始点。在这个系统中的所有证书主体（包括终端实体和中间 CA）都以根 CA 为信任锚点，即它们对所有证书决策的信任始点。在 PKI 系统中要维护这棵树，每个 CA 节点上都需要保存两种证书，即其他 CA 发给它的证书（Forward Certificates）和它发给其他 CA 的证书（Reverse Certificates）。

如何对层次结构信任模型中的证书进行验证呢？在图 7.12 给出的层次结构信任模型实例中，终端实体 A 想要验证终端实体 D 的证书是否可信。

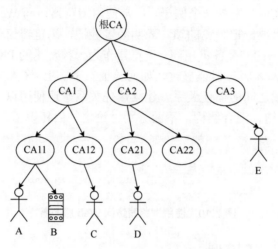

图 7.12　层次结构信任模型实例

首先找到证书的信任链（或证书链）。假设 A 看到 D 的一个证书，D 的证书中含有签发该证书的 CA21 信息，于是沿着层次结构信任模型往根部找，直到根 CA。先找到 CA21 的证书及为 CA21 签发证书的 CA2，再找到 CA2 的证书及为 CA2 签发证书的根 CA。因为根 CA 是信任锚点，A 事先已获得根证书并信任该根证书。图 7.13 所示的路径可以构成一条证书链，也称为证书的信任链。

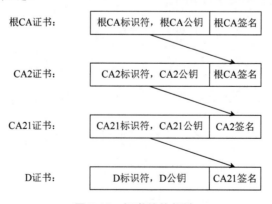

图 7.13　证书的信任链

构建了信任链后，验证的过程如下：首先从根证书开始，依次往下验证每个证书中的签名。其中，根证书是自签名的，用它自己的公钥进行验证。从根证书一直验证下去，直到验证到 D 证书的签名，如果所有的签名都验证通过，则 A 可以确定所有证书都是正确的，因为 A 信任根 CA，所以 A 可以相信 D 证书和公钥。

7.5.2　交叉认证

由于其简单的结构和单向的信任关系，层次结构信任模型简单且具有扩展性，但是它依赖单一的信任锚点，即根 CA。根 CA 的安全性的削弱，会导致整个 PKI 系统安全性的削弱，一旦根 CA 出现故障，后果是灾难性的。而且层次结构信任模型只适用于具有严格层次结构的组织，不适用于不同机构之间或组织联系比较复杂的情况。特别是在已有多个根 CA 的情况下，构建一个单一的、共同的根 CA 来统一所有的 CA，从而形成层次结构，实际上是不可行的。这是因为，由一组彼此分离的 CA 过渡到层次结构的 PKI，所有用户都不得不重新设置他们的信任锚点，同时证书策略的变化会带来一系列严重的困难。

交叉认证是通过双方（两个层次结构信任模型的根 CA）相互签发交叉认证证书实现的。通过一个 CA 域承认另一个 CA 域在一定范围内的所有被授权签发的证书，两个不同的 CA 之间可以建立信任关系。交叉认证包含以下两种形式。

1）单向交叉认证

一个 CA 域单向信任另一个 CA 域在一定范围内的签发证书。例如，CA1 域内的终端实体 Alice 与 CA2 域内的终端实体的 Bob 进行通信时，假设此时 Alice 只需验证 Bob 的证书。在 Alice 获取 Bob 的证书后（该证书是由 CA2 签发的），要形成完整的信任链来验证这个证书，需要单向的 CA1 为 CA2 签发的证书。

2）双向交叉认证

某个根 CA 与另一个层次结构信任模型的根 CA 互相为对方签发证书，这样分属于这两个 CA 域内的终端实体信任另一个 CA 域在一定范围内的证书，即信任关系是双向的。

交叉认证时，对可接受的证书的范围往往存在一些约束（信任是有条件的），包括名字（域名）约束、路径长度约束和策略约束，如 CA1 域内的终端实体仅接受另一个 CA2 域内某些名字的证书。这些约束可以在证书或证书的扩展域中进行设置。下面给出交叉认证的两个实例。

在图 7.14 中，假设有两个部门：工程部和市场部，有两个终端实体 Tom 和 Judy，分别属于两个部门，他们的证书由各自部门的 CA 签发，如何实现两个部门 CA 域的交叉认证呢？工程部和市场部互相签发证书，如左上证书由市场部 CA 为工程部 CA 签发，右上证书由工程部 CA 为市场部 CA 签发。若 Judy 想要验证 Tom 的证书，就需要左侧的两张证书，Judy 先用市场部的公钥验证左上证书（注意 Judy 在市场部 CA 域内），得到工程部的公钥，再用得到的公钥验证 Tom 的证书。

下面是跨 3 个 CA 域的交叉认证的例子，如图 7.15 所示，不同信任域的 3 个 CA 分别是 CA1、CA2、CA3。两个终端实体 U1 和 U2，其中 U1 属于 CA1 域，U2 属于 CA3 域。CA1 和 CA2 互相为对方签发证书并建立信任关系，CA2 和 CA3 互相签发证书并建立信任关系，若 U1 要验证 U2 的证书，则需要构建信任链依次验证证书 2、3、6；若 U2 要验证 U1 的证书，则依次验证证书 1、4、6。

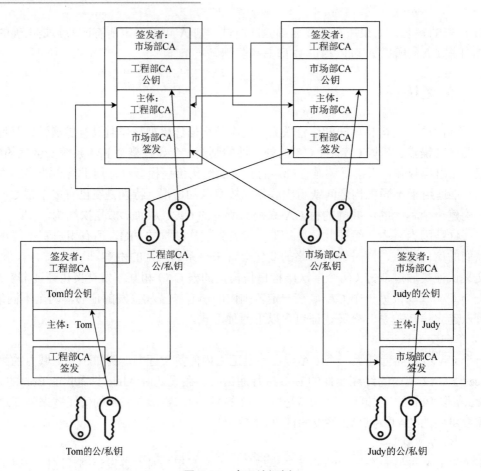

图 7.14 交叉认证例 1

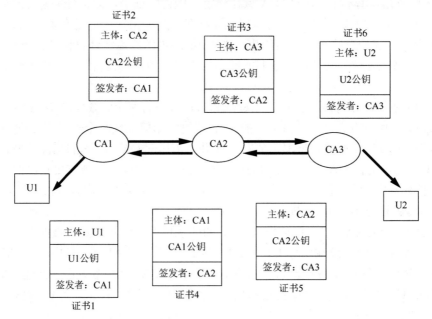

图 7.15 交叉认证例 2

7.5.3　其他信任模型与桥 CA

1．网状结构信任模型

以交叉认证为基础，实际应用过程中会出现分属不同域的 CA 之间的证书签发关系构成网状结构信任模型。网状结构信任模型分为完全连接和不完全连接两种。图 7.16 展示的是完全连接网状结构信任模型，即任意两个 CA 之间都要互相签发证书。图 7.17 展示的是不完全连接网状结构信任模型，即不是任意两个 CA 之间都有证书签发关系。只要两个 CA 域之间存在证书签发路径（可能经过其他 CA），能够构建完整的信任链，就可以实现其中一方对另一方发放的证书的验证。

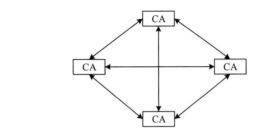

图 7.16　完全连接网状结构信任模型

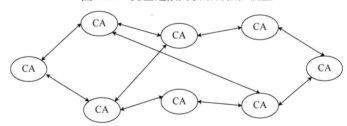

图 7.17　不完全连接网状结构信任模型

2．混合信任模型

混合信任模型用来描述在实际应用过程中多种信任模型混搭出现的情形，如图 7.18 所示，多个层次结构信任模型的根 CA 之间通过环状连接（签发证书关系），从而实现互相之间的交叉认证。图 7.19 也是一种混合信任模型，从总体来看是层次结构信任模型，但在其中两个叶子节点之间又存在交叉认证。混合信任模型是基本信任模型的组合，往往是根据实际需要定制的，利用不同信任模型的优点，实现 CA 域之间的互操作，建立互信的环境。其中，桥 CA 是一种常见的建立混合信任模型的有效手段。

3．桥 CA

桥 CA（Bridge CA，BCA）是一种特殊的证书授权机构，具有 CA 的所有基本功能，尽管桥 CA 本身不直接发放证书给终端实体，不具有信任锚点功能，但其具有建立各个不同信任域之间信任关系的功能。桥 CA 依据不同 PKI 的信任等级，建立不同 PKI 信任之间所需的信任桥接机制，使得来自不同 CA 域的终端实体通过制定信任级别的桥 CA 相互作用。我们把以桥为核心，实现多个 CA 互联互通的 PKI 结构称为桥 CA 结构。在图 7.20 中，桥 CA 为 CA1 体系（注意 CA1 是层级结构 CA 体系的根 CA，它有 CA2、CA3 两个子 CA），与

CA4 建立信任关系。

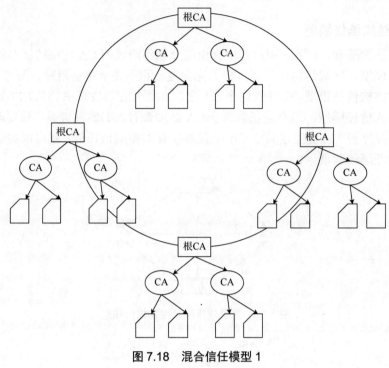

图 7.18　混合信任模型 1

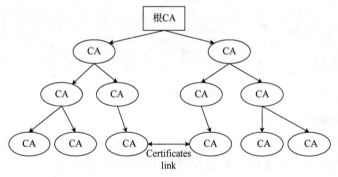

图 7.19　混合信任模型 2

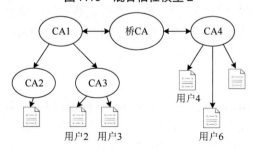

图 7.20　桥 CA

当桥 CA 与层次结构信任模型 CA 体系建立信任关系时，桥 CA 会与根 CA 进行互相签发证书的操作；当桥 CA 与网状结构信任模型 CA 体系建立信任关系时，桥 CA 会与其中一个 CA 进行签发证书的操作。无论是上述何种情形，与桥 CA 直接连接的 CA 都被称作主证书机构（Principal CA），简称主 CA。

在交叉认证场景下，当越来越多信任锚点存在时，信任列表结构增加了 PKI 使用者维护更新信任列表重要信息的负担；网状结构信任模型中的 CA 管理人员也需要一个较有效率的机制来与其他 PKI 系统建立信任关系。而桥 CA 结构解决了上述两种类型 PKI 结构缺乏扩展能力的缺点。桥 CA 结构的另一项优势为，在该结构中增加或减少一个 CA 或 CA 体系（层次结构或网状结构 CA 体系）相对容易。同时，在以桥 CA 为基础的 PKI 体系规模发生变化时，信任关系易于管理。例如，在桥 CA 失效或无法正常运作的情况下，由于没有使用者以此桥 CA 为信任锚点，因此与桥 CA 接续的各 CA 仅需注销其发放给该桥 CA 的证书，即可终止信任关系。这样的结果是，虽然桥接的各 CA 体系的使用者不再享有桥接互通服务，成为独立运作的 PKI 系统，但每个体系内的 CA 仍可正常运作。并且，该桥 CA 一旦修复，整个桥 CA 结构即可重建恢复正常运作。虽然桥 CA 具有多项优势，但桥 CA 结构因与多种不同 CA 体系连接的特性，存在寻找证书路径及验证等复杂度高的问题。

7.6　PKI 的应用

7.6.1　PKI 相关标准

PKI 相关标准我们已经提到了 X.509 标准，交叉认证的标准是 PKIX 工作组制定的 IETF（RFC2459）标准。此外，与公钥密码实现有关的比较重要的标准是公钥密码标准（Public-Key Cryptography Standard，PKCS），PKCS 是由 RSA 公司及其合作伙伴制定的一组公钥密码学标准，其中包括证书申请、证书更新、CRL 发布、扩展证书内容，以及数字签名、数字信封的格式等一系列相关协议，是 RSA 公司试图为公钥密码提供的一个工业标准接口，其中部分标准可以与其他标准兼容。PKCS 所提供的是基于公钥加密的数据传输格式和支持这个传输格式的基本结构。PKCS 系列描述如表 7.2 所示。

表 7.2　PKCS 系列描述

PKCS 系列	描述
PKCS #1	RSA 加密标准。PKCS#1 定义了 RSA 算法的基本格式标准，特别是数字签名。它定义了数字签名如何计算，包括待签名数据和签名本身的格式；也定义了 RSA 密钥语法
PKCS #2	描述了实现 DH 密钥交换功能的方法
PKCS #3	DH 密钥协议标准。PKCS#3 描述了一种实现 DH 密钥协议的方法
PKCS #4	最初用于规定 RSA 密钥语法，现在已经被包含进 PKCS#1 中
PKCS #5	基于口令的加密标准。PKCS#5 描述了使用由口令生成的密钥来加密 8 位位组串并产生一个加密的 8 位位组串的方法。PKCS#5 可以用于加密私钥，以便于密钥的安全传输（这将在 PKCS#8 中进行描述）
PKCS #6	扩展证书语法标准。PKCS#6 定义了提供附加信息的 X.509 证书属性扩展的语法（当 PKCS#6 第 1 次发布时，X.509 证书还不支持扩展。因此这些扩展被包含在 X.509 证书中）
PKCS #7	密码报文语法标准。PKCS#7 为使用密码算法的数据规定了通用语法，如数字签名和数字信封。PKCS#7 提供了许多格式选项，包括未加密或签名的格式化报文、已封装（加密）报文、已签名报文和既经过签名又经过加密的报文
PKCS #8	私钥信息语法标准。PKCS#8 定义了私钥信息语法和加密私钥语法，其中私钥加密使用了 PKCS#5 标准

PKCS 系列	描述
PKCS #9	定义了 PKCS #6 扩展证书、PKCS #7 数字签名报文和 PKCS #8 加密私钥信息的选择属性类型
PKCS #10	证书请求语法标准。PKCS#10 定义了证书请求的语法。证书请求包含一个唯一识别名、公钥和可选的一组属性，它们一起被请求证书的终端实体签名（证书管理协议中的 PKIX 证书请求报文就是一个 PKCS#10）
PKCS #11	详细规定了一个称为 Cryptoki 的编程接口，可用于各种可移植的密码设备，是密码标记的 API 标准。Cryptoki 给出了一个通用逻辑模型，可以在可移植的设备上完成加密操作。这个标准也定义了设备可以支持的几组算法
PKCS #12	将用户公钥、受保护的私钥、证书和其他相关的加密信息存放在软件中，它的目标是为各种应用提供一个标准的单一密钥文件
PKCS #13	椭圆曲线密码标准
PKCS #14	伪随机数产生标准
PKCS #15	密码令牌信息语法标准。通过定义令牌上存储的密码对象的通用格式增进密码令牌的互操作性，PKCS#15 扮演翻译者的角色，它在 IC 卡的内部格式与应用程序支持的数据格式间进行转换。RSA 放弃了这个标准 IC 卡的相关部分，并提交给了 ISO/IEC 组织

7.6.2 PKI 安全服务与应用

PKI 能按照不同安全需求提供不同安全服务，主要包括认证、完整性、保密性、抗抵赖等。

PKI 提供数字签名的服务，可以通过数字签名实现终端实体认证，也可以实现完整性的保护。认证服务即身份识别与鉴别，就是确认终端实体为自己所声明的终端实体，鉴别身份的真伪，PKI 的认证服务主要采用数字签名。完整性服务就是确认数据没有被修改，即数据无论是在传输还是在存储过程中，经过检查确认没有被修改。通常情况下，PKI 主要采用数字签名来实现完整性服务。如果敏感数据在传输和处理过程中被篡改，接收方就不会收到完整的数字签名，验证就会失败。反之，如果签名通过了验证，就证明接收方收到的是未经篡改的完整性数据。

保密性服务就是确保数据的秘密，除指定的终端实体外，其他未经授权的人不能读出或看懂该数据。PKI 的保密性服务通过"数据信封"机制实现，即发送方先产生一个对称密钥，并用该对称密钥加密敏感数据。同时，发送方用接收方的公钥加密对称密钥，就像把它装入一个"数字信封"。把被加密的对称密钥（"数字信封"）和被加密的敏感数据一起传送给接收方。接收方用自己的私钥拆开"数字信封"，并得到对称密钥，用对称密钥解开被加密的敏感数据。

抗抵赖服务是指从技术上保证终端实体对它们行为的诚实性。在 PKI 中，主要采用数字签名加时间戳的方法防止终端实体对行为的抵赖。其中，人们更关注的是数据来源的抗抵赖和接收的抗抵赖，即用户不能抵赖敏感信息和文件不是来源于他，以及用户不能抵赖他接收到了敏感信息和文件。

通过 PKI 的支持，公钥密码技术被广泛地应用于许多领域，其基本应用包括文件保护、E-mail、Web 应用，还用于 VPN、SSL/TLS、电子商务等领域。

安全的多功能互联网邮件扩展（Secure/Multipurpose Internet Mail Extensions，S/MIME）基于 PKI 技术提供可扩展的终端实体认证和加密方法。S/MIME 使用者向 CA 申请邮件证书，对电子邮件进行数字签名以验证发件人的身份，并对传输中和存储在电子邮件服务器上的内容和附件进行加密。

SSL 协议和 TLS 协议是 Internet 中访问 Web 服务器的重要安全协议，它们依赖 PKI 为通信的客户端和服务器发放证书，并认证双方（或一方）的身份，在此基础上还可以基于服务器的公钥协商会话密钥，为后续的通信过程提供保密性服务。

IPSec 协议利用 PKI 技术提供 IP 层对等体的互相身份认证和会话密钥的建立，并利用建立在 PKI 上的加密与签名技术实现 IP 层通信流量数据的保密性与完整性保护。

我国于 1998 年成立了第一家 PKI（中国金融 CA，CFCA），目前已有几千家 PKI 运营，可以分为区域类、行业类、商业类和内部自用类。随着互联网技术的推广和普及，各种安全敏感的网络应用如电子商务、电子政务、网上银行、网上证券交易等迅猛发展，如何保障这些应用的安全已成为互联网发展中需要解决的重要问题。PKI 很好地适应了互联网的特点，为网络应用提供了全面的安全服务，如认证、密钥管理、完整性和抗抵赖等，当今互联网已经离不开 PKI 的支持。

习　题

1．假设你收到一个 X.509 证书 C2 << Bob >>（由 C2 签名的 Bob 的证书），你的 CA 是 C1。PKI 使用的是 RSA 加密算法。

（1）什么是 PKI？简要说明 CA、RA 和终端实体之间的关系。

（2）你需要使用哪些证书来验证你收到的证书？

（3）你需要验证哪些内容?使用什么信息验证？

（4）简要描述你验证一个证书的流程。

（5）如果你（或你的系统）没有验证证书，你可能会面临哪些攻击？

2．讨论 PKI 的概念与应用，回答下列问题。

（1）什么是公钥？

（2）为什么公钥在实际应用中，密钥分发会遇到问题？PKI 系统是怎么解决这个问题的？

（3）什么是密钥的生命周期，简述公钥生命周期的各个阶段？

（4）PKI 系统提供哪些安全服务？它是如何提供这些安全服务的？

3．PKI 的基本组成，并简述每个部分的功能。

4．什么是 CRL，这种机制有哪些不足？

5．PKI 通过引入（　　）解决如何相信公钥与身份的绑定关系的问题。

　　A．数字签名　　　　B．密钥共享　　　　C．证书　　　　　　D．SET 协议

6．不属于 PKI 系统的组件是（　　）。

　　A．认证服务器 AS　　　　　　　　B．CA

　　C．RA　　　　　　　　　　　　　D．证书发布系统

7．不属于 PKI 系统的典型信任模型是（　　）。

　　A．网状结构信任模型　　　　　　B．层次结构信任模型

　　C．交叉认证　　　　　　　　　　D．社交网络信任模型

8. 关于层次结构信任模型，描述不正确的是（　　　）。

    A．根 CA 为它的每个孩子节点 CA 签发证书

    B．要维护层次结构，需要在每个 CA 节点上，保存前向证书和后向证书

    C．根 CA 有一个自签名证书

    D．对于终端实体，仅需要信任给它签发证书的 CA 或该 CA 的父节点 CA

9. 以下说法不正确的是（　　　）。

    A．交叉认证包括单向交叉认证和双向交叉认证

    B．RA 可作为层次结构信任模型的叶子节点

    C．无论是层次结构信任模型还是交叉认证，要完成证书的验证，都需要通过证书链上的所有证书的签名验证

    D．交叉认证时可能会有路径长度约束

10. 以下说法不正确的是（　　　）。

    A．没有到期的证书不会被提前注销

    B．CA 有时会发布分段 CRL

    C．CA 有时会发布增量 CRL

    D．CRL 可以通过 HTTP 方式发布

第 8 章 身份认证

🔓 8.1 身份认证的基本概念

身份认证（Authentication）的定义：宣称方（Claimant）向验证方（Verifier）出示证据，证明其身份的交互过程，在这个过程中至少涉及两个参与方。身份认证是一种协议，在身份认证中有一个协议交互的过程，和我们之前讨论的加密这种静态操作不一样，通过通信双方的交互可以完成对通信一方或双方的身份认证。例如，现代生活中使用的 IC 卡和门禁系统，刷卡过程实质上是一种身份认证，IC 卡和门禁系统的读卡器之间的交互过程中需要识别和认证 IC 卡所标识的身份，在身份得到确认后获得相应的授权（是否有权限进门）。

身份认证分为单向（Unilateral）认证和双向（Mutual）认证。单向认证是指身份认证只是完成对一方的认证；双向认证是指身份认证完成了对交互双方的认证。

注意，身份认证和报文鉴别的区别：①报文鉴别是静态的，把报文鉴别的"凭据"（如报文鉴别码）附加在报文之上，而身份认证是动态的（协议交互的过程）；②身份认证和时间相关，具有实时性。

由于报文鉴别可提供证实发送方身份的服务（见第 4 章），故而报文鉴别可以作为基本方法，用于设计身份认证协议。身份认证需要保证用于身份认证的报文的"鲜活性"，因为身份认证是实时发生的。为了理解"鲜活性"，举个例子：假设用户要登录一个服务器，需要输入用户名和口令（Password），如果用户每次输入的口令都是一样的（和时间无关），那么这种协议很容易遭到重放攻击。重放攻击是指：攻击者不需要破解知道发送方发送的口令具体是什么内容，只需要简单地将发送方发送过的口令重复发送一遍即可完成身份认证。由于重放攻击的存在，身份认证必须保证用于身份认证的报文的"鲜活性"，即保证每次用于身份认证的报文都不一样。

研究身份认证时，我们关注的最主要威胁是重放攻击。因为身份认证协议往往通过对报文加密作为认证的凭据，在分析身份认证协议的时候，总是假设底层的加密是足够安全的，即攻击者无法通过攻破加密算法破坏身份认证协议。本章会把重点放在寻找协议本身的漏洞上，如通过在交互过程中删除、替换、增加某个报文等方式，造成身份认证协议错误。

身份认证常基于以下 3 种方式：①宣称方所知道的某个秘密，如口令、身份识别码（Personal Identification Number，PIN）、密钥等；②宣称方拥有设备或信物，如 IC 卡、信物（Token）等；③宣称方继承的独一无二的生物特征（Biometrics），如人的指纹、人脸、虹膜等。

其中，第 3 种方式只有在宣称方是生物个体时才能使用，其原理主要是根据验证方扫描得到的生物特征图片，从中提取纹理等特征，并计算其哈希值之后保存起来，认证的时候计算宣称方实时发送的生物特征，将对应的哈希值和保存过的哈希值进行比较，若一致，则认证通过。

本书主要讲解前两种方式，即怎么通过宣称方知道的秘密和持有设备进行身份认证，现代技术将二者合二为一了。因为无论是何种秘密，其大多数情况下都可被表示为一段有限长度的字符串或二进制序列。其中，相对短的秘密是容易被记忆的，典型的如宣称方的生日、电话等信息；相对长的秘密（无规律、看似随机）很难被记忆，如密钥等，现代技术常把这种秘密用硬件保存。例如，IC 卡中存放着密钥，对 IC 卡进行身份认证的原理基于其存放的密钥设计的认证协议，这实质上是把秘密和设备合为一体了。

PIN 与密钥的关系：用短的 PIN（容易记忆的）锁住长的密钥，提供两级安全保护。在实际应用中，PIN 和密钥是配合使用的，其中真正有安全意义的是密钥，PIN 可以进行短期保护。例如，网络银行使用的 USB-Key 设备，里面存放着用户的私钥，用户需要提供 PIN（第 1 级安全保护）才能使用 USB-Key 设备中的私钥与网络银行进行身份认证（第 2 级安全保护）。假使 USB-Key 设备丢失，被攻击者拿到，他也需要 PIN 才能完成身份认证。PIN 相较私钥来说短得多，提供的保护能力有限，但可以提供一个短窗口期供丢失 USB-Key 设备的用户注销已丢失的私钥。

🔓 8.2 基于口令的身份认证

8.2.1 基于口令的身份认证的一般过程

我们经常用到基于口令的身份认证，其典型应用场景包括用户（宣称方）和计算机系统（验证方）两方，一般过程包括两个阶段：初始化阶段和身份认证阶段。

1）初始化阶段

用户首先选择一个口令，计算机系统计算口令的哈希值，并把哈希值存放在该口令文件里面。为什么不直接存原始口令，而存口令的哈希值呢？这是因为，如果口令是明文存放的，一旦口令文件被攻击者窃取，这个系统中的所有用户的口令全部会被泄漏出去，为了避免这种安全漏洞，口令一般经过哈希之后存放。在 UNIX 系统中，口令存放在 password 文件里面。在 Web 系统中，口令一般存放在数据库里面。数据库表中有专门的 password 字段用于存放口令的哈希值，但有一些 Web 系统不遵守规定，没有经过哈希就直接存放，发生过口令批量泄漏的事件。

2）身份认证阶段

初始化阶段完成后，进入身份认证阶段，用户登录系统输入口令，计算机系统同样计算该输入口令的哈希值，和初始化阶段中存放在口令文件里的哈希值进行比较，若比较结果一致，则说明口令匹配成功，身份认证通过。

基于口令的身份认证是一种弱的认证方法，主要体现如下：口令在相当长的一段时间内固定，易于遭受重放攻击；口令明文存放或经过哈希之后存放，一旦口令文件丢失，很可能被攻击者破解。往往采取措施避免设置弱口令，如设置口令构成规则（要求含字母、数字，最小长度等）；加盐（Salt）提高字典攻击的穷举空间，这点我们会在后面的章节中详细说明。

在 UNIX 系统中，password 文件存放在/etc 目录下。在早期的 UNIX 系统中，当一个用户创建或更改口令时，计算机系统会将口令的哈希值写入 password 文件。

在图 8.1 中，每个用户记录都有 7 个字段：Username（用户名）、password（哈希存放的口令）、UID（用户 ID）、GID（用户所在组 ID）、USERINFO（用户信息）、HOME（家目录）、SHELL（用户使用的 shell）。在初始化阶段，计算机系统将用户口令的哈希值填入该用户记录的 password 字段。

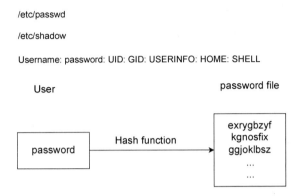

图 8.1　UNIX 口令存放示例

早期的 UNIX 系统中只有一个 password 文件，但是很多用户都有这个文件的访问权限，后期的 UNIX 系统在/etc 目录下面新增加了一个影子（shadow）文件，在 shadow 文件中存放真正的用户口令的哈希值，password 文件中仅存放用户账号信息，没有口令，shadow 文件有更高的访问权限。

对基于口令的身份认证有以下典型的攻击手段：①重放攻击（因为口令一般在一段时间内固定）；②穷举攻击，8 个字符的口令相当于 40～50 比特的穷举空间；③字典攻击，可分为在线字典攻击与离线字典攻击，这也是对基于口令的身份认证威胁比较大的攻击手段。

8.2.2　字典攻击与 UNIX 口令

口令字典是预先生成的一个文件，这个文件中包含最有可能作为口令的字符串，如名字、生日、日常用语等。对比穷举攻击（主要采用随机的字符串匹配口令），字典攻击会用字典文件内的字符串进行匹配，这样匹配成功的概率更大，攻击效率更高。相比穷举攻击，字典攻击压缩了口令字符串的搜索空间，使速度更快。而且，口令字典一旦生成，就可以在攻击者之间共用，攻击成本很低，只要生成一次即可反复使用。

1. 在线字典攻击

考虑 Web 站点登录的情形，攻击者从某字典文件的字符串中逐个匹配口令，假设该口令字典一共有 100 万个字符串，则每秒可以尝试 10 次（对于 Web 站点的测试速度是合理的）。那么字典攻击最坏的情况试完这 100 万个字符串需要 10 万秒，约等于 28 小时，口令匹配成功平均需要的尝试时间约为 14 小时。

在线字典攻击的防御：将口令设置成随机的，或者通过口令的构成规则避免设置弱的口令。如果口令是 6 个字符，规则要求包含大小写字母、数字、32 个标点符号，那么一共有 689869781056 种不同的组合，如果口令字符是随机组合的，假设每秒尝试 10 次，穷举攻击测试这些组合，找到匹配的口令平均需要的时间约为 1093 年。

2．离线字典攻击

攻击者先建立离线的字典文件，字典文件的每个词条都包含两项，常见的作为口令的字符串和该口令计算得到的哈希值（注意，哈希函数是公开的）。第一次计算该字典文件时需要一定的计算量成本，但是字典文件一旦生成，就可以在攻击者之间共享。对于一个特定的系统如 UNIX，其采用的哈希算法是一样的，这意味着所有安装 UNIX 系统的机器都可以用一个字典文件攻击。离线字典文件示例如表 8.1 所示。

表 8.1　离线字典文件示例

口令	口令的哈希值
password1	$H($password1$)$
password2	$H($password2$)$
password3	$H($password3$)$
...	...

回顾前面的章节，我们知道哈希函数具有单向性，即从口令的哈希值去逆向推算其口令在计算上是不可行的，这也是口令文件存放口令的哈希值而不是原始口令的原因。但是生成离线字典文件之后，攻击者可以在字典文件里面查找口令文件中存放的哈希值，以获得其对应的原始口令。由于存在哈希碰撞，有可能找到对应哈希值相同的不同口令字符串，但是这反而可以缩小穷举空间。总结一下离线字典攻击：攻击者首先建立字典文件，然后窃取用户的口令文件，最后在字典文件中查询口令文件中的哈希值所对应的原始口令。

3．加 Salt 防御离线字典攻击

下面以 UNIX 系统为例来讨论加 Salt 的方法，所谓的 Salt 是指基于系统时钟、使用加密技术生成的随机数（见第 5 章）。UNIX 标准口令哈希函数是使用改造的 DES 算法，将 DES 算法的输入明文固定为 64 比特 0，则 DES 算法变为输入是密钥的一个哈希函数。对 DES 算法的其他修改还包括轮次由 16 轮改为 25 轮、修改 DES 扩展函数等。

在图 8.2 中，当用户设置口令时，提取当前系统时钟，用 PRNG 算法产生该口令对应的 Salt，用密钥对常量明文进行加密得到口令明文与 Salt 的哈希值：$H($口令明文$\|$Salt$)$，其中密钥由口令明文和 Salt 两个部分组成。最后，将哈希值 $H($口令明文$\|$Salt$)$ 编码成一个 13 个 ASCII 字符的口令哈希值字符串输出，其中有两个字符是该口令对应的 Salt（注意，Salt 也被存放在 password 字段中）。图 8.2 给出的一条 UNIX 用户口令记录示例如下：

ljt:fURfuu4.4hY0U:129:129:Fudan_U:/home/ljt:/bin/csh

示例中的用户记录行包含用户名（ljt）、password 字段，即 13 个 ASCII 字符的口令哈希值字符串（fURfuu4.4hY0U）、用户 ID、组 ID 等用户信息，一共 7 个字段，字段之间用 "：" 隔开。

在身份认证阶段，当用户输入口令时，UNIX 系统从对应的用户记录行中将 password 字段中的 Salt 和用户输入口令一起作为哈希函数（改造后的 DES 算法）的密钥输入，得到的哈希值和用户记录行中 password 字段的 "口令哈希值字符串" 进行比较，若一致，则身份认证通过。

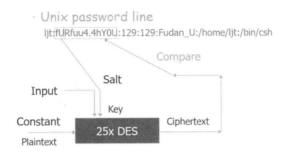

图 8.2　加 Salt 之后的加密过程

加 Salt 可以增加字典攻击的穷举空间，如果不加 Salt，则所有 UNIX 主机使用相同的哈希函数，攻击者对字典文件里的口令字符串只需计算一次哈希值，离线字典文件可以在攻击者之间共用。使用加 Salt 方法，同样的口令产生不同的哈希值，一个口令字符串的哈希值最多有 2^{12} 种不同的输出，这样攻击者没有办法事先计算好离线字典或字典的词条规模需要增加约 2^{12} 倍。当今的口令系统使用如 SHA-256 等更强的哈希函数。

8.2.3　动态口令

为了解决基于口令的身份认证容易遭受重放攻击的问题，引入动态口令（One Time Password，OTP），每个口令仅使用一次。其基本思想是：事先共享口令序列，每次认证之后进行更新，当前期待的口令与前一个口令不一样。动态口令首先要解决的问题是如何实现口令序列的预先共享，几乎所有的方案都需要事先在认证双方之间共享口令序列，在身份认证的时候更新口令。

1. Lamport 动态口令

Lamport 动态口令于 1981 年提出，与基于口令的身份认证一样，Lamport 动态口令也分为初始化阶段和身份认证阶段，假设现在有宣称方 A 和验证方 Bob Server。

（1）初始化阶段。在图 8.3 中，A 基于一个秘密 w，使用哈希函数 h 计算出一组口令序列：$w, h(w), h^2 = h(h(w)), \cdots, h^t(w)$。Bob Server 仅知道 $h^t(w)$。

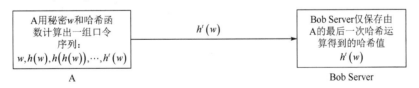

图 8.3　Lamport 动态口令的初始化阶段

（2）身份认证阶段。初始化后 Bob Server 仅知道 $h^t(w)$，那么只有 $h^{t-1}(w)$ 做哈希运算才能得到 $h^t(w)$，所以第 1 次认证时 A 需要给 Bob Server 提供 $h^{t-1}(w)$ 作为口令，认证通过之后，Bob Server 会丢弃原来保留的 $h^t(w)$ 用 $h^{t-1}(w)$ 替代。依次类推，在进行第 i 次认证时，Bob Server 保留的哈希值为 $h^{t-i+1}(w)$，A 提供给 Bob Server 的口令为 $w_i = h^{t-i}(w)$，认证通过之后，Bob Server 将丢弃 $h^{t-i+1}(w)$ 并保存 $h^{t-i}(w)$，如图 8.4 所示。

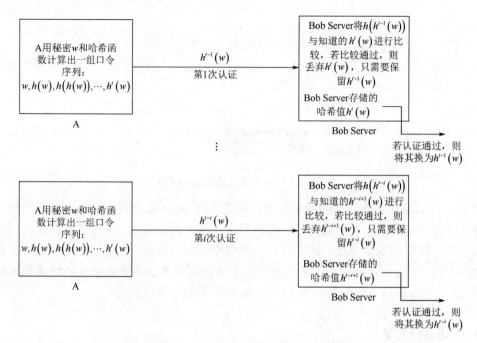

图 8.4　Lamport 动态口令的身份认证阶段

Lamport 动态口令实际上就是利用哈希函数的单向性，首先用哈希算法生成一系列口令序列，把最后一个口令发给 Bob Server，攻击者即便得到这个口令，由于哈希函数的单向性，想要求解原始口令也是不可行的。假设在第 i 次认证时，A 发送给 Bob Server 的口令 $h^{t-i}(w)$ 被攻击者窃取了，攻击者下一次想要利用重放攻击通过认证是不可行的，因为这时候 Bob Server 保留的哈希值是 $h^{t-i}(w)$，只有口令 $h^{t-i-1}(w)$ 才会通过认证，由于哈希函数的单向性，用 $h^{t-i}(w)$ 无法得到 $h^{t-i-1}(w)$。

2. 动态口令的安全性分析

除了 Lamport 动态口令，还包括 RSA 公司提出的动态口令牌等。动态口令可以防止重放攻击，但是不能防止预先播放攻击（Pre-Play Attack）。如果能提前获得 A 的秘密 w，则攻击者可以顺向生成一系列后续的口令进行身份认证，或者攻击者假冒 Bob Server 让 A 把尚未使用的口令序列提前发给自己。另外，有些动态口令设置了口令更新的时间窗口（每隔 1 分钟或 30 秒更新一个口令），然而在这个窗口之内仍然会遭受重放攻击。

动态口令的缺点：预先计算（共享）的口令序列使用完毕之后，需要重新设定秘密 w 并进行初始化，初始化的开销是很大的；不支持双向认证，无法确定口令是否提交给了合法的 Bob Server。

🔓8.3　口令猜测攻击

文本口令具有易于实现、便于更改、部署相对简单等特点，已成为目前最流行的身份认证方式之一。然而，除了 8.2 节讨论的基于口令的身份认证的缺点，口令的安全性还受限于以下现象：人脑能力有限，只能记忆约 5～7 个字符的口令，用户不可避免地使用低信息熵的弱口令；用户口令通常便于用户记忆，存在某种规律性；用户倾向于在多个网站中重用同一口令或相似的口令。

因此，口令一直被认为是身份认证中安全性薄弱的一环。在 2000—2008 年，相关研究大多集中于揭示口令的弱点，从口令无法抵抗离线猜测攻击、口令过期策略无法保证更新后的口令的不可预测性等方面论证了口令认证技术的不可持续性，表明口令在身份认证领域无法担当主要角色。2004 年，比尔·盖茨曾对外宣告口令将消亡，微软公司将使用多因子认证替代纯口令认证，同时，各种各样替代性的身份认证方案（如图形认证、生物认证、多因子认证等）相继提出。然而，尽管人们做了各种努力代替口令的使用，但是时至今日，口令在各界的地位不仅没有被撼动，反而在越来越多的信息系统应用中得到了加强。目前仍然没有任何一种替代性方案能像文本口令一样部署简单且方便使用。在可预见的未来，文本口令仍然是最主要的身份认证方式之一。

8.2 节提到，在字典攻击时尝试使用攻击者字典中的可能口令，有助于提高口令匹配成功的概率和攻击效率。口令猜测为构建、扩充攻击字典及决定尝试的攻击口令顺序提供了方法。随着口令猜测的不断提出和优化，口令面临的安全风险不断加剧。关于口令猜测攻击的研究是口令安全性的核心方向之一，具有重要的现实意义。

8.3.1　口令猜测攻击的类型

1．是否需要与服务器交互

依据攻击是否需要与服务器交互，口令猜测攻击可分为在线攻击和离线攻击。在线模式下，攻击者必须使用和用户应用程序相同的登录入口，将明文口令发送到网站进行试探；而离线模式下，攻击者将获取的口令哈希值保存到本地，能够进行不受约束的破解尝试，这需要攻击者窃取口令文件，并且判断口令的哈希算法（通常口令经哈希后传输与存储）。

2．是否利用用户个人信息及是否针对特定用户对象

根据攻击过程中是否利用用户个人信息及是否针对特定用户对象，口令猜测攻击可分为漫步攻击和定向攻击。漫步攻击是指攻击者不关心具体的攻击对象是谁，其唯一目标是在允许的猜测次数下，猜测尽可能多的口令，更关注整体口令集或某用户群体口令分布。因此，攻击者会选择攻击字典中流行度排名高的口令优先进行攻击；而定向攻击的目标是特定的用户对象，尽可能快速地猜测出其在给定服务（如某网络应用）上的口令。因此，攻击者往往会利用攻击对象的个人信息及其在其他服务上（已泄露）的口令进行猜测。

3．原理

根据攻击的原理不同，口令猜测攻击可分为基于规则的方法、基于统计学模型的方法和基于深度学习的方法。

（1）基于规则的方法，通过人为制定规则变换，对字典中的单词（猜测的口令字符串）执行相应的规则变换来扩展猜测样本。著名的口令破解工具有 HashCat 和 John the Ripper。

（2）基于统计学模型的方法，增加了口令猜测攻击的系统性和理论性，形成了以 Markov 模型和概率上下文无关文法（Probabilistic Context-Free Grammar，PCFG）模型为代表的概率

攻击模型，在此基础上，许多研究者陆续提出了一系列改进方法。例如，在 2017 年，以 Zipf 定律为基础的口令分布理论模型被提出，并指出大规模真实口令集及通过 Markov 模型和 PCFG 模型生成的口令猜测集的口令分布服从 Zipf 定律，为基于统计学模型的方法提供了理论支持。

（3）基于深度学习的方法，Melicher William 首次尝试使用循环神经网络（Recurrent Neural Network，RNN）进行口令破解，给出了构建和训练神经网络进行口令猜测的有效实施。Hitaj Briland 首次提出利用生成式对抗网络（Generative Adversarial Networks，GAN）来破解口令，其将模型命名为 PassGAN。汪定将传统 PCFG 模型和 RNN 相结合，提出了新的 PR（PCFG + RNN）模型，提升了口令的破解效率。Pal Bijeeta 提出了口令相似度生成模型 pass2path，通过使用深度学习给出了目前最有效的定向口令猜测方法。Pasquini Dario 对 PassGAN 进行了稳定性改进，并提出了基于深度学习的子串猜测和动态猜测框架。

8.3.2 基于规则的方法

早期的口令猜测算法基本都是漫步攻击算法，且没有严密的理论体系，很大程度上依靠零散的"奇思妙想"。HashCat 和 John the Ripper 是两个针对口令哈希破解的常用工具，它们将字典中的词汇直接或通过"精心设计"的规则变换作为猜测口令集，如将"password"变为"pas5w0rd"，从而扩展猜测样本，构造独特的猜测口令集。

当前，基于规则的方法非常有效但是有限，它需要人工制定变换规则，因而猜测效果在一定程度上受限于个人经验。熟练的安全专家能够对规则进行编码，从而以较少的猜测次数和高破解率生成正确匹配。然而，基于规则的方法只能生成有限的、相对较小的猜测口令集。

8.3.3 基于统计学模型的方法

1. Markov 模型

Markov 模型于 2005 年被首次提出使用进行口令猜测，随后出现了一些基于 Markov 模型的进一步研究，如利用平滑技术补偿过拟合问题、利用正规化技术使得攻击算法所生成的猜测的概率总和始终为 1。

Markov 模型的核心思想是，根据统计信息由前文推测后一个字符的概率（用空间换时间）。Markov 模型的核心假设是用户构造口令按照从前向后的顺序进行。

（1）Markov 模型的阶。n 阶 Markov 模型要记录全部长度 $\leqslant n$ 的字符串后面跟的 1 个字符的概率。例如，在 4 阶 Markov 模型中，口令 xyzabc 需要记录首字母是 x 的概率、x 后面是 y 的概率、xy 后面是 z 的概率、xyz 后面是 a 的概率、xyza 后面是 b 的概率、yzab 后面是 c 的概率。Markov 模型的阶数越高，条件概率的"条件"就越具体（例如，5 阶 Markov 模型需要记录 xyzab 后面是 c 的概率），并且需要占用更多的空间。

（2）训练和猜测口令集的生成。在 4 阶 Markov 模型下，口令 xyzabc 的概率计算如下：

$$P(xyzabc) = P(x) \times P(y|x) \times P(z|xy) \times P(a|xyz) \times P(b|xyza) \times P(c|yzab)$$

其中，$P(x|a) = \dfrac{\text{字符串a后面是字符x的概率}}{\text{字符串a后面是任意字符的概率}}$。

Markov 模型可分为训练和生成两个阶段：在训练阶段，根据上述计算概率的方法得到猜测口令的概率；在生成阶段，按概率递减排序获得一个猜测口令集。

2. Targeted-Markov 模型

Targeted-Markov 模型是基于漫步 Markov 模型的定向口令猜测方法，其基本思想是，攻击者使用某种个人信息（Personal Information，PI）用于口令的可能性等价于人群中使用这种 PI 用于口令的比例。该算法在原本运行漫步 Markov 模型生成猜测集的基础上，同时产生包含 PI 类型的"中间猜测"，将"中间猜测"的 PI 类型替换为被定向攻击的对象相应的 PI 信息。该算法应用了用户的人口学相关信息（姓名、生日等），相比于漫步 Markov 模型在在线猜测方面具有明显优势，有研究表明，当在线字典攻击的尝试次数为 10 和 1000 时，Targeted-Markov 模型比漫步 Markov 模型的匹配成功率高出 412% 和 740%。

3. PCFG 模型

PCFG 模型是基于概率上下文无关文法的口令猜测模型，其核心假设是：用户在设置口令时通常不会使用随机的字符序列，口令可以被划分为相互独立的段（字母段 L、数字段 D、特殊字符段 S）。PCFG 模型的核心思想是：将口令表示为段的标签，每个标签后的数字表示长度。例如，"password123@"被替换成"L8D3S1"，被称为该口令的模式。

在训练阶段，运用类似 Markov 模型的方式进行训练口令模式，如"L8D3S1"的概率可计算得到 $P(S \rightarrow \text{L8D3S1})$，在生成阶段，进一步计算得到：

$$P(\text{password123@}) = P(S \rightarrow \text{L8D3S1}) \times P(\text{L8} \rightarrow \text{password}) \times P(\text{D3} \rightarrow 123) \times P(\text{S1} \rightarrow @)$$

通过上述方式计算每个口令的概率，并按照从高到低的顺序排列得到一个概率递减的口令猜测集。

8.3.4　基于深度学习的方法

1. 使用 RNN 进行口令猜测

RNN 是一种人造神经网络，其中单元之间的连接形成定向循环。RNN 是由一系列结构相同的神经元构成的，每个神经元内部都有一个记忆状态，在处理序列数据时，输入不仅有序列数据，还有上一个时刻的记忆状态。图 8.5 展示了 RNN 在时间上的展开。与前馈神经网络不同，RNN 可以使用其内部存储来处理任意输入序列，使得它们适用于自然语言处理领域中的广泛应用，如文本预测、语义分析等。

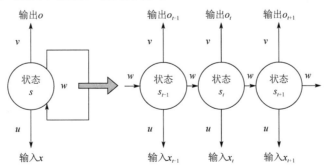

图 8.5　RNN 在时间上的展开

传统 RNN 存在长时依赖问题，即在文本过长的情况下，模型的训练能力下降。长短期记忆网络（Long Short-Term Memory，LSTM）是一种特殊的 RNN。与 RNN 不同的是，LSTM 可以依靠"门"结构控制遗忘或记忆上一时刻的部分信息，从而解决长文本导致的长时依赖问题。但是对于口令数据，一个口令的长度最长一般不超过 16，并不会存在明显的长时依赖问题，所以由 RNN 和 LSTM 组成的模型在口令猜测上的差异不大。

RNN 已被证明在生成新序列方面非常有效，这表明它们非常适合生成口令猜测。Melicher 等人通过 RNN 生成攻击口令的方法在很大程度上借鉴了以前基于概率的工作。他们设计模型的基本思想是，神经网络被设计为"根据上文产生下文"。在图 8.6 中，根据输入的"ba"字符串预测产生的单词为"bad"的可能性。根据此原理生成概率高于限定阈值的口令并排序，类似马尔可夫模型中使用的方法。

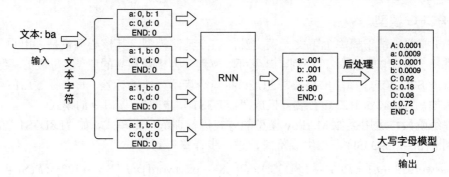

图 8.6　使用 RNN 进行口令猜测的基本思想

该模型专注于字符级的字母大小。此外，在标记化结构下，可以与字符相同的方式表示单词，Melicher 等人标记并选择了 2000 个最常见的单词来生成标记列表。为了减轻对所有字符进行建模的负担，某些字符（如大写字母和稀有符号）在 RNN 之外可以更好地建模。例如，当 RNN 预测一个"A"字符时，在后处理（Post-Processing）阶段根据"a"和"A"的出现次数分配它们各自的概率（使用启发式方法可以有效地模拟大小写字母的转换），从而减少资源消耗。

2．将 PCFG 和 RNN 相结合

PR 模型是 PCFG 和 RNN 的结合，该模型的核心思想是：把口令按照传统的 PCFG 规则分割成段的形式，通过 RNN 对口令结构段进行训练，输出结构化形式的口令概率，如 $P(S\text{->}L8D3S1)$，对结构化形式口令的段进行填充，从而生成猜测口令。

PR+模型优化了 PR 模型对段填充的方式，将原先使用训练集中频数高的字符串作为填充内容，改为通过 RNN 生成填充内容，从而优化了有限的训练集不能产生不存在于训练集中填充内容的缺陷。PR+模型架构如图 8.7 所示。

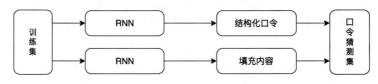

图 8.7　PR+模型架构

3．定向口令猜测

撞库（Credential-Stuffing）攻击指的是攻击者通过收集互联网上已泄露的用户账户信息，生成对应的字典表，利用部分用户相同的注册习惯（使用相同的用户名和密码），尝试登录其他网站或应用，以获取新的可利用账户信息。

上文提到，基于 Markov 模型的定向攻击猜测算法主要利用用户个人相关信息。而用户在其他网站泄露的口令也可以被攻击者利用进行定向攻击，这种攻击的危害往往比基于人口学相关信息的攻击更加严重。据此提出问题假设：给定一个用户和他的已泄露口令，应该如何对其未泄露口令的账号进行定向攻击？作为对比，引用简单的非定向模型（Untargeted）：猜测口令集按流行度从高到低排序，攻击目标时，从流行度最高的口令开始尝试，直到攻击成功，不管被攻击的目标是谁。

Pal Bijeeta 通过引入口令相似度生成 pass2path 模型，提出了一种新的定向口令猜测方法。pass2path 模型基于神经网络的方式，使用已泄露的用户数据（邮件-密码对）进行训练。训练的结果是一个由一系列规则组成的模型，这些规则来源于训练集中的每个用户的不同口令，每个规则表示从一个口令转换到另一个口令的过程（相当于编辑距离的计算）。训练完成后，给定已泄露口令和猜测口令，pass2path 模型将输出它们的相似度（通过计算两个口令的最小编辑距离），从而有效生成对特定对象的口令猜测攻击序列。

4．使用 CAN

GAN 通常由神经网络生成器 G 和辨别器 D 组成，G 通过学习真实数据的分布产生新的数据，D 判断数据是来源于 G 还是来源于真实数据。两个网络以相互对抗的方式共同进步，直到难以区分 G 产生的数据和真实数据。2019 年，Hitaj 等首次提出利用 GAN 进行口令猜测，将模型命名为 PassGAN。

PassGAN 提出了一个新的观点：口令猜测技术之间更值得关注每种技术可以生成的匹配数量，而不是生成这些口令的速度。这个观点的提出，一是基于 PassGAN 可以和 HashCat 等工具有效结合，优先使用快速工具的全部尝试，使用更加全面的 PassGAN 继续生成新的匹配；二是随着存储技术的提升，生成口令可以被大量存储（8TB 硬盘可以存储大约 10^{12} 个口令猜测）。

相比于 RNN，GAN 大多用于图像生成。在图像生成方面，其结果并不需要非常精细，允许存在一些偏差。而在口令猜测上，偏差将使生成的猜测口令集无法和实际口令集匹配。Hitaj 等提出利用 GAN 进行口令猜测，是因为这种方法具有显著的优点。

（1）不需要人工设置规则，不依靠先验知识。

（2）PassGAN 可以输出几乎无限数量的口令猜测。实验表明，PassGAN 匹配的数量随着生成的口令数量稳步增加。

（3）实验表明，PassGAN 匹配的口令与基于规则的方法生成的口令重合度低，因此 PassGAN 的口令猜测集能够有效地结合如 HashCat 等工具产生的口令测试集。相比于单独使用 HashCat 这样有效而有限的规则工具，结合二者输出结果能够猜测出 51%～73%的额外唯一口令。

PassGAN 的主要缺点：相同的口令猜测数量 PassGAN 的破解率低于上述的 Markov、PCFG、RNN、PR 等模型。一方面，PassGAN 生成的口令猜测集没有进行排列，因此当猜测数量较小时，按照概率排序的口令猜测集效果更好；另一方面，PassGAN 受限于文本生成的稳定性。

🔓 8.4 质询与应答认证技术

从本节开始，将讲解基于密码的身份认证技术，包括质询与应答（Challenge-Response）认证技术、Needham-Schroeder 协议、Kerberos 协议。按照其安全性强弱及参与方数量，身份认证协议可以做以下分类。

（1）弱的身份认证：基于口令、PIN 等，容易遭受重放攻击；动态口令可以防止重放攻击，基本上保证了用于身份认证的报文的"鲜活性"，是一种半强的身份认证方案。

（2）强的（基于密码技术的）身份认证：质询与应答认证技术等。

（3）基于可信第三方的身份认证（不但实现了身份认证，还解决了密钥分发问题）：Needham-Schroeder 协议、Kerberos 协议等。

质询与应答认证技术的基本逻辑。

假设 B 要完成对 A 的身份认证：身份认证基于 A 所知道的某个秘密（如密钥），首先 B 发送给 A 一个随机数 challenge，A 收到 challenge 之后对其做某种变换，得到 response 报文并发送回去，最常见的做法就是用 A 的秘密（如密钥）直接对 challenge 进行加密得到 response 报文。response 报文同时依赖 challenge 和 A 所知道的这个秘密，B 收到 response 报文后，可以验证得知"A 是知道这个秘密的"，从而认证 A 的身份。

在有些协议中，上述 challenge 也被称为 Nonce（Number used ONCE），challenge 可能是明文传输，也可能是密文传输。A 生成的 response 报文的典型变换如下：A 用密钥加密，说明 A 知道这个密钥；有时会对 challenge 做简单运算，如先加 1，再加密。

质询与应答认证技术相对简单（构成协议的报文数量少），其重要性在于它是构造更复杂的交互式认证协议的基本组件。

质询与应答认证技术的基本原理是利用报文鉴别中的加密报文（第 4 章）设计交互协议以实现身份认证，主要包括以下两种方式。

（1）使用对称密钥：对称密钥加密、报文鉴别码。

（2）使用公钥：数字签名。

8.4.1 对称密钥实现质询与应答认证技术

1. 基本思想

在图 8.8 中，假设 Alice 与 Bob Server 事先共享对称密钥 K_A，此时 Alice 要向 Bob Server 证明自己的身份。

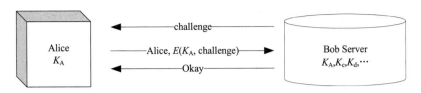

图 8.8 对称密钥实现质询与应答认证技术的基本思想

Bob Server 首先给 Alice 发送一个随机数 challenge；Alice 收到 challenge 之后用对称密钥加密得到 $E(K_A, \text{challenge})$，将其发送给 Bob Server；Bob Server 得到这个密文后用对称密钥 K_A 解密，如果能够得到刚刚发送过的 challenge，则认证成功。使用随机数的原因是保持每次身份认证的报文的"鲜活性"，防止重放攻击。

2. 基于对称密钥的单向身份认证

（1） $\text{Bob} \rightarrow \text{Alice}: r_B$。

（2） $\text{Alice} \rightarrow \text{Bob}: E_K(r_B, B)$，$K$ 是 Alice 和 Bob 共享的密钥。

Bob 收到后检验 r_B 是否是它刚刚发送给 A 的随机数 challenge，同时检验标识"B"。报文中的"B"标记了报文的方向，是为了防止反射攻击（Reflection Attack）。r_B 要求不能重复，并且是随机的，这是为了防止重放攻击。

所谓反射攻击是指：攻击者 I(A) 假冒 Alice 的身份在两个方向上使用相同的协议获得虚假的认证结果，也就是说，I(A) 用 Bob Server 对自己这个方向的 challenge 去质询 Bob。参考表 8.2 的反射攻击示例，攻击者 I(A) 声称自己是 Alice，Bob 质询 I(A) 给其发送一个随机数 r_B，I(A) 反过来用这个相同的数 r_B 质询 Bob，由于 Bob 傻瓜式地执行认证流程（注意，在对认证协议攻击时，往往假设参与方简单地按协议动作），Bob 会返回给 I(A) 用 Alice 和 Bob 共享的密钥 K 加密的密文 $E_K(r_B)$，I(A) 将 $E_K(r_B)$ 应答给 Bob，由于采用对称密钥，即让 Bob 误以为 I(A) 的身份是 Alice。

表 8.2 反射攻击示例

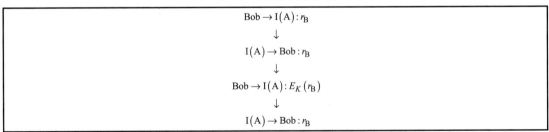

除了验证方指定随机数的方式，还可采用基于时间戳的隐式质询（Implicit Challenge）方式，即使用时间戳作为随机数，可以实现减少一条质询报文的认证协议。

（1） $\text{Alice} \rightarrow \text{Bob}: E_K(T, B)$，$T$ 为 Alice 本地时钟当前的时间戳。

Bob 解密后检验时间戳 T 是否可以接收：设 Clock 表示 Bob 收到 Alice 发送的报文时的本地当前时间戳，Δt_1 表示网络延时，Δt_2 表示时钟误差，如果 $|\text{Clock} - T| < \Delta t_1 + \Delta t_2$，则可完成认证。参数 B 是为了防止反射 $\text{Bob} \rightarrow \text{Alice}$ 方向同样的协议报文；事实上，随机数和时间戳的目的都是保证身份认证的报文的"鲜活性"。

3．基于对称密钥的双向身份认证

（1）Bob → Alice：r_B。

（2）Alice → Bob：$E_K(r_A, r_B, B)$。

（3）Bob → Alice：$E_K(r_A, r_B)$。

与单向身份认证不同的是，双向身份认证增加了 Alice 对 Bob 的 challenge，由于只有 Alice 和 Bob 知道双方共享的对称密钥，所以除了 Alice，只有 Bob 可以从密文 $E_K(r_A, r_B, B)$ 中解密得到 r_A，用密钥 K 加密 r_A 和 r_B，得到 $E_K(r_A, r_B)$，将该 response 报文发送给 Alice 完成认证。

4．对称密钥实现质询与应答认证技术的不足

使用对称密钥要求参与方事先完成密钥的共享，随着认证协议使用规模增加，可扩展性（Scalability）是个问题。由于参与认证的任意两方均需要不同的对称密钥，在小的、封闭的系统里，可以实现密钥的事先共享；但是在大规模、分布式的环境中，实现密钥共享变得困难。假设采用 C/S 通信模型，如图 8.9 所示，随着 Server 和 Client 数量的增加，密钥的分发和管理变得非常困难。因此，用对称密钥实现身份认证往往伴随着密钥交换，如 Needham-Schroeder 协议、Kerberos 协议。

图 8.9　C/S 通信模型

5．基于对称密钥的报文鉴别码的身份认证

用基于对称密钥的报文鉴别码同样可以实现身份认证。宣称方计算并发送 MAC = $h_K(M)$，其中 h 是 MAC 算法，M 是报文。验证方做下述检验：同样方向计算报文的 MAC 值，与收到的 MAC 值进行比对，若一致，则身份认证通过。经典的基于对称密钥的报文鉴别码的身份认证协议有 SKID2 和 SKID3。

单向认证——基于对称密钥的 MAC-SKID2。

（1）Bob → Alice：r_B。

（2）Alice → Bob：$r_A, h_K(r_A, r_B, B)$。

r_B 为 Bob 对 Alice 发送的质询 challenge，而 $h_K(r_A, r_B, B)$ 为 Alice 对自己产生的随机数 r_A、Bob 发送的 r_B、B 的名字（防反射攻击）计算的 MAC 值，与 r_A 一起构成 response 报文。

双向认证——基于对称密钥的 MAC-SKID3。

（1）Bob → Alice：r_B。

（2）Alice → Bob：$r_A, h_K(r_A, r_B, B)$。

（3）Bob → Alice：$h_K(r_A, r_B, A)$。

r_B、r_A 分别为 Bob 对 Alice 和 Alice 对 Bob 发送的 challenge，即两个方向的质询 challenge，而 $h_K(r_A, r_B, A)$、$h_K(r_A, r_B, B)$ 分别为 Bob 对 Alice 和 Alice 对 Bob 发送的用对称密钥计算的报文鉴别码。

8.4.2　公钥实现质询与应答认证技术

1．基于数字签名的单向身份认证

（1）Bob → Alice : r_B。

（2）Alice → Bob : $cert_A, r_A, B, S_A(r_A, r_B, B)$。

$cert_A$ 是 Alice 的公钥证书，r_A 是 Alice 产生的随机数，B 是 Bob 的名字，$S_A(r_A, r_B, B)$ 是 Alice 对 (r_A, r_B, B) 的签名。Bob 收到 response 报文后，对 Alice 身份进行验证的流程如下：Bob 拿到公钥证书里的 Alice 公钥（这需要 PKI 系统的支持），用该公钥验证 Alice 的签名，参数 B 用来标记报文的方向，防止反射攻击。注意，Alice 给 Bob 的 response 报文的签名中包含随机数 r_A，用于防止选择文本攻击（Chosen-Text Attack）。

还可以基于时间戳签名完成单向身份认证，这和对称密钥实现隐式身份认证类似，$Alice → Bob : cert_A, t_A, B, S_A(t_A, B)$，$t_A$ 表示 Alice 本地的时间戳，S_A 表示 Alice 用私钥对 (t_A, B) 签名。

2．基于数字签名的双向身份认证

（1）Bob → Alice : r_B。

（2）Alice → Bob : $cert_A, r_A, B, S_A(r_A, r_B, B)$。

（3）Bob → Alice : $cert_B, A, S_B(r_A, r_B, A)$。

在单向身份认证的基础上，增加了 Bob 对 Alice 的应答，验证时 Alice 用 Bob 公钥证书里的公钥验证 Bob 的签名，若验证通过，则完成认证。

3．质询与应答认证技术的标准化

国际标准化组织 ISO（International Standard Organization）和 IEC（International Electrotechnical Commission）已经标准化了若干质询与应答认证技术，被建议用作构造复杂认证协议的基本组件，如 ISO 基于对称密钥的双报文单向身份认证协议（ISO Two-Pass Unilateral Authentication Protocol）。

（1）Bob → Alice : $R_B \| Text1$。

（2）Alice → Bob : $R_B \| Token_{AB}$。

其中，$Token_{AB} = Text3 \| K_{AB}(R_B \| B \| Text2)$，Text1、Text2、Text 3 都是可选项，如果不选用，就是我们前面所述的基于对称密钥的单向身份认证。

8.5　Needham-Schroeder 协议

本节将讨论以质询与应答认证技术为基本组件实现的更复杂的认证协议——Needham-Schroeder 协议。Needham-Schroeder 协议是最著名的安全协议之一，是基于可信第三方的身份认证协议，1978 年首次公开发表，1981 年被发现有一定的缺陷，经过一系列改进之后，最终成为 Kerberos 协议的基础。将一个复杂协议，如 Needham-Schroeder，视为由简单质询与应答认证技术构造，并拆解为质询与应答报文来分析，是我们理解与分析相对复杂的协议的一种方法。

8.5.1 Needham-Schroeder 协议解决的问题

1. 对称密钥的分发问题

前面提到用对称密钥实现的质询与应答认证技术存在可扩展性方面的问题。因为要求在协议开始之前必须完成密钥的共享，要求身份认证协议的任意两个参与方之间事先共享不同的密钥，随着协议参与方数量的增加，密钥的分发和管理成了难题。

2. 解决思路：基于可信第三方的身份认证

某个参与方作为可信第三方，与其他参与方事先完成对称密钥协商。假设协议有 n 个参与方，没有可信第三方，需要事先共享 $n(n-1)/2$ 个对称密钥；若有可信第三方，则只要每个参与方事先与可信第三方共享一个对称密钥，即只需要 $n-1$ 个对称密钥。注意，这 $n-1$ 个对称密钥仅能实现每个参与方和可信第三方之间的身份认证和通信，除可信第三方外的其他任意两个参与方之间共享的对称密钥称为会话密钥，会话密钥在有通信需求的时候临时由可信第三方协商产生。在会话密钥协商分发过程中，参与协议的任意两个参与方之间也完成了对彼此的身份认证。

3. Needham-Schroeder 协议对话

Needham-Schroeder 协议是基于可信第三方实现对称密钥分发与身份认证的协议，在该协议中，可信第三方记作 Trent，又被称为密钥分发中心（Key Distribution Center，KDC）。Trent 可以服务于大量参与方，如图 8.10 所示，它与其他参与方事先共享对称密钥，这些密钥是相对长期的密钥。例如，Trent 与 A 的对称密钥 K_{AT}，Trent 与 B 的对称密钥 K_{BT} 等。

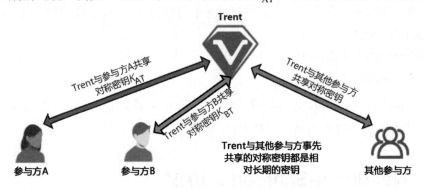

图 8.10　Trent 与其他参与方共享对称密钥

当某些参与方有通信需求时，如图 8.11 所示，Trent 生成随机数作为它们的会话密钥，并完成分发，如 K_{AB}。会话密钥是短期密钥（一次一密），仅对当前会话有效。

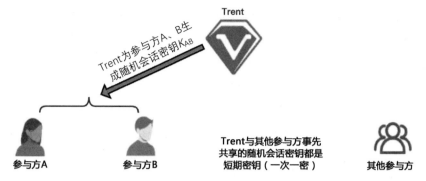

图 8.11　Trent 为其他参与方生成随机的会话密钥

使用 Trent 的服务，可以实现任意两个参与方之间的安全通信，而无须他们进行物理会面；他们可以运行 Needham-Schroeder 协议建立共享的会话密钥。会话结束之后，参与方甚至可以相互忘记对方，扔掉会话密钥。

8.5.2　Needham-Schroeder 协议的细节

1．Needham-Schroeder 协议提供的安全服务

考虑两个参与方 A 和 B 要进行通信的场景，协议前提包括参与方 A 和 Trent 有共享的对称密钥 K_{AT}，参与方 B 和 Trent 有共享的对称密钥 K_{BT}；协议运行后提供的安全服务包括：完成 A、B、Trent 相互之间的身份认证，Trent 为 A 和 B 建立新的共享的会话密钥 K_{AB}。

图 8.12 给出了 Needham-Schroeder 协议的报文交互过程，参与方 Trent、Alice 与 Bob 之间共交换了 5 个报文。

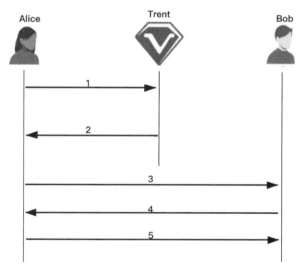

图 8.12　Needham-Schroeder 协议的报文交互过程

（1）Alice → Trent : $\{N_A, \text{Alice}, \text{Bob}\}$。Alice 产生一个随机数 N_A，发送报文给 Trent，该报文包含 Alice 的标识符、Bob 的标识符、N_A。

（2）Trent → Alice : $\{N_A, K, \text{Bob}, \{K, \text{Alice}\}_{K_{BT}}\}_{K_{AT}}$。Trent 收到 Alice 的报文后，产生一个

会话密钥 K，用 K_{BT}（Trent 和 Bob 共享的对称密钥）加密 K 和 Alice 的标识符，用 K_{AT}（Trent 和 Alice 共享的对称密钥）加密 N_A、K、Bob、$\{K, \text{Alice}\}_{K_{BT}}$，将得到的报文发送给 Alice。Alice 收到后用 K_{AT} 解密该报文得到 N_A，相当于 Trent 用这个报文完成了对 Alice 的应答，Alice 解密后还得到了会话密钥 K。注意，$\{K, \text{Alice}\}_{K_{BT}}$ 这部分报文 Alice 无法解密。

（3）Alice → Bob : Trent, $\{K, \text{Alice}\}_{K_{BT}}$。Alice 解密报文（2）后，检验 N_A、Bob 的标识符是否正确，检验成功之后将 $\{K, \text{Alice}\}_{K_{BT}}$ 和 Trent 的标识符发送给 Bob。因为可能存在多个 Trent，因此 Alice 需要告诉 Bob 他们使用的具体是哪个 Trent。

（4）Bob → Alice : $\{\text{I'm Bob!} N_B\}_K$。Bob 收到报文（3）后用 K_{BT} 解密，得到新协商的会话密钥 K，检查 Trent 和 Alice 的标识符；产生一个随机数 N_B，用密钥 K 加密 $\{\text{I'm Bob!} N_B\}$，将加密后的报文发送给 Alice。

（5）Alice → Bob : $\{\text{I'm Alice!} N_B - 1\}_K$，报文（4）相当于 Bob 对 Alice 的质询，Alice 收到后用会话密钥 K 解密；用 K 加密 $\{\text{I'm Alice!} N_B - 1\}$，并将加密后的报文发送给 Bob。Bob 收到报文后用 K 解密，检验收到的 $N_B - 1$ 是否等于自己刚发给 Alice 的随机数减 1。

在上述过程中，有两处明显的质询-应答过程。报文（1）包含 Alice 对 Trent 的质询，报文（2）包含 Trent 对 Alice 的应答；报文（4）包含 Bob 用随机数 N_B 对 Alice 的质询，报文（5）包含 Alice 对 Bob 的应答。协议完成之后，Alice 和 Bob 完成了身份认证和密钥交换，可以用会话密钥 K 提供保密通信等安全服务。

2. 对 Needham-Schroeder 协议的攻击

上述 Needham-Schroeder 协议易遭受中间人攻击，如图 8.13 所示，假设在 Alice 和 Bob 之间存在一个中间人 Malice，攻击场景的报文交互流程不改变原协议的报文（1）和（2），Malice 通过替换报文（3）改变了后面 3 个报文。我们假设中间人 Malice 能够截获 Alice 发给 Bob 的报文，并将其替换后发送给 Bob，导致错误的认证结果；Bob 误以为与他通信的 Malice 是 Alice。报文交互的具体过程如下。

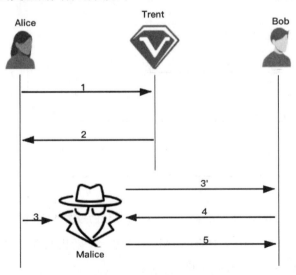

图 8.13　对 Needham-Schroeder 协议的中间人攻击

（1）同图 8.12 过程相同，这里不再赘述。

（2）同图 8.12 过程相同，这里不再赘述。

（3）Malice → Bob : $\{K', \text{Alice}\}_{K_{BT}}$。$\{K', \text{Alice}\}_{K_{BT}}$ 可能是 Alice 和 Bob 在之前某次会话时被 Malice 截获的旧报文，Malice 将其发送给 Bob，这里的 K' 是 Alice 和 Bob 先前某次通信时的旧会话密钥，K' 已经被 Malice 以某种方式获得。

（4）Bob → Malice : $\{\text{I'm Bob! } N_B\}_{K'}$。Bob 收到报文（3）后，用 K_{BT} 解密，Bob 检查到 Alice 的标识符，以为是 Alice 想要和他通信。Bob 产生一个随机数 N_B，用他认为当前的（实际是旧的）会话密钥 K' 加密 $\{\text{I'm Bob! } N_B\}$，相当于对 Malice（Bob 以为是 Alice）的质询。

（5）Malice → Bob : $\{\text{I'm Alice! } N_B - 1\}_{K'}$。Malice 收到 Bob 发来的报文（4）后，用他知道的密钥 K' 解密，得到随机数 N_B；用 K' 加密 $\{\text{I'm Alice! } N_B - 1\}$，将加密后的报文发送给 Bob，相当于 Malice 假装 Alice 对 Bob 完成了应答。

上述过程完成后，Bob 以为自己正在和 Alice 通信，实际上是在和 Malice 通信。同时 Bob 会以为 K' 是最新的会话密钥，而实际上他在用 Malice 已知的旧会话密钥与 Malice 通信。

中间人攻击最早是由 Denning 和 Sacco 提出的：在已知会话密钥攻击模型的情况下，Needham-Schroeder 协议存在脆弱性。我们分析这种攻击的目的是给出导致协议出错的问题根源。注意，报文（3），即 Alice → Bob : $\text{Trent}, \{K, \text{Alice}\}_{K_{BT}}$，没有保证 Alice 发送给 Bob 的报文的"鲜活性"，使得其容易遭到重放攻击。Bob 以为自己正在和 Alice 用新的会话密钥通信，实际上 Bob 正在和 Malice 用旧的会话密钥通信，而这个旧的会话密钥很可能已经被 Malice 知道。

3. 改进措施

防止上述攻击的基本思路是用时间戳提供协议交互报文的"鲜活性"保证，方法是不改变 Needham-Schroeder 协议的原始报文（1）、（4）、（5），针对报文（2）和（3）加入时间戳，具体改动如下。

针对报文（2），增加 Trent → Alice : $\{\text{Bob}, K, T, \{\text{Alice}, K, T\}_{K_{BT}}\}_{K_{AT}}$。$T$ 是 Trent 本地的时间戳，引入 T 保证了该报文的"鲜活性"。

针对报文（3），增加 Alice → Bob : $\{\text{Alice}, K, T\}_{K_{BT}}$。

Δt_1 表示网络延时，Δt_2 表示时钟误差，Alice 和 Bob 都会检查 $|\text{Clock} - T| < \Delta t_1 + \Delta t_2$ 是否成立，若成立，则表明该报文是最"新鲜的"。

Needham-Schroeder 协议是第一个基于 Trent 且使用对称密钥加密的实现密钥分发和身份认证的协议，后世有不少在其基础上改进的认证协议，Kerberos 协议就是对其改进后的一种成熟协议。

🔓 8.6 Kerberos 协议

1980 年，MIT（麻省理工学院）在 Athena 工程项目中用"Kerberos"对其设计的基于可信第三方的身份认证协议命名。Kerberos 协议是一个经过长期考验的身份认证协议，有相当广泛的应用，如用于 Windows 操作系统的域认证，为 C/S 应用程序提供强的身份认证。Kerberos 协议的发展：①前 3 个版本仅用于内部；②版本 4 形成了完整的认证逻辑，得到了广泛的应用；③版本 5 被称为标准 Kerberos 协议（RFC4120），修正了版本 4 的一些缺点。例如，采用独立的加密模组，可支持更多的对称密钥算法；票据（Ticket）生命周期可为任意时间量；版本 4 用 IP 地址作为标识符，而版本 5 可以用其他网络地址。本节重点讲解版本 4 和版本 5 中的认证逻辑。

8.6.1 Kerberos 协议解决的问题

Kerberos 协议解决的问题广义上包括认证、完整性、保密性。认证即身份认证；完整性即 Kerberos 协议使用对称密钥加密提供完整性保护；保密性即实现保密通信。接下来我们从更细节的角度定义 Kerberos 协议解决的问题。Kerberos 协议的应用场景是在分布式的互联网通信中的典型 C/S 模型，实现服务器（记作 V）与客户机（记作 C）之间的双向身份认证（服务器完成对客户机的身份认证、客户机也完成对服务器的身份认证），并对客户机访问服务进行授权。

1．Kerberos 协议的应用场景和参与方

在图 8.14 中，C/S 模型下的身份认证参与方包括若干客户机（$C_1, C_2, \cdots$）和若干服务器（$V_1, V_2, \cdots$）。若无可信第三方（无 Kerberos 协议），则某客户机要访问某个服务器时，二者可直接进行身份认证，认证完成后授权客户机访问服务。

C_1

C_2

V_1

V_2

V_3

图 8.14 C/S 模型下的身份认证

在图 8.15 所示的案例中，若 C_1 想要访问 V_1，则 C_1 和 V_1 进行身份认证；若 C_1 想要访问 V_2，则 C_1 和 V_2 进行身份认证。注意，服务器独自实现身份认证，身份认证的功能分散在每个服务器上，这意味着要实现基于对称密钥的身份认证，需要提前完成任意两个服务器和客户机之间的密钥共享。显然，这样的方式不具有可扩展性。

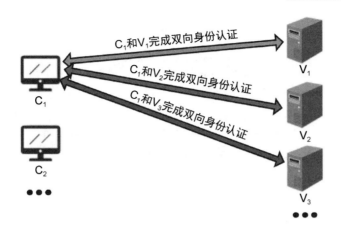

图 8.15　无可信第三方时 C/S 模型下的身份认证

2．身份认证功能的抽象与集中

Kerberos 协议中身份认证功能的抽象如图 8.16 所示。Kerberos 协议基于对称密钥实现，没有采用公钥体制。为解决上述问题，Kerberos 协议的核心思想是设立可信第三方：在传统 C/S 模型中，把分散在每个服务器上的同质化的身份认证功能抽象，从服务器上剥离，集中到认证服务器（Authentication Server，AS）上。AS 作为可信第三方，为任意客户机和服务器的通信提供身份认证服务，将分散的独自身份认证改为集中身份认证。此时，如果 C_1 想要访问服务器 V_1，则 C_1 不直接和 V_1 进行身份认证，而是先向 AS 进行身份认证，通过后 AS 给 C_1 发送一个凭据（在 Kerberos 协议中称为票据），C_1 拿着这个可证明其身份的 Ticket 即可访问 V_1、V_2、V_3 等 AS 所管辖的每个服务器。

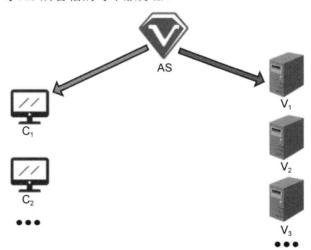

图 8.16　Kerberos 协议中身份认证功能的抽象

Kerberos 协议的核心思想如图 8.17 所示。Kerberos 协议实质上是一种最早提出的单点登录设计，当前很多网络应用系统都采用这种认证思想。例如，校园网内有邮件服务器、选课服务器、个人主页等各类应用，采用一个集中的 AS，用户只要登录一次完成统一的身份认证，即可访问每个应用。

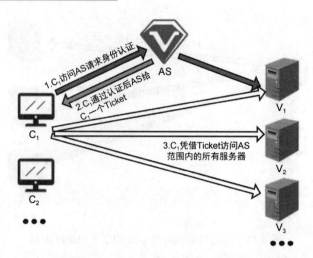

图 8.17　Kerberos 协议的核心思想

3. 前提与基本假设

在一个分布式环境中，客户机希望获取服务器上提供的服务，服务器能限制授权用户的访问，并能对服务请求进行认证。在服务请求和认证过程中，我们假设通信的信道是不安全的，攻击者总是可以在信道上截取通信双方之间发送的报文。Kerberos 协议要处理 3 种威胁：①恶意客户机伪装成另一个客户机访问服务器；②恶意客户机可更改自己的网络地址（如 IP 地址）；③恶意客户机窃听其他客户机与某服务器认证的报文交换过程，利用重放攻击进入该服务器。

4. Kerberos 协议中的符号定义

Kerberos 协议中的符号定义如表 8.3 所示。

表 8.3　Kerberos 协议中的符号定义

符号	定义
C	客户机
AS	认证服务器（存放所有用户及用户口令信息）
V	服务器
ID_C	在客户机上的用户标识符
ID_V	服务器的标识符
P_C	在客户机上的用户口令[①]
AD_C	客户机的网络地址
K_V	AS 和服务器共享的加密密钥

8.6.2　Kerberos 协议的引入协议

1. 简单的引入协议

在正式讨论 Kerberos 协议之前，我们先给出一个简单的基于可信第三方的身份认证对话（引入协议），然后分析并完善其功能，逐步引出 Kerberos 协议。

---

① 面向多用户的客户机系统，Kerberos 协议提供对客户机上单个用户粒度的认证。

基于集中身份认证的思想，引入协议包括以下 3 个报文。

（1）$C \rightarrow AS : ID_C \| P_C \| ID_V$。

（2）$AS \rightarrow C : Ticket$。

（3）$C \rightarrow V : ID_C \| Ticket$。

其中，$Ticket = E_{K_V} \left[ID_C \| AD_C \| ID_V \right]$。

某客户机 C 先向 AS 发送报文（1）申请 Ticket，报文（1）是 ID_C、P_C、ID_V 串联起来的报文，即客户机告诉 AS 自己的 ID、口令、想要访问的服务器 V 的 ID；认证通过后，AS 给客户机发送报文（2），即证明客户机身份的 Ticket；当访问服务器时，客户机向服务器发送报文（3），出示客户机的 ID，以及证明其身份的 Ticket，服务器检验客户机的 ID 和 Ticket 通过后，向客户机提供服务。其中 Ticket 是用 K_V 加密的 $ID_C \| AD_C \| ID_V$，即 AS 用自己和服务器共有的对称密钥加密客户机的 ID、地址、服务器的 ID，并由客户机提供给服务器证明客户机的身份。

引入协议有助于我们理解 Kerberos 协议进行身份认证的主要流程，但从对安全协议攻击的角度来看，引入协议存在如下问题：①申请不同的服务，客户机需要申请不同的票据，实际上没有实现单点登录，如访问服务器 V_1 时需要申请 V_1 的票据，访问 V_2 时又需要 V_2 的票据；②这导致用户频繁地出示口令（每次申请新的服务时均需要输入口令）；③口令 P_C 是明文传输的，攻击者可能窃听到口令；④攻击者窃听到客户机发送给服务器的报文 $ID_C \| Ticket$ 后，只要将自己的网络地址改为 AD_C（如 IP Spoofing），即可进行重放攻击。

2．引入协议的改进

未能实现单点登录、客户机频繁输入口令的原因：虽然剥离并集中了认证功能，但没有对认证和授权功能做进一步细分。注意，认证和授权实质上是先后发生的两个步骤，认证是客户机向 AS 证明自己的身份，授权是明确告诉客户机可以访问哪些服务。引入协议将授权功能也放在 AS 上，相当于客户机每次要访问某服务时都需要先访问 AS 获得授权，未能实现单点登录。

改进的思路是增设票据许可服务器（Ticket Granting Server，TGS），进一步将认证与授权功能剥离，并集中到 TGS 进行授权。功能细化明确后，AS 只在客户机登入时进行认证，客户机有服务访问需求时再到 TGS 申请授权，从而实现单点登录，如图 8.18 所示，改进后的引入协议有 5 个报文，可划分为"获取票据许可票""获取服务许可票""获取服务"三大步骤。

```
用户登录时获取票据许可票：
(1) C → AS:  ID_C ‖ ID_TGS
(2) AS → C:  E_{K_C} [Ticket_TGS]
```

```
请求某种服务类型时获取服务许可票：
(3) C → TGS:  ID_C ‖ ID_V ‖ Ticket_TGS
(4) TGS → C:  Ticket_V
```

```
获取服务：
(5) C → V:  ID_C ‖ Ticket_V
Ticket_TGS = E_{K_TGS} [ID_C ‖ AD_C ‖ ID_TGS ‖ TS_1 ‖ Lifetime_1]
Ticket_V = E_{K_V} [ID_C ‖ AD_C ‖ ID_V ‖ TS_2 ‖ Lifetime_2]
```

图 8.18　引入协议的改进

改进后的引入协议的认证过程如图 8.19 所示。

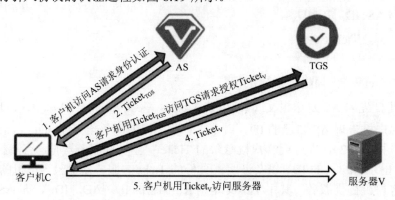

图 8.19　改进后的引入协议的认证过程

步骤一：获取票据许可票。只在这一步［报文（1）和（2）］完成对客户机的身份认证，后面不需要再次进行客户机的身份认证。在报文（1）中，客户机给 AS 发送 ID_C、ID_{TGS} 的串联报文，告诉 AS 自己的 ID 和想要访问的 TGS 的 ID；在报文（2）中，AS 回给客户机用他们共有的对称密钥 K_C 加密的 $Ticket_{TGS}$，$Ticket_{TGS}$ 是访问 TGS 需要的票据。在这一步中没有发送口令 P_C 的明文，K_C 是将客户机的口令 P_C 由客户机和 AS 用口令哈希函数分别计算得到的对称密钥。基于口令生成对称密钥（Password Based Encryption，PBE）的实现思路是将口令与 Salt 的哈希值用作对称密钥对数据进行加密，实现细节见 PKCS#5（基于口令的密码）标准。这种方法避免了通信双方事先交换密钥，在已有的口令系统上实现较为简便，缺点是口令如果过于简单，可能会被猜测到。

需要注意的是，如图 8.20 所示，增设 TGS 后，各参与方需要提前共享的秘密信息要在表 8.3 的基础上做修改和补充，即各参与方事先共享的秘密为：①TGS 和 AS 之间共享对称密钥 K_{TGS}；②TGS 和服务器之间共享对称密钥 K_V；③客户机的用户和其口令信息存放在 AS 中。

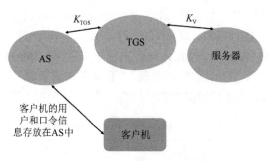

图 8.20　各参与方事先共享的秘密

步骤二：获取服务许可票。在报文（3）中，客户机发送请求给 TGS 申请访问服务器的票据。报文包括 ID_C、ID_V、$Ticket_{TGS}$ 3 个字段；收到请求后 TGS 授权，通过报文（4）将访问服务器的票据 $Ticket_V$ 发送给客户机。注意，这样真正实现了单点登录。在步骤一中完成了对客户机的认证，且认证只做一次，其后客户机想要访问哪个服务器，只需拿着在 AS 中获得的 $Ticket_{TGS}$ 请求 TGS 授权访问该服务器的票据。当然，客户机每次想要访问一个新的服务器时，都需要向 TGS 请求这个服务器的票据。

步骤三：获取服务。获取服务器的服务时，客户机向服务器发送报文（5），这是 ID_C 和 $Ticket_V$ 串联起来的报文。

在上述步骤中，访问 TGS 需要的票据和访问服务器需要的票据具有类似的格式：

$$Ticket_{TGS} = E_{K_{TGS}} \left[ID_C \| AD_C \| ID_{TGS} \| TS_1 \| Lifetime_1 \right]$$

$$Ticket_V = E_{K_V} \left[ID_C \| AD_C \| ID_V \| TS_2 \| Lifetime_2 \right]$$

其中，TS_1、TS_2 是时间戳，$Lifetime_1$、$Lifetime_2$ 是票据的有效期。一般情况下 $Lifetime_1 > Lifetime_2$，即在 AS 完成认证后，客户机可以在相当长的时间内持有身份的凭据（例如，在 Windows 域认证应用里，常用的 $Lifetime_1$ 是 24 小时）；而客户机能够访问某个服务器的授权有效期（$Lifetime_2$）相对较短。

注意，改进后的引入协议解决了口令明文传输和单点登录的问题，但仍不能防止重放攻击。从攻击角度分析不难发现下列问题：①访问 TGS 的票据和访问服务器的票据的有效期设置，如果太短会要求客户机频繁地做认证（申请票据），如果太长会加大遭受重放攻击的可能性；②由于 TGS 没有对客户机做认证，因此攻击者可以窃取 $Ticket_{TGS}$，在它过期之前使用，攻击者窃听到报文（3）后，只要将自己的 IP 地址改为 AD_C，就可重放客户机给 TGS 的报文（3）实施攻击，同理，服务器亦没有对客户机做认证，$Ticket_V$ 也可以被重放；③缺少服务器对客户机方向的身份认证，如步骤三中没有对服务器的认证，客户机就无法确定与之交互的服务器的身份。

8.6.3　Kerberos 协议的完整对话

1. 前设条件

各参与方需要提前共享的秘密为：①TGS 和 AS 之间共享对称密钥 K_{TGS}；②TGS 和服务器之间共享对称密钥 K_V；③客户机的用户和其口令信息存放在 AS 中，客户机和 AS 用口令哈希函数分别计算得到它们共有的对称密钥 K_C，如表 8.4 所示。

表 8.4　Kerberos 协议的前设条件

符号	含义
K_C	用口令哈希得到的 AS 和客户机共享的对称密钥
K_V	TGS 和服务器共享的对称密钥
K_{TGS}	TGS 和 AS 共享的对称密钥

Kerberos 协议版本 4 的完整对话包含三大步骤，如图 8.21 所示。

步骤一：获取票据许可票。在这一步完成对客户机的身份认证并向客户机发放票据。在报文（1）中，客户机给 AS 发送由 ID_C、ID_{TGS}、TS_1 串联起来的报文，TS 表示时间戳。在报文（2）中，AS 返回给客户机用 K_C 加密的 $\left[K_{C,TGS} \| ID_{TGS} \| TS_2 \| Lifetime_2 \| Ticket_{TGS} \right]$，$K_{C,TGS}$ 是 AS 为客户机和 TGS 协商的会话密钥，如果没有它，客户机和 TGS 之间就没有共有的秘密，无法完成身份认证。其中，$Ticket_{TGS}$ 是由 K_{TGS} 加密的

$\left[K_{\mathrm{C,TGS}}\middle\|\mathrm{ID_C}\middle\|\mathrm{AD_C}\middle\|\mathrm{ID_{TGS}}\middle\|\mathrm{TS_2}\middle\|\mathrm{Lifetime_2}\right]$，通过这种方式把客户机和 TGS 的对称密钥 $K_{\mathrm{C,TGS}}$ 转交给 TGS。与引入协议主要的不同就是 AS 为客户机和 TGS 协商了会话密钥，用于在步骤二中验证客户机的身份。

用户登录时获取票据许可票：
（1）C → AS：$\mathrm{ID_C}\|\mathrm{ID_{TGS}}\|\mathrm{TS_1}$
（2）AS → C：$E_{K_C}\left[K_{\mathrm{C,TGS}}\|\mathrm{ID_{TGS}}\|\mathrm{TS_2}\|\mathrm{Lifetime_2}\|\mathrm{Ticket_{TGS}}\right]$

请求某种服务类型时获取服务许可票：
（3）C → TGS：$\mathrm{ID_V}\|\mathrm{Ticket_{TGS}}\|\mathrm{Authenticator_C}$
（4）TGS → C：$E_{K_{\mathrm{C,TGS}}}\left[K_{\mathrm{C,V}}\|\mathrm{ID_V}\|\mathrm{TS_4}\mathrm{Ticket_V}\right]$
$\mathrm{Authenticator_C} = E_{K_{\mathrm{C,TGS}}}\left[\mathrm{ID_C}\|\mathrm{AD_C}\|\mathrm{TS_3}\right]$

获取服务：
（5）C → V：$\mathrm{Ticket_V}\|\mathrm{Authenticator_C}$
（6）V → C：$E_{K_{\mathrm{C,V}}}\left[\mathrm{TS_5}{+}1\right]$
$\mathrm{Authenticator_C} = E_{K_{\mathrm{C,V}}}\left[\mathrm{ID_C}\|\mathrm{AD_C}\|\mathrm{TS_5}\right]$
$\mathrm{Ticket_{TGS}} = E_{K_{\mathrm{TGS}}}\left[K_{\mathrm{C,TGS}}\|\mathrm{ID_C}\|\mathrm{AD_C}\|\mathrm{ID_{TGS}}\|\mathrm{TS_2}\|\mathrm{Lifetime_2}\right]$
$\mathrm{Ticket_V} = E_{K_V}\left[K_{\mathrm{C,V}}\|\mathrm{ID_C}\|\mathrm{AD_C}\|\mathrm{ID_V}\|\mathrm{TS_4}\|\mathrm{Lifetime_4}\right]$

图 8.21　Kerberos 协议版本 4 的完整对话

步骤二：获取服务许可票。客户机获取访问服务器的 TGS 授权。在报文（3）中，客户机给 TGS 发送 $\mathrm{ID_V}$、$\mathrm{Ticket_{TGS}}$、$\mathrm{Authenticator_C}$，其中 $\mathrm{ID_V}$ 是客户机想要访问的服务器的 ID，认证子 $\mathrm{Authenticator_C} = E_{K_{\mathrm{C,TGS}}}\left[\mathrm{ID_C}\|\mathrm{AD_C}\|\mathrm{TS_3}\right]$。注意，其中有时间戳 $\mathrm{TS_3}$，相当于客户机用时间戳 $\mathrm{TS_3}$ 作为随机数，完成了对 TGS 的应答。TGS 收到报文（3）后，用从 $\mathrm{Ticket_{TGS}}$ 中获得的密钥 $K_{\mathrm{C,TGS}}$ 解密 $\mathrm{Authenticator_C}$，检验 $\mathrm{TS_3}$ 是否在合理范围内，完成对客户机的身份认证。这种用时间戳作为随机数实现质询与应答的方法在前两节讲解过，可用于防止重放攻击。需要注意的是，由于 Kerberos 协议使用了基于时间戳的隐式质询，要求参与方的系统时钟应当有相对精确的同步，所以其最佳的应用场景是在局域网环境下。如果客户机通过了 TGS 的认证，则 TGS 给客户机发送用 $K_{\mathrm{C,TGS}}$ 加密的 $K_{\mathrm{C,V}}$、$\mathrm{ID_V}$、$\mathrm{TS_4}$、$\mathrm{Ticket_V}$ 串联的报文（4）。其中 $K_{\mathrm{C,V}}$ 是 TGS 为客户机和服务器生成的会话密钥；$\mathrm{Ticket_V}$ 是用 K_V 加密的信息，包括 $K_{\mathrm{C,V}}$、$\mathrm{ID_C}$、$\mathrm{AD_C}$、$\mathrm{ID_V}$、$\mathrm{TS_4}$、$\mathrm{Lifetime_4}$ 字段。

步骤三：获取服务。客户机向服务器申请获取服务，同时完成对客户机和服务器的身份认证。在报文（5）中，客户机向服务器发送 $\mathrm{Ticket_V}$ 和 $\mathrm{Authenticator_C}$；区别于报文（3）中的 $\mathrm{Authenticator_C}$，这个认证子 $\mathrm{Authenticator_C}$ 用于客户机向服务器证明身份，此处的 $\mathrm{Authenticator_C}$ 用 $K_{\mathrm{C,V}}$ 加密，作用也是用基于时间戳的隐式质询–应答完成对客户机的身份认证。如果服务器通过了对客户机的认证，则服务器返回给客户机报文（6），其中用 $K_{\mathrm{C,V}}$ 加密的 $\mathrm{TS_{5+1}}$ 相当于对客户机用 $\mathrm{TS_5}$ 发起的质询的应答，用于服务器向客户机证明其身份。

与引入协议相比，完整的 Kerberos 协议中的关键是：AS 为客户机和 TGS 协商了会话密钥 $K_{\mathrm{C,TGS}}$；用同样的方法，TGS 为客户机和服务器协商了会话密钥 $K_{\mathrm{C,V}}$。这两个会话密钥作为通信双方共有的秘密，实现质询与应答完成双向身份认证，从而防止重放攻击。逐条分析协议报文，可以发现在 Kerberos 协议中多次用到了质询与应答，请读者自己尝试发现其他的质询与应答。

最后做一个总结，如图 8.22 所示，Kerberos 协议可以分为三大步骤，包含 6 个报文。

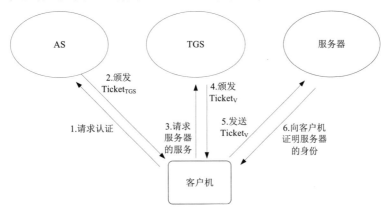

图 8.22　Kerberos 协议交互

步骤一：（1）客户机向 AS 请求认证；　　　（2）AS 给客户机颁发 $Ticket_{TGS}$；

步骤二：（3）客户机向 TGS 请求服务器的服务；（4）TGS 颁发 $Ticket_V$；

步骤三：（5）客户机向服务器发送 $Ticket_V$；　（6）服务器向客户机证明自己的身份。

习　题

1．Kerberos 协议适合什么样环境中的认证服务？它采用了什么方法来防止重放攻击（窃取并重放票据）？Kerberos 协议的认证过程及每个步骤的作用是什么？

2．什么是质询与应答认证技术？

3．关于 UNIX 密码文件中的 Salt，以下说法不正确的是（　　）。

　　A．Salt 可以重复使用

　　B．Salt 是随机数

　　C．使用 Salt，一个口令字符串的哈希值最多可以有 2^{12} 种不同的输出

　　D．Salt 可以提高离线字典攻击的穷举空间

4．以下说法不正确的是（　　）。

　　A．基于口令的身份认证是弱的身份认证

　　B．动态口令可以完全防止重放攻击

　　C．在质询与应答认证技术中，质询也可以被称为 Nonce

　　D．在质询与应答认证技术中，可以利用对称密钥加密实现双向身份认证

5．（　　）是构造更复杂的交互式身份认证协议的基本组件。

　　A．Needham-Schroeder 协议　　　　　B．口令

　　C．Kerberos 协议　　　　　　　　　　D．质询与应答认证技术

6.（　　　）解决了 Kerberos 协议中的授权问题。

A．共享的对称密钥　　　　　　　B．数字证书

C．AS　　　　　　　　　　　　　D．TGS

7.（　　　）是由 Needham-Schroeder 协议解决的主要问题。

A．密钥分发和认证　　　　　　　B．保密性和可用性

C．认证和完整性　　　　　　　　D．保密性和完整性

8．对于身份认证协议最大的威胁是（　　　）。

A．字典攻击　　　　　　　　　　B．重放攻击

C．穷举攻击　　　　　　　　　　D．社会工程攻击

第 9 章　Web 安全

🔒 9.1　Web 和电子商务安全问题分析

9.1.1　Web 系统的脆弱性

1989 年，CERN（欧洲核子研究组织）的 Tim Berners-Lee 为了方便物理学家共享信息发明了超文本。随着图形化浏览器的出现，以超文本为基础的 Web 应用迅速普及，成为互联网上的杀手级应用，被政府、企业和个人广泛使用。但 Web 本身是非常脆弱的，Web 安全问题是有多种安全目标的平台安全问题，Web 系统的脆弱性可以分为以下几类：操作系统漏洞、Web 服务系统漏洞、软件系统配置错误、Web 服务漏洞、Web 业务逻辑漏洞。操作系统和 Web 服务系统通常是成熟的商业软件，其漏洞通常依赖厂商提供的补丁升级程序进行修复。如何正确地配置软件系统已经有大量实践可以参考，因此前三类脆弱性通常可以解决。后两类脆弱性在实际工作中大量存在，情况复杂且具有比较强的特定性，因为 Web 服务和 Web 业务逻辑是根据发布 Web 的企业自身的需求实现的，通常也只能依赖企业自身的努力加以防范。

由于 Web 开发架构和运行环境种类繁多，各企业自身业务需求不同，Web 应用在实现上也五花八门，加上不同的技术人员对漏洞的理解和描述的差异，导致对 Web 应用系统的漏洞的研究是一个非常复杂棘手的问题。

总的来说，造成 Web 系统脆弱性的原因可归结为以下 5 个方面：① Web 服务器是外网可见的，一般的企业网络中包括内网主机和服务器主机，内网主机不能直接被外网访问，但服务器主机位于非军事区，可以被潜在的攻击者访问；②复杂的软件会隐藏漏洞，Web 上的软件往往十分复杂，这就很容易出现漏洞；③Web 站点容易配置和管理，Web 系统一旦被入侵，攻击者很容易对站点配置进行更改；④可被用作跳板发起对内网的攻击，由于 Web 服务器外网可见，当攻击者入侵 Web 服务器后，可以用服务器作为跳板进而攻击内网主机；⑤用户很难意识到威胁的存在，系统管理人员很难发现问题的存在。

9.1.2　HTTP 的安全性分析

Web 安全问题是有多种安全目标的平台安全问题，因此我们有必要进一步细化本章所要分析和解决的安全问题。本节重点分析 Web 应用在网络通信方面的安全问题，特别地，将从对通信协议的分析入手。HTTP（Hyper Text Transfer Protocol，超文本传输协议）是用于从 Web 服务器传输超文本到本地浏览器的传输协议，基于 TCP/IP 通信协议传输数据（超文本文件、图片文件、查询结果等）。HTTP 工作于客户端/服务器架构上，浏览器作为 HTTP 客户端向服务器即 Web 服务器发送请求，Web 服务器根据接收到的请求，向客户端发送响应报文。下面我们用信息安全需求分析框架来分析 HTTP 面临的安全威胁有哪些。

（1）保密性：浏览器和服务器之间的报文是以明文形式传输的，在互联网路径上可以采集并读取这些报文，没有提供保密性的服务。

（2）完整性：由于浏览器和服务器之间的报文是以明文形式传输的，因此攻击者可以对报文进行篡改，即没有提供完整性的服务。

（3）可用性：服务器能否持续为浏览器提供合法的服务呢？因为 Web 服务器一般情况下是在互联网上供公开访问的，容易遭受到 DoS 攻击，难以提供可用性的保障。

（4）可认证：认证包括两个方向，即浏览器和服务器的双向认证。仅靠 HTTP 无法完成对服务器的认证，而在部分情况下，服务器可以私下实现对浏览器的认证，如浏览器用户在登录后才能使用某些 Web 服务。这样的认证显然不够，在这个应用场景下，浏览器对服务器的认证更加重要。因为一旦存在假冒的 Web 服务器，将危害成百上千个访问过它的浏览器。

经过讨论可知，HTTP 没有上述安全服务，在 9.2 节将给出提供上述部分安全服务的技术方案。我们先来看安全威胁存在于哪里，即按通信网络中所处的位置进一步分析安全威胁。

在如图 9.1 所示的浏览器与服务器的通信过程中，在互联网上可能出现安全威胁的部分可以粗略地划分为 3 处。

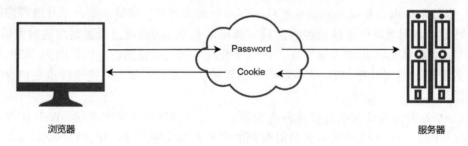

图 9.1　浏览器与服务器的通信过程

（1）网络上：在网络上存在对报文的窃听、篡改等。

（2）服务器端：恶意的钓鱼（Phishing）网站或安全性弱的 Web 站点，可能存在恶意钓鱼或共同口令威胁。首先来看钓鱼网站，举例来说，一个浏览器想要访问某网络银行的网站，由于缺乏对服务器的认证，用户在假的网站上输入了用户名和口令，造成了敏感信息泄漏，而攻击者可以用获得的用户名和口令访问真的网站进行操作。共同口令问题是指用户访问 Web 站点 A 和 B，其中 A 的安全性较高，B 的安全性较低，导致站点 B 容易泄露用户的口令等敏感信息，而不幸的是，用户在 A 和 B 上使用的用户名和口令是相同的，攻击者可以用在 B 上得到的口令尝试访问 A。

（3）客户端：客户端主要的问题是恶意软件，如间谍软件和木马软件等，这些软件可以监听用户的输入和输出。这些监听都是在浏览器向服务器发送的数据信息进入互联网之前进行的，单纯使用网络通信的安全技术手段难以防范。

早在 Web 应用之前，电子商务就已出现，早在电报出现之前，就存在电子商务的相关讨论，后来出现的电子资金清算系统也要早于 Web 应用，如电子金融汇兑系统（Electronic Fund Transfer）、电子数据交换（Electronic Data Interchange）等。本书主要讨论基于互联网（公众网络）的电子商务活动。1990 年后，互联网的迅速发展极大地推动了电子商务的发展，是电子商务加速发展的一个转折点，特别是基于 HTTP 使得电子商务活动更加便宜、快捷，同时带来了多种多样的经济活动。本章主要基于 HTTP 的电子商务提出安全解决方案，显然，特定场景的电子商务应用存在个性化的安全需求，在讲解过程中会具体分析。

9.1.3　在网络基础设施中提供安全服务

9.1.2 节提到基于 HTTP 的 Web 应用面临安全威胁，在通信网络中需要提供安全服务进行保护，那么安全服务应该位于网络协议的哪一层呢？TCP/IP 协议簇是当今互联网通信协议事实上的工业标准，在网络层、传输层和应用层分别有相应的安全协议，如图 9.2 所示。在网络层有 IPSec 协议，在传输层有 SSL 协议和 TLS 协议，在应用层更有多种安全协议，如 Kerberos、S/MIME、PGP 等。那么在不同层实现安全协议有什么区别呢？

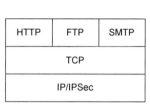
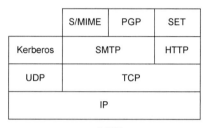

图 9.2　安全协议实现位置

首先来看在应用层实现安全协议与在传输层和网络层实现安全协议的区别：在应用层实现安全协议是由程序开发人员自己实现的，相当于应用程序的开发者根据具体安全需求的个性化实现；另外一种解决思路是在 TCP/IP 协议簇的细腰处（传输层或网络层）向应用层提供公共的安全服务（注意，传输层与网络层在主机端系统上是操作系统实现的功能，是应用层可以调用的公共服务），在这两层实现相当于为应用层提供了公共服务，供上层调用，同时对应用使用者来说是透明的。

那么在网络层和传输层实现安全协议又有什么区别呢？首先要知道只有在主机上才能完整实现 TCP/IP 五层协议栈，而在网络设备上只有三层协议栈，SSL 协议和 TLS 协议位于传输层，只能在主机上实现；IPSec 协议位于网络层，不仅可以在主机上实现，还能在网络设备上实现，起到保护整个 IP 子网的作用。举例来说，如果在企业网络的出口路由器上实现，则可以对企业网络进入互联网的所有报文进行加密，从而保护整个企业网络。

另外，不同的实现其加密的时机也是不同的。如果在应用层加密，信息交给传输层时就已经是密文；而在传输层加密，信息经过传输层后才会被加密。

🔓 9.2　SSL 协议和 TLS 协议

SSL 协议和 TLS 协议是在传输层实现的一种安全协议，往往以库的形式出现，方便被应用程序调用，向基于 TCP 的应用层提供保密性、完整性、可认证的安全服务。注意，SSL 协议和 TLS 协议要求运行在 TCP 传输层，即不支持 UDP 的传输层。SSL 协议和 TLS 协议可以被视为同一种协议的先后使用的两种名称，SSL 协议最早由 20 世纪 90 年代中期的网景（Netscape）公司研发，主要用于解决浏览器与 Web 服务器通信中的安全问题，在传输层和应用层之间增加一个安全协议层，即 SSL 层，不影响原有的传输层协议和应用层协议。SSL 协议历经几代发展，由最初的 SSL 协议到 SSLv2.0、SSLv3.0。TLS 协议是 IETF 对 SSL 协议标准化的产物，TLSv1.0 是 SSLv3.0 的后续版本，大致相当于 SSLv3.1。TLS 协议继续发展有 TLSv1.1、TLSv1.2 及 TLSv1.3。SSL 协议和 TLS 协议现已成为用来鉴别网站和网页浏览者身份，以及在浏览器与 Web 服务器之间进行安全通信的全球化标准。

由于 TLS 协议和 SSL 协议在结构上是一样的，如无特别说明，本书余下部分出现的 SSL 协议代指现今常用的 SSLv3.0 到 TLS1.2 的所有协议，早期 SSL 协议（如 SSLv2.0）的情况可能有所不同。在介绍 SSL 协议与 TLS 协议具有共性的内容后，会讲解新版 TLS1.3 的特性。

9.2.1　SSL 协议总述

SSL 协议的设计目标包括：为两个通信实体提供保密性、完整性、可认证的安全服务；保证互操作性、可扩展性和相对效率。在图 9.3 中，SSL 协议位于传输层和应用层之间，任何使用 TCP 的应用协议都可以调用 SSL 协议。当采用 SSL 协议时，传输层并不是直接从应用层获得应用数据的，而是应用层先将数据传输给 SSL 协议层，SSL 协议层对接收到的数据进行处理，如加密、添加 SSL 报文头等，再传递到传输层。SSL 是一个协议套件，由 4 个协议组成：SSL 握手协议（SSL HandShake Protocol）、SSL 记录协议（SSL Record Protocol）、SSL 密码变换协议（SSL Change Cipher Spec Protocol）和 SSL 警告协议（SSL Alert Protocol）。SSL 协议本身可以分为两个子层，其中底层是 SSL 记录协议层；高层是 SSL 握手协议、SSL 密码变换协议和 SSL 警告协议。

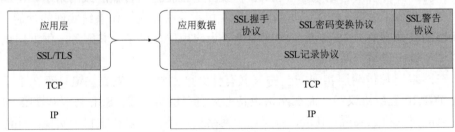

图 9.3　SSL 协议体系结构

SSL 记录协议建立在可靠的传输协议（如 TCP）之上，其作用是封装高层协议，提供连接安全性，具体实施可选的压缩/解压缩、加密/解密、计算和校验报文鉴别码等与安全有关的操作。它使用对称密钥算法加密上层报文，提供保密性服务；使用报文鉴别码算法为上层报文提供完整性服务。SSL 记录协议针对 HTTP 进行了特别的设计，使得 HTTP 能够在 SSL 协议层上运行。SSL 记录协议是 SSL 协议的数据承载协议，规定了报文格式及对报文的处理过程，SSL 握手协议报文及应用数据都要封装成"记录"的形式传递。

SSL 握手协议用于 SSL 控制信息的交换，允许通信实体的应用层之间相互的身份认证、协商加密算法和生成密钥等，提供了连接安全性，包括 3 个特点：单向身份认证（对服务器的认证）；协商得到的密钥是安全的；协商过程是可靠的。SSL 握手协议用于安全机制的协商，功能如下。

（1）必选的服务器认证，即客户端认证服务器的身份。

（2）可选的客户端认证，即服务器可以选择认证客户端的身份，也可以放弃该功能。

（3）算法协商，即客户端和服务器协商采用的压缩算法、加密算法和报文鉴别码算法。压缩数据有利于提高通信效率，某些网络接口（数据链路）层协议具有数据压缩功能。但经过加密处理后，SSL 报文成为随机数，压缩产生的优化并不显著，因此必须在加密之前对数据进行压缩。SSL 引入并支持对上层报文的压缩，但压缩是可选的且并未规定可以使用的压缩算法。

SSL 握手协议的算法协商由客户端发起，客户端把自己支持的所有算法发送给服务器，并由服务器选中最终使用的算法。

（4）密钥生成，即生成客户端和服务器共享的会话密钥。SSLv3.0 提供多种密钥生成方式，如基于 RSA 算法的密钥传输和基于 DH 算法的密钥协商方式。注意，密钥协商只是为双方生成共享的主秘密（Master Secret）。在保护数据时，SSLv3.0 要使用 4 个密钥，由共享的主秘密推导得出，以用于加密、计算报文鉴别码两个功能及两个通信方向。即从服务器到客户端发送数据的会话加密密钥，从服务器到客户端发送数据的会话报文鉴别码密钥，以及另外一个通信方向的两个密钥。

位于 SSL 握手协议层的 SSL 密码变换协议只包括一条报文。在 SSL 握手协议协商完成后，客户端和服务器会交换这条报文，以通告对方启用协商好的安全参数，随后的报文（SSL 记录协议加密的报文）都将用这些参数保护。

同样位于 SSL 握手协议层的 SSL 警告协议包括两种功能：一是提供报错机制，即通信过程中若某一方发现了问题，便会利用该协议通告对等端；二是提供安全断连机制，即以一种可认证的方式关闭连接。TCP 是面向连接的，使用不加认证的断连方式会面临"截断"攻击的威胁，用安全断连可以解决该问题。

在详细分析 SSL 各子协议之前，先了解其一般工作流程：SSL 握手协议先工作，实现对服务器的身份认证，同时协商 SSL 会话的密钥等参数，其中的认证和协商均使用公钥技术。SSL 记录协议后工作，加密会话数据，提供保密性、完整性服务，其中的加密和报文鉴别码均使用对称密钥。

9.2.2　SSL 记录协议

SSL 记录协议用来封装上层协议，对在传输层连接上交换的数据进行加密和完整性保护，并且可以配置压缩。在该协议中使用了对称密钥密码和报文鉴别码，其具体算法和共享密钥是在握手阶段由服务器和客户端协商决定的。其对报文的处理过程如图 9.4 所示。

（1）来自应用层的报文被划分成若干携带 2^{14} 字节（16KB）或更小块的报文片段，即 TLSPlaintext 记录，用握手阶段中协商得到的压缩算法（可选的）分别对每个报文片段进行压缩。

（2）将报文鉴别码附加在已压缩的报文片段后，通过验证每个片段的报文鉴别码，防止信息遭到非法篡改。计算报文鉴别码时，为防止重放攻击，可在报文片段中加入分段的序列值。过程中使用的共享密钥和报文鉴别码算法是在握手阶段协商得到的。

（3）对报文片段进行对称加密。其使用的对称密钥算法和共享密钥是在握手阶段协商得到的。

（4）添加 SSL 头部。穿过 SSL 记录协议，最终得到的数据由类型、版本号、长度和密文内容组成的报文组合而成。

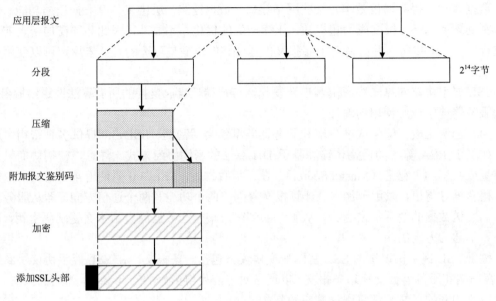

图 9.4　SSL 记录协议对报文的处理过程

最后介绍 SSL 记录协议的载荷类型，如图 9.5 所示，被 SSL 记录协议封装的报文主要有以下 4 种类型。

（1）SSL 密码变换协议报文：当协商好密钥后，SSL 密码变换协议工作，发送大小为 1 字节的报文，表示从公钥切换到对称密钥加密。

（2）SSL 警告协议报文：大小为 2 字节，分别为警告级别（Level）和警告类型（Alert），在通信过程中报告错误和发送控制信息。

（3）SSL 握手协议报文：包括 1 字节的报文类型、3 字节的报文长度，以及内容。

（4）其他上层协议报文：任何基于 TCP 的上层协议都可以被 SSL 记录协议封装。

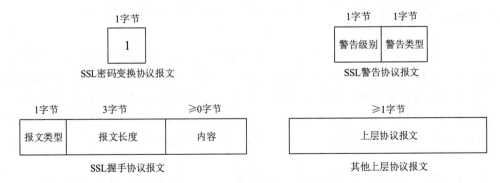

图 9.5　SSL 记录协议的载荷类型

9.2.3 SSLv3.0 到 TLSv1.2 的握手协议

1. SSL 协议与 TLS 协议的差异简析

TLS 协议与 SSL 协议的记录协议格式和应用场景相同，但总的来说，TLS 协议相比 SSL 协议拥有更安全的报文鉴别码算法、更严密的警告措施，以及对于敏感地带更加明确的定义。它们的差别主要体现如下。

1）版本号

SSL 协议与 TLS 协议的记录协议格式相同（记录协议有相同的报文格式），但是具体的版本号不同。如果服务器和客户端之间的 SSL 协议与 TLS 协议的版本号不同，则无法进行通信。

2）报文鉴别码

SSL 协议与 TLS 协议的报文鉴别码算法和报文鉴别码算法的计算范围存在差异。TLS 协议采用 RFC2104 定义的 HMAC 算法，HMAC 算法填充采用的是异或运算；而 SSL 协议的填充字节与密钥之间采用的是连接运算。

3）伪随机函数

TLS 协议使用伪随机函数来扩展密钥数据块。

4）警告代码

TLS 协议的警告代码不仅包括所有的 SSL 协议警告代码，还新增了其他代码，如记录溢出（Record Overflow）、解密失败（Decription Failed）、拒绝访问（Access Denied）、未知 CA（Unknown CA）。

5）密钥交换和客户证书

SSL 协议有 RSA、DH 和 Fortezza 三种密钥交换方案可供选用；TLS 协议不支持 Fortezza、客户证书及算法加密。

6）加密计算

SSL 协议与 TLS 协议在计算主秘密时采用不同的方式。

7）填充

在协议信息内容发送之前，需要对其进行字节填充。TLS 协议的填充方式可以防止恶意行为分析报文长度后采取的攻击。SSL 协议与 TLS 协议需要填充的数据长度分别要达到密文长度的最小整数倍和任意整数倍。

2. 握手协议的交互过程

如忽略上述差别，SSLv3.0 到 TLSv1.2 具有相同结构的握手协议，而 TLSv1.3 的握手协议发生了重大的变化，本节介绍 SSLv3.0 到 TLSv1.2 的握手协议。

握手协议负责 SSL 协议的通知和协商，如共享主秘密、加密算法的类型选择。客户端和服务器先通过 TCP 三次握手建立会话，握手协议由客户端和服务器之间先采用明文的方式进行通信，然后通过公钥密码传输密钥或用 DH 算法进行密钥协商。

握手协议是 SSL 协议最精密复杂的部分，其流程如图 9.6 所示，在应用数据传输之前最先开始工作。我们将握手协议分成 4 个阶段进行介绍，阶段之间用横线隔开，其中虚线代表可选的报文，实线代表必须发送的报文。

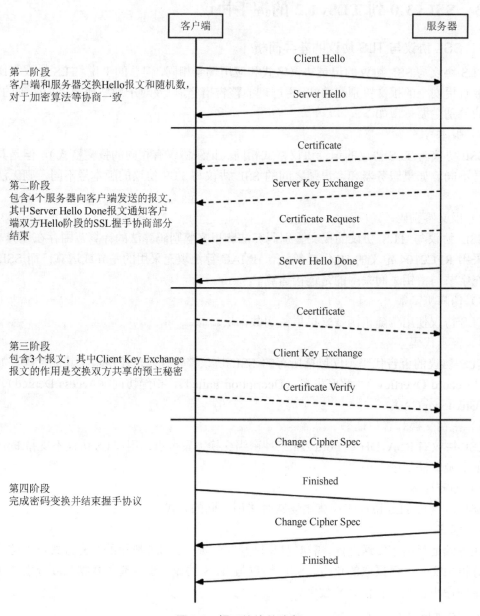

图 9.6　握手协议的流程

第一阶段：客户端和服务器交换 Hello 报文和随机数，对于加密算法等协商一致。客户端向服务器发送的 Client Hello 报文中包含协议版本号、第一个随机数、客户端支持的密码算法套件（CipherSuite）列表、客户端支持的压缩方法列表。第一个随机数将应用于后续主秘密的推导，并可以防止重放攻击。服务器返回 Server Hello 报文，其中包含服务器选中的算法、第二个随机数及其他信息。同样地，第二个随机数也用于后续双方共享的主秘密的推导。

第二阶段：包含 4 个服务器向客户端发送的报文，其中 3 个是可选报文。Certificate 报文包含服务器的公钥证书，之所以可选是因为客户端可能已经有了该证书；Server Key

Exchange 报文会在双方使用 DH 算法做密钥交换时使用，DH 算法的参数和服务器的公钥都是通过 Server Key Exchange 报文发送给客户端的，客户端的公钥通过 Client Key Exchange 报文（在第三阶段）发送给服务器，并且 Server Key Exchange 报文的结尾处需要使用服务器私钥进行签名，以表明自己拥有私钥。如果双方都使用 RSA 算法做密钥交换，则不发送 Server Key Exchange 报文，此时，服务器的 RSA 公钥是通过 Certificate 报文发送给客户端的，而 Client Key Exchange 报文（在第三阶段）发送用服务器 RSA 公钥加密的客户端生成的预主秘密（Pre Master Secret）。Certificate Request 报文表示请求客户端出示证书，实现对客户端的认证；Server Hello Done 报文是必须发送的，通知客户端双方 Hello 阶段的 SSL 握手协商部分结束。

第三阶段：包含 3 个报文，其中 2 个是可选报文。Certificate 和 Certificate Verify 报文主要用于对客户端的认证，在第二阶段收到 Certificate Request 报文的前提下发送。Client Key Exchange 报文的作用是交换双方共享的预主秘密，如果是 RSA 算法，则客户端用服务器公钥加密自己生成的预主秘密并发送，服务器收到后用私钥解密，得到之后导出主秘密，并用其生成会话密钥。

第四阶段：完成密码变换，由公钥转变为对称密码。客户端发送 Change Cipher Spec 报文告知服务器从现在开始发送的报文都是用协商的对称密码加密的，并发送 Finished 报文表示客户端向服务器方向的通信结束，服务器收到后发送同样的响应报文，其原理与 TCP 四次挥手断连相似。之后进入 SSL 记录协议，开始按照之前协商的参数收发应用数据。

3. 预主秘密、主秘密与对称密钥

在上述讨论中，提到了预主秘密、主秘密、SSL 记录协议使用的对称密钥这三组概念。三者之间的推导关系为预主秘密推导出主秘密，主秘密推导出对称密钥。

先来看预主秘密的生成。预主秘密来自密钥交换（如 DH 密钥交换）或密钥传输（如用服务器 RSA 公钥加密传输）。如果使用 DH 密钥交换，则服务器与客户端分别使用对方的 DH 公钥计算出预主秘密，此时双方都对预主秘密的生成做出了贡献。如果使用 RSA 公钥传输预主秘密，则在客户端使用随机数计算出预主秘密，用服务器的 RSA 公钥加密预主秘密发送给服务器，在此方案中，只有客户端提供预主秘密。当只有一方提供预主秘密时，被称为密钥传输方案。

其次用预主秘密产生主秘密。在这一阶段确保客户端和服务器都对主秘密的生成作出贡献；此外，要确保生成是唯一的。主秘密的生成使用了伪随机函数（可参见 NIST SP800-56 和 SP800-57）。在 RFC5246 中给出的主秘密的生成函数如下：

```
master_secret = PRF(pre_master_secret,"master secret",
                    ClientHello.random + ServerHello.random)
                    [0..47];
```

最后双方各自用主秘密派生出 SSL 记录协议使用的对称密钥及参数。同样地，使用伪随机函数将主秘密派生出 4 个对称密钥和 2 个加密所使用的初始值 IV。包括客户端加密密钥、服务器加密密钥、客户端报文鉴别码密钥、服务器报文鉴别码密钥、客户端 IV、服务器 IV。虽然 IV 通常被认为是公开的，但 SSL 将它们视为秘密参数。客户端和服务器都有自己的密钥，都使用加密密钥实现通信保密，使用报文鉴别码密钥进行完整性保护。

4．握手协议的报文类型

1）Client Hello 报文

客户端向服务器发起请求，这些请求是以明文形式传输的，详细参数如表 9.1 所示。

表 9.1　Client Hello 报文的详细参数

参数	说明
Version	支持的协议版本
Random_C	客户端产生的第一个随机数，用于后续生成会话密钥
CipherSuites	支持的密码套件
CompressionMethods	支持的压缩算法
Extension	扩展字段

客户端本地支持的最高 SSL 协议版本，按发布时间包括 SSLv2.0、SSLv3.0、TLSv1.0、TLSv1.1、TLSv1.2。

支持的密码套件列表。每个密码套件对应 4 个功能的组合：密钥交换算法 Key Exchange（密钥协商）、对称加密算法 Enc（信息加密）、认证算法 Au（身份验证）和报文鉴别码 Mac（完整性校验）。

支持的压缩算法列表。在信息传输阶段压缩信息。

随机数（Random_C）。双方协商的主秘密的生成由该随机数作为随机因子之一。

扩展字段（Extensions），支持的协议与算法等其他相关信息。

2）Server Hello、Server Certificate、Sever Hello Done 报文

服务器接收到客户端发来的 Client Hello 报文后，结合服务器的本地情况，经过处理，发送 Server Hello 报文到客户端，Server Hello 报文的详细参数如表 9.2 所示。在 Server Hello 报文中，服务器返回协商的结果，包括协商使用的压缩算法 CompressionMethod、密码套件 CipherSuite、协议版本 Version、随机数 Random_S（用于后续的密钥协商）等。

表 9.2　Server Hello 报文的详细参数

参数	说明
Version	支持的协议版本
Random_S	产生的第二个随机数，用于后续生成会话密钥
CipherSuite	从客户端支持的密码套件中选定一种加密方法
CompressionMethod	从客户端支持的压缩算法中选定一种压缩算法
Extension	扩展字段

Server Certificates，服务器可选择的证书列表，用于密钥交换与身份认证。

Server Hello Done，发送信息告知客户端 Server Hello 的所有报文发送完毕。

3）证书校验

客户端验证服务器 Server Hello 报文中所提供的证书是否合法，若验证通过，则继续通信，否则根据错误提示做出相应的操作，合法性验证包括证书列表是否可信；通过离线 CRL 或在线 OCSP 检查证书是否已被注销；检查有效期，证书在当前时间是否有效；域名检验，检查当前服务器域名是否与签发证书中的域名一致。

4）Client Key Exchange、Change Cipher Spec、Encrypted Handshake Message 报文

Client Key Exchange：在密钥传输方案中，用服务器的 RSA 公钥加密预主秘密发送给服

务器；在密钥交换方案中，客户端发送自己的 DH 公钥给服务器。这一步完成后，双方收集到完成密钥协商的完备信息，这些信息如下。

客户端本地生成的随机数 Random_C、服务器本地生成的随机数 Random_S，还有客户端本地生成的预主秘密（密钥传输）或双方的 DH 公钥（密钥交换）。将这些信息统一代入伪随机函数计算得到主秘密。

Change Cipher Spec：客户端发送信息告知服务器后续的通信都将使用协商得到的加密算法和密钥进行。

Encrypted Handshake Message：该报文的类型为 Encrypted Handshake Message（第一条用协商得到的对称密钥加密的报文），如果握手结束，则报文的内容为 Finished。将该报文发送给服务器，让服务器检验对称加密是否正常工作。

5）Change Cipher Spec、Encrypted Handshake Message 报文

服务器接收并解密客户端发送的 Encrypted Handshake Message 报文，验证密钥是否正确，数据是否完整。若验证通过，则服务器发送 Change Cipher Spec 报文，通知客户端之后的通信都将采用先前协商好的密钥及加密算法进行。

6）Encrypted Handshake Message 报文

服务器采用协商选择的密钥和加密算法，加密先前获得的所有信息，生成一段数据，并将数据发送给客户端。如果握手结束，则报文的内容为 Finished。

客户端接收并解密 Encrypted Handshake Message 报文，验证服务器发送来的报文是否完整无差错，若验证通过，则握手结束。

9.2.4　TLSv1.3 的握手协议

TLSv1.3 的握手协议层删去了密码变换协议，仅剩下警告协议和握手协议。依循极简主义的设计哲学，将密钥协商、对称加密和解密、压缩（禁用压缩）等环节中可能存在的安全隐患剔除，防患于未然。下面对握手协议进行介绍。

1. 握手流程

TLSv1.3 重构了握手框架，在提高效率方面进行了大量改进，特别是对握手流程进行了重新设计，将握手交互延时从 2RTT（Round Trip Time）降低至 1RTT 甚至是 0RTT。在网络环境较差或节点距离较远的情况下，这种优化能节省几百毫秒的时间。TLSv1.3 中废除了不支持前向安全性的 RSA 密钥传输和 DH 密钥交换。基本握手流程如图 9.7 所示，其中"()"中的内容是在 Client Hello 报文或 Server Hello 报文中发送的扩展；"*"标识的是并非所有情况下都要发送的报文或扩展；"{}"中的内容是握手协议中传输的密钥保护的报文；"[]"中的内容是上层应用数据被密钥保护的报文。

整个握手流程被分为 3 个部分。

（1）密钥交换：选择密码参数并确定共享密钥。该部分包含 Client Hello 报文和 Server Hello 报文，完成后所有报文都被加密。

（2）服务器参数：确定其他握手参数（是否认证客户端、应用层协议支持等）。该部分包含 Encrypted Extensions 报文和 Certificate Request 报文。

（3）认证：认证服务器（选择性地认证客户端），确认密钥，并验证握手的完整性。该部分包含 Certificate 报文、Certificate Verify 报文及 Finished 报文。

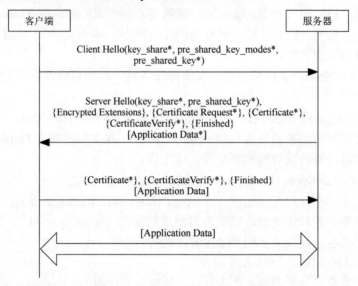

图 9.7 TLSv1.3 的基本握手流程

2. 握手协议报文

TLSv1.3 的握手协议报文有 Client Hello、Server Hello、Hello Retry Request、Encrypted Extensions、Certificate Request、Certificate、Certificate Verify、Finished、End Of Early Data、New Session Ticket 及 Key Update 报文。

1）密钥交换报文

客户端与服务器通过密钥交换报文协商安全特性，生成用于保护握手协议报文和记录协议数据的密钥。密钥交换报文包括 Client Hello、Server Hello 及 Hello Retry Request 报文。

（1）Client Hello 报文。

```
struct{
ProtocolVersion legacy_version= 0x0303;
Random random;
opaque legacy_session_id<0..32>;
CipherSuite cipher_suites<2..2^16-2>;
opaque legacy_compression_methods<1..2^8-1>;
Extension extensions<8..2^16-1>;
}ClientHello;
```

报文中的 legacy_version 域在之前的协议版本中用于协议版本协商，而在 TLSv1.3 中，客户端在 supported_versions 扩展中指明其支持的协议版本，而 legacy_version 域必须被设置为 0x0303，即 TLSv1.2 的版本号。

random 域包含 32 字节由安全随机数生成器生成的随机数。

legacy_session_id 域在之前的协议版本中用于指明要重用的会话，而进行 TLSv1.3 握手协商的服务器必须忽略该域。

　　cipher_suites 域包含客户端支持的密码算法（包括密钥长度）和用于 HKDF（基于 HMAC 的密钥生成函数）的哈希算法的组合，按照客户端的喜好程度降序排列。

　　legacy_compression_methods 域必须仅包含值为 0 的一个字节，表示压缩算法为空。

　　extensions 域包含客户端需要服务器支持的扩展功能。

　　（2）Server Hello 报文。

　　当服务器能在 Client Hello 报文中找到一组自己支持的算法，且客户端提供的 key_share 扩展（如果客户端提供了）中有服务器支持的选项时，服务器将发送 Server Hello 报文。该报文包含当前会话商定的 TLS 协议版本和密码套件，服务器生成的独立于客户端随机数的 32 字节安全随机数，以及用于建立加密环境的各种扩展。

　　（3）Hello Retry Request 报文。

　　如果服务器可以在 Client Hello 报文中找到一组自己支持的算法，但 Client Hello 报文中没有足够信息让握手继续进行下去，则服务器应当发送 Hello Retry Request 报文。该报文包含商定的 TLS 协议版本和密码套件，以及必要的扩展。

　　2）扩展

　　TLSv1.3 中基本的扩展类型有 supported_versions、cookie、signature_algorithms、supported_groups、key_share、pre_shared_key、psk_key_exchange_modes 及 early_data。

　　（1）supported_versions 扩展。

　　supported_versions 扩展包含客户端支持的协议版本的列表，按照客户端喜好程度降序排列。TLSv1.3 的客户端必须在 Client Hello 报文中包含该扩展。

　　（2）cookie 扩展。

　　cookie 扩展主要有两方面的作用，一方面服务器可以利用该扩展迫使客户端证明其网络地址的可达性，以提供一种 DoS 攻击的防御手段；另一方面服务器可以将初始 Client Hello 报文的哈希状态写入该扩展，并进行适当的完整性保护，从而使服务器可以在不存储任何状态的情况下发送 Hello Retry Request 报文给客户端。

　　（3）signature_algorithms 扩展。

　　signature_algorithms 扩展包含一个列表，其中的各项表示客户端愿意使用的签名算法，按客户端的喜好程度降序排列。要求服务器通过证书进行认证的客户端必须发送该扩展。自签名证书和作为信任锚点的证书的签名可以不用本扩展提供的算法。

　　（4）supported_groups 扩展。

　　客户端发送的 supported_groups 扩展包括其支持的用于密钥交换的算法套件（在 TLSv1.3 中被称作"命名组"）的列表，列表中各项按客户端的喜好程度降序排列。

　　（5）key_share 扩展。

　　key_share 扩展包含客户端或服务器的密码参数。该扩展若出现在 Client Hello 报文中，则包含多个密钥参数和命名组对；若出现在 Server Hello 报文中，则包含一个与客户端提供的某个密钥参数属于同一命名组的服务器密钥参数和命名组对；若出现在 Hello Retry Request 报文中，则包含一个通信双方都支持的命名组。

　　（6）pre_shared_key 扩展。

　　当密钥交换方式为 PSK（Pre-Shared Key）时（包括单独的 PSK 及 PSK 与 DH 密钥交换的结合），通信双方用 pre_shared_key 扩展表明使用的 PSK 标识。

Client Hello 报文的 pre_shared_key 扩展包含客户端希望与服务器协商的 PSK 标识（密钥的标签）的列表，以及一系列将生成 PSK 时的会话和当前会话关联起来的 HMAC 值。

Server Hello 报文的 pre_shared_key 扩展包含一个索引值，该索引值表示服务器选中的 PSK 标识在客户端提供的 PSK 标识列表中的位置（排在第 1 个的索引值为 0）。

（7）psk_key_exchange_modes 扩展。

psk_key_exchange_modes 扩展表明客户端支持的 PSK 的使用模式。TLSv1.3 支持两种 PSK 的使用模式，一种是仅使用 PSK 的密钥交换模式，另一种是 PSK 和 (EC)DHE 结合的密钥交换模式。

（8）early_data 扩展。

当使用 PSK 时，客户端可以在握手的首轮发送应用数据（0RTT 数据）。在这种情况下，Client Hello 报文中必须包含 early_data 扩展。0RTT 数据由早期传输密钥加密。

3）服务器参数

接下来的两类由服务器发送的报文 Encrypted Extensions 和 Certificate Request 都受到加密保护，加密所使用的服务器的对称密钥和 IV 是由 handshake_traffic_secret（由 Hello 阶段的密钥交换产生，相当于 TLSv1.2 中的主秘密）派生得到的。这两类报文确定了剩下的握手流程。

（1）Encrypted Extensions 报文。

Encrypted Extensions 报文是第 1 条用由 handshake_traffic_secret 导出的密钥加密的报文。该报文包含需要被保护的扩展，即任何与建立加密环境无关，与证书也无关的扩展。

（2）Certificate Request 报文。

通过证书认证的服务器可以选择发送 Certificate Request 报文要求客户端也提供证书。该报文包含服务器支持的签名算法的列表，能够接受的 CA 的可识别名称列表，以及客户端证书需要包含的扩展列表。此外，当该报文被用于握手后客户端认证时，报文中还包含一个作为此次证书请求的标识，且客户端需要写入其应答报文（Certificate Verify）中的字符串（Nonce），该字符串的值在此连接范围内必须是唯一的（防止客户端的 Certificate Verify 报文被重放）。

4）认证报文

认证报文包括 Certificate、Certificate Verify 及 Finished 报文，用于身份认证、密钥确认及握手完整性检查。

Certificate 报文：包含用于身份认证的证书及与该证书相关的证书链。要注意，在发送 0RTT 数据的情况下，不能使用基于证书的客户端进行身份认证。

Certificate Verify 报文：包含对 Hash(Handshake Context+Certificate) 的签名。其中 Hash 表示哈希算法，Handshake Context 表示握手上下文。

Finished 报文：包含 Handshake Context+Certificate*+Certificate Verify* 的报文鉴别码，被 * 标识的报文仅在用证书进行身份认证时才出现。

注意，握手上下文是指定串联的已经交互的握手报文，且包括每条报文的类型和长度。例如，服务器的握手上下文包括 Client Hello,…,Encrypted Extensions/Certificate Request 一系列报文；客户端的握手上下文包括 Client Hello,…,Server Finished 一系列报文。

（1）Certificate 报文。

当通信双方协商的密钥交换方法需要用证书来认证身份时，服务器必须发送 Certificate 报文。仅当服务器向客户端发送 Certificate Request 报文以请求认证客户端身份时，客户端才必须发送该报文。

该报文的消息体结构如下：

```
struct {
opaque certificate_request_context<0…2^8-1>;
CertificateEntry certificate_list<0…2^24-1>;
} Certificate;
```

如果该报文是客户端对 Certificate Request 报文的应答，则 certificate_request_context 的值应该是 Certificate Request 报文中与之同名的域的值。如果该报文是服务器发送的，则 certificate_request_context 的长度应为 0。

certificate_list 域包含一系列证书条目（Certificate Entry），而每个 Certificate Entry 都包含一个证书和多个扩展。发送方的证书必须包含在该列表的第 1 个 Certificate Entry 中。每个证书都直接验证其之前的一个证书。

（2）Certificate Verify 报文。

Certificate Verify 报文用于证明端实体拥有其提供的证书的私钥，同时用于验证到目前为止的握手的完整性。如果服务器或客户端通过证书认证身份，则必须发送该报文。该报文包含对 Hash(Handshake Context+Certificate) 的数字签名。

（3）Finished 报文。

Finished 报文对于握手流程和密钥的认证都是必不可少的。收到 Finished 报文的一方必须验证该报文的内容。当通信中的某一方发送了 Finished 报文，且接收和验证了对方发来的 Finished 报文后，就可以开始通过该连接收发由传输密钥保护的应用层数据。该报文的消息体包含 Handshake Context+Certificate*+CertificateVerify* 的报文鉴别码，被*标识的报文仅在用证书进行身份认证时才出现。

5）End Of Early Data 报文

End Of Early Data 报文由客户端发送，以表明 0RTT 数据已经发送完毕，且之后的报文由握手传输密钥保护。该报文由客户端早期传输密钥（保护 0RTT 数据的密钥）加密，消息体为空。

6）握手后报文

TLS 协议允许通信双方在初始握手之后发送其他握手协议报文，这些报文用传输密钥加密。

（1）New Session Ticket 报文。

服务器收到客户端发来的 Finished 报文后，可以在任意时间向客户端发送 New Session Ticket 报文。该报文创造了一个绑定票据和会话重用主密钥的 PSK。

客户端可以在以后的握手中使用该 PSK，方法是在 Client Hello 报文的 pre_shared_key 扩展中包含对应的票据。客户端应该尝试使用每个票据不超过一次，且先使用最近的票据。

该报文的消息体结构如下：

```
struct {
uint32 ticket_lifetime;
uint32 ticket_age_add;
opaque ticket<1…2^16-1>;
Extension extensions<0…2^16-2>;
} NewSessionTicket;
```

ticket_lifetime 域的值表示从票据发布的时刻起，以秒为单位的票据生命周期。该域的值不能超过 604800（7 天）。如果该域的值为 0，则表示票据应该立刻被丢弃。

ticket_age_add 域包含一个 32 比特的随机数，该随机数用于模糊客户端在 pre_shared_key 扩展中给出的票据存在时间。

ticket 域的值为 PSK 标识。它可以是一个数据库查询键，也可以是一个自加密、自认证的值。

extensions 域包含与该票据相关的扩展，如 early_data 扩展表明票据可以用于发送 0RTT 数据。early_data 扩展中的 max_earlydata_size 域的值表明使用该票据时，客户端最多可以在 0RTT 数据中发送的字节数。

（2）握手后认证报文。

服务器可以在握手结束后的任意时间内，通过发送 Certificate Request 报文对客户端进行身份认证。客户端应使用适当的认证报文进行响应。如果客户端接收该认证请求，则它必须发送 Certificate、Certificate Verify 及 Finished 报文。

（3）Key Update 报文。

Key Update 报文只有在端实体发送了自己的 Finished 报文之后才能被发送。发送完该报文后，发送方应用更新后的密钥保护自己发送的数据，接收方必须在收到报文后立刻更新自己的接收密钥。该报文的消息体结构如下：

```
enum {update_not _requested(0),update_ requested(1),(255)} KeyUpdateRequest;
struct {
KeyUpdateRequest request_update;
} KeyUpdate;
```

如果 request_update 域的值为 update_requested，则接收方必须在发送其应用数据之前发送一条 request_update 域的值为 update_not_requested 的 Key Update 报文，此机制允许任意一方强制更新整个连接。

9.2.5 低延时握手设计思想

9.2.4 节提到了 TLSv1.3 重构了握手协议框架，在提高效率方面进行了改进，将握手交互延时从 2RTT 降低至 1RTT 甚至是 0RTT。为了清晰地阐释这种设计思想，分别介绍 2RTT、1RTT、0RTT 三种握手的工作原理，重点关注握手交互延时。

1. 2RTT 握手

先以 ECDHE 密钥交换算法为例，重点回顾 TLSv1.2 的握手流程，如图 9.8 所示。

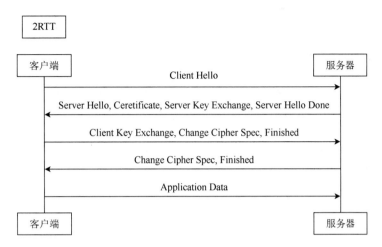

图 9.8 TLSv1.2 的握手流程

（1）第 1 个 RTT。

客户端首先发送 Client Hello 报文，该报文主要包括客户端支持的协议版本、密码套件列表及握手流程需要用到的 ECC 扩展。

服务器应答 Server Hello 报文，包含选定的密码套件和 ECC 扩展；发送证书给客户端；选用客户端提供的参数生成 ECDHE 临时公钥，同时应答 Server Key Exchange 报文。

（2）第 2 个 RTT。

客户端接收 Server Key Exchange 报文后，使用证书公钥进行签名验证，获取服务器的 ECDHE 临时公钥，生成会话所需的共享密钥；生成 ECDHE 临时公钥和 Client Key Exchange 报文发送给服务器。

服务器处理 Client Key Exchange 报文，获取客户端的 ECDHE 临时公钥；服务器生成会话所需的共享密钥；发送密钥协商完成报文给客户端。

（3）传输应用层数据。

通信双方使用生成的共享密钥对报文加密传输，保证报文安全。

从上述过程可以看出，在 TLSv1.2 中需要密码套件协商、密钥信息交换、密码变换协议通告等过程，需要消耗 2RTT 的握手时间，导致握手交互延时相对较慢。

2．1RTT 握手

TLSv1.3 提供了 1RTT 握手，以 ECDHE 密钥交换过程为例，握手流程如图 9.7 所示。将客户端发送 ECDHE 临时公钥的过程提前到 Client Hello 报文中，同时删除密码变换协议简化握手流程，使第 1 次握手时只需要 1RTT。

（1）第 1 个 RTT。

客户端发送 Client Hello 报文，该报文主要包括客户端支持的协议版本、含 ECDHE 密钥交换参数列表的 key_share 扩展。

服务器应答 Server Hello 报文，包含选定的密码套件；Certificate 报文发送证书给客户端；Certificate Verify 报文使用证书对应的私钥对报文签名并发送给客户端；选定自己的 ECDHE 公钥和参数，并结合客户端提供的参数生成 ECDHE 临时公钥，计算出用于加密应用层数据的共享密钥；将自己的临时公钥通过 key_share 扩展发送给客户端。

客户端接收到上述报文后，使用证书中的公钥进行签名验证，获取服务器的 ECDHE 临时公钥，生成会话所需的共享密钥。

（2）传输应用层数据。

通信双方使用生成的共享密钥对应用层数据加密传输和添加报文鉴别码。

3. 0RTT 握手

为了极致提升 TLS 协议延时方面的性能，TLSv1.3 提出了一种 0RTT 握手。对于客户端最近访问过的网站，可以在第 1 次交互时将加密数据发送给服务器。具体的实现过程如下：客户端和服务器通过 TLS Session 复用或外部输入的方式共享 PSK，在这种情况下，允许客户端在第 1 次交互的 Client Hello 报文中包含应用数据，该数据使用 PSK 加密。0RTT 握手不具有前向安全性，且报文可能被用作重放攻击，所以安全性较低，需要慎重使用。

9.2.6　SSL 协议和 TLS 协议版本总结

SSL 协议和 TLS 协议版本发展如表 9.3 所示。TLSv1.0 和 SSL 协议的对比分析如表 9.4 所示。由于 TLSv1.1 对 TLSv1.0 来说升级内容较少，存在类似降级攻击的缺陷，所以大部分软件都将弃用 TLSv1.1 以下版本，而直接使用 TLSv1.2。这里为了让读者更好地了解 TLS 协议的发展历程，依旧将 TLSv1.0、TLSv1.1 及 TLSv1.2 进行对比分析，如表 9.5 所示。

表 9.3　SSL 协议和 TLS 协议版本发展

协议	年份	RFC	描述
SSLv1.0	1994	—	NetScape 公司设计 SSLv1.0，未发布
SSLv2.0	1995	—	NetScape 公司发布 SSLv2.0
SSLv3.0	1996	RFC6101	NetScape 公司发布 SSLv3.0
TLSv1.0	1999	RFC2246	IETF 将 SSL 标准化改名为 TLSv1.0
TLSv1.1	2006	RFC4346	发布 TLSv1.1
TLSv1.2	2008	RFC5246	发布 TLSv1.2
TLSv1.3	2018	RFC8446	发布 TLSv1.3

表 9.4　TLSv1.0 与 SSL 协议的对比分析

差异项	SSL 协议	TLSv1.0
报文鉴别码	填充字节与密钥间采用连接计算	采用 HMAC 算法的异或运算
伪随机函数	未将密钥拓展为数据块	使用伪随机函数
警告代码	TLS 协议在继承 SSLv3.0 之上加入了解密失败、记录溢出等警告代码	
密文块和客户证书填充	填充后数据长度达到密文块长度的最小整数倍	TLS 协议不支持 Fortezza 密钥交换、加密算法和客户证书；填充后数据长度达到密文块长度的任意整数倍

表 9.5　TLS 协议版本的对比分析

差异项	TLSv1.0	TLSv1.1	TLSv1.2
对 Finished 报文的影响	计算 Finished 报文时使用 MD5+SHA-1 组合运算		单次 SHA-256 运算
对伪随机函数的影响	两次哈希运算，第 1 次使用 MD5 和 Secret 的前半部分，第 2 次使用 SHA-1 和 Secret 的后半部分		单次哈希运算，使用 SHA-256 或 SHA-384

续表

差异项	TLSv1.0	TLSv1.1	TLSv1.2
对 Certificate Verify 报文的影响	使用 MD5+SHA-1 的形式对握手信息进行摘要运算		Certificate Verify 报文格式不同，多出 HASH_ALG 和 SIGN_ALG 两个字节，分别表示哈希算法和签名算法。根据 HASH_ALG 单次计算具体握手摘要
对 Server Key Exchange 报文的影响	报文格式延续之前没有变化		报文格式多了两个字节表示哈希算法和签名算法
对加密的影响	在加密数据前填充 IV_SIZE 长度的随机数并作为数据一起加密和解密，解密后丢弃	CBC 加密使用包含在每个 TLS 记录中的显式 IV，不对该 IV_SIZE 进行加密，将下一数据块的 WRITE_IV 改成这个随机数	

TLSv1.3 相较之前版本有较大的差异。TLSv1.3 与 TLSv1.2 之前版本的共同点可归结为：在握手流程中，客户端和服务器都要协商协议版本和密码套件，选择性地认证对方身份，以及进行密钥交换。与之前版本不同，TLSv1.3 在服务器 Hello 报文之后的所有报文都做了加密处理，两组握手协议的其他不同之处如下，并在表 9.6 中将 TLSv1.3 与其他版本做了简要对比分析。

（1）TLSv1.3 的密钥交换模式不再与密码套件相关，且在无明确带外验证机制的情况下不再支持完全匿名的会话。

（2）现行版本（SSLv3.0 到 TLSv1.2）的密钥交换与端实体认证是融合在一起的，而 TLSv1.3 中密钥交换与端实体认证是分界明确的两个步骤。

（3）TLSv1.3 对之前版本中某些使用场景的实现机制进行了调整，同时引入了新的使用场景，如用握手后认证取代了原本的重协商机制，以及在 PSK 密钥交换模式下允许客户端在握手首轮（0RTT）发送应用层数据等。

表 9.6　TLSv1.3 与其他版本的对比分析

差异项	其他协议版本	TLSv1.3
使用程度	SSLv2.0、SSLv3.0、TLSv1.0 和 TLSv1.1 分别于 2011 年、2015 年和 2020 年被弃用	正在被大力推广和使用
密码算法	存在无法确保前向安全的静态 MD5、SHA-1 等算法	全面使用 ECC 算法，删除一些加密性能较弱的哈希算法和加密套件，使安全性得到提升
组成协议	存在密码变换协议	删除密码变换协议；增加 0RTT 握手
握手过程	3 次握手	2 次握手，具有更快的访问速度，也促使更多的握手流程被加密
证书支持	支持 DSA 证书	不再支持 DSA 证书
重新协商	支持通过重协商机制回退到更早的不安全版本	不再支持重协商机制

由于 SSL 协议和 TLS 协议提供了认证、保密性和完整性，以及可用性服务，因此受到的主要安全威胁也针对这几个方面，即身份伪装，报文窃听、篡改和重放，以及 DoS 攻击。具体而言，在 SSL/TLS 握手流程中，攻击者可能通过重放报文或伪造证书等行为伪装成服务器或合法客户端，可能通过窃听和篡改报文等手段获取会话密钥，或者通信双方使用不安全的密码套件，也可能发动 DoS 攻击使合法用户无法获得其应得的资源和服务。

🔒9.3 IPSec 协议

IPSec 协议是 IETF 提出的使用密码学保护 IP 层通信的安全架构，位于网络分层模型的网络层，为网络应用提供公共的安全服务。IPSec 协议的历史可以追溯到 20 世纪 90 年代，它经历了多个版本的发展（1995 年的第 1 版、1998 年的第 2 版、2005 年的第 3 版、2014 年的第 4 版），今天的 IPSec 协议已经成为一种广泛使用的网络安全协议。

IPSec 协议可以部署在主机（有完整的 7 层协议栈）或网关路由器（通常只有 3 层协议栈）上，当部署在路由器上时，IPSec 协议可以为该路由器所接入的整个 IP 子网的流量提供安全保护。通过在网关路由器上定义安全策略库规定 IPSec 协议保护的范围和安全目标。例如，根据 IP 地址段对经过路由器的流量划分为保护、丢弃和旁路 3 种策略。

IPSec 协议主要提供以下 3 种安全服务来保护对等 IPSec 实体之间的往来流量。注意，对等 IPSec 实体可以是两个对等主机的 IPSec 层，也可以是对等主机与网关路由器的 IPSec 层，或者两个对等路由器的 IPSec 层。此外，结合协议上下文，其提供的安全服务还可以细分为对等 IPSec 实体之间传输报文的通信保密、无连接的完整性、数据来源认证、抗重放攻击、加密及隐蔽数据流量等。

（1）身份认证：可以确定接收的数据与其所声称的发送方是一致的，即确定声称的发送方实际上是真实发送方，而不是伪装的。

（2）完整性：保证数据从原发地到目的地的传送过程中没有不可检测的数据丢失与改变。

（3）保密性：使相应经访问授权的接收方能获取发送的真正内容，而未经授权获取数据的接收方无法获取数据的真正内容。

IPSec 是一个协议簇，是通过对 IP 包进行加密和报文鉴别来保护 IP 协议的网络协议簇（一些相互关联的协议的集合），给出了应用于 IP 层安全的一整套体系结构，包括 AH（Authentication Header，认证头）、ESP（Encapsulating Security Payload，封装安全载荷）、IKE（Internet Key Exchange，因特网密钥交换）3 个主要协议和用于网络认证及加密的一些算法等。其中，AH 协议和 ESP 协议通过对 IP 包加密或添加报文鉴别码来提供安全服务，IKE 协议用于密钥交换。

9.3.1 安全联盟

安全联盟（Security Association，SA）是通信实体之间经过协商建立起来的单向的逻辑连接，其连接参数包括：使用何种协议来保护数据、使用何种算法、加密和报文鉴别码的方式、加密和报文鉴别码所使用的密钥、是否启用抗重放服务及抗重放服务序列号、SA 生存期等。

SA 是 IPSec 协议保护的基础，AH 协议和 ESP 协议面向 SA 提供安全服务，IKE 协议主要用于建立和维护 SA。SA 具有单向性，两个通信实体之间建立的 SA 通常成对出现。例如，对等 IPSec 实体 X 和 Y 通过 IKE 协议协商使用 AH 协议保护双方通信报文，那么每个实体内部需要存储 SA:_x_to_y 和 SA:_y_to_x 两条 SA 才能完成互相通信，X 的 SA:_x_to_y 为出境流量 SA，Y 的 SA:_x_to_y 为入境流量 SA，这两条 SA 采用的协议、加密和报文鉴别码的方式、密钥等信息相同，以确保 X 发出，经过 AH 协议封装的报文能够被 Y 接收且完成解封装和检验。SA 由一个三元组来唯一标识，这个三元组包括安全参数索引（Security Parameter Index，SPI）、目的 IP 地址和使用的安全协议（AH 或 ESP）。

安全策略数据库（Security Policy Database，SPD）指定实现 IPSec 协议的实体以何种方式为 IP 包提供安全保护，所有出境的 IP 包都需要查询 SPD 来获取安全策略。SPD 为任何穿越 IPSec 实体的 IP 包提供了 3 种选择：丢弃、绕过 IPSec 保护和应用 IPSec 保护。丢弃是指不允许 IP 包穿过 IPSec 边界；绕过 IPSec 保护是指 IP 包在不经过 IPSec 保护的情况下穿过 IPSec 边界；应用 IPSec 保护是指 IP 包穿过 IPSec 边界时经过 IPSec 保护。

理论上，所有入境流量应在入境后首先查询 SPD 获取安全策略。但是在实现中，受到 IPSec 保护的入境流量将首先根据 AH 或 ESP 头中的 SPI 等信息查询 SA。IPSec 实体将 SA 状态保存在安全关联数据库（Security Association Database，SAD）中。在查询 SA 失败后，查询该流量是否属于 SPD 中的保护策略，若不属于，则丢弃。而不经过 IPSec 保护的 IP 包入境后首先查询 SPD 来获取其所属的安全策略，转发或丢弃。SAD 定义了与 SA 相关的参数，如协议类型、工作模式、算法类型、算法密钥、算法初始向量、序列号等，每建立起一个 SA，SAD 就需要新建一个条目与之对应。

9.3.2　工作模式

AH 协议和 ESP 协议的工作模式分为传输模式和隧道模式两种。使用传输模式时，在原 IP 头和上层载荷之间插入 IPSec 协议（AH 或 ESP）头。在 IPv4 协议中，AH 头或 ESP 头位于原 IP 头和选项字段之后，在其他上层协议之前；在 IPv6 协议中，AH 头和 ESP 头作为 IPv6 扩展头部中的内容，位于 IPv6 基本头、逐跳选项头、目的选项头、路由头和分片头之后，在其他上层协议头之前。传输模式下 IPSec 头的位置如图 9.9 所示。

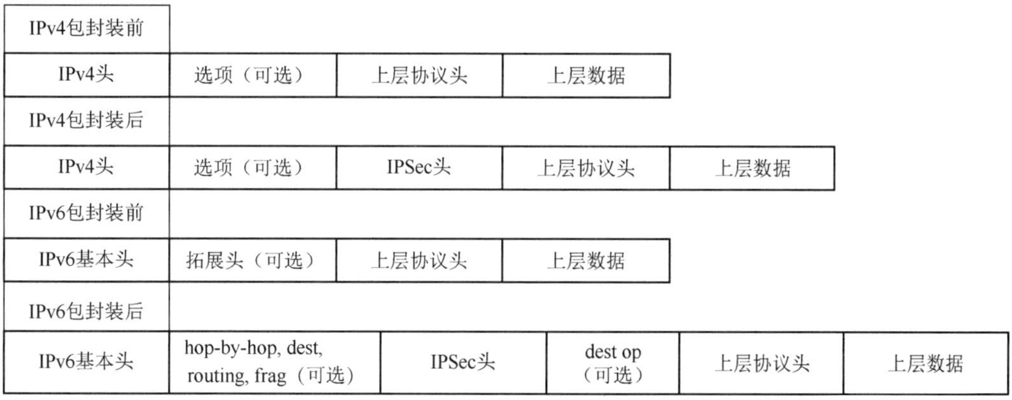

IPv4包封装前				
IPv4头	选项（可选）	上层协议头	上层数据	
IPv4包封装后				
IPv4头	选项（可选）	IPSec头	上层协议头	上层数据
IPv6包封装前				
IPv6基本头	拓展头（可选）	上层协议头	上层数据	
IPv6包封装后				
IPv6基本头	hop-by-hop, dest, routing, frag（可选）	IPSec头	dest op（可选）	上层协议头　上层数据

图 9.9　传输模式下 IPSec 头的位置

AH 协议和 ESP 协议为 IP 包提供了不同类型的安全服务：AH 协议主要为整个 IP 包（包括 IP 头部，但不包括可变字段）提供报文鉴别的服务；而 ESP 协议为 IP 包的载荷提供保密性的服务，并可选地提供一定报文鉴别的服务。后面两节将详细展开讨论。

使用隧道模式时，需要重新构建外层 IP 头，将原 IP 包（包括原 IP 头）用新 IP 头封装，新 IP 头的源地址和目的地址由 IPSec 协议指定，原 IP 头的源地址和目的地址不变。隧道模式将整个原 IP 包作为载荷，AH 头或 ESP 头位于新 IP 头和原 IP 头之间。此时，AH 协议为整个 IP 包（包括新 IP 头，但不包括可变字段）提供报文鉴别的服务，而 ESP 协议为作为新 IP 包载荷被封装的原 IP 包提供保密性的服务，并可选地提供一定报文鉴别的服务。隧道模式下 IPSec 头部的位置如图 9.10 所示。

IPv4包封装前			
IPv4头	选项（可选）	上层协议头	上层数据

IPv4包封装后				
新IPv4头	IPSec头	原始IPv4头	上层协议头	上层数据

IPv6包封装前			
IPv6基本头	拓展头（可选）	上层协议头	上层数据

IPv6包封装后				
新IPv6基本头	IPSec头	原始IPv6头	拓展头（可选）	上层协议头	上层数据

图 9.10　隧道模式下 IPSec 头部的位置

9.3.3　AH 协议

AH 协议提供报文鉴别的服务，包括无连接的数据完整性保护、数据来源认证和可选的抗重放保护；不提供保密性的服务，即它不对 IP 包加密。AH 协议的保护范围从 IP 头部开始，到被 IP 封装的上层协议载荷结束；IP 包在网络传输过程中，IP 头中的有些字段可能会发生变化，这些字段不被 AH 协议保护。AH 头格式如图 9.11 所示。

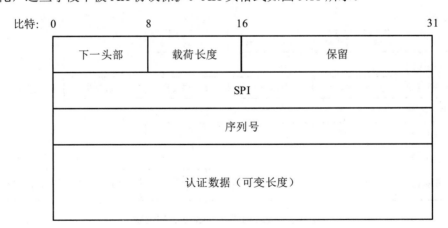

图 9.11　AH 头格式

1．AH 头字段

下一头部：8 比特，表明 AH 头所封装载荷的协议类型。在传输模式下，是被保护的上层协议（TCP 或 UDP）或 ESP 协议的编号；在隧道模式下，是 IP 协议或另一个并存的 SA 所使用的协议（如 ESP）的编号。注意，一个 IPSec 实体可以同时拥有多个 SA。例如，IPv4 的编号为 4，TCP 的编号为 6，IPv6 的编号为 41。

载荷长度：8 比特，表示以 32 比特为单位的 AH 头长度减 2。例如，设认证数据字段为 96 比特，则该字段值应为 4（头部固定的 3 个 32 比特，加上认证数据字段的 3 个 32 比特，减去 2）。对于 IPv6，头部总长度必须为 64 比特的整数倍。

保留：16 比特，保留将来使用，默认为 0。

SPI：32 比特，用于唯一标识 IPSec 协议的 SA。值为 0 被保留用来表明"没有 SA 存在"。

序列号：32 比特，是一个从 1 开始单项递增的计数器，唯一地标识每个 AH 协议报文，用于防止重放攻击。SA 建立时序列号归零，用该 SA 发出的第 1 个报文的序列号为 1，以后递增。如果提供抗重放服务，则在计数器计满 $2^{32}-1$ 之前，双方要重新协商 SA。如果不提供抗重放服务，则计数器采用循环计数的方式工作。

认证数据：可变长度，长度必须为 32 比特的整数倍，用于填充报文鉴别码，接收方进行完整性验证。

2．出境流量处理流程

1）SA 查询

IPSec 协议在 SPD 和 SAD 中查询相应的条目，确定该流量中的 IP 包使用 AH 协议处理，并获得 SA，包含报文鉴别码算法、密钥、生存期、协议模式等信息。

2）序列号产生

序列号主要用于提供抗重放服务。当一个 SA 创建成功时，发送方的序列号计数器初始化为 0。使用该 SA 通信时，发送的第 1 个 IP 包的序列号为 1，之后递增，并填充到 Sequence Number 域中。提供抗重放服务时，发送方保证每个序列号不会循环，在发送 $2^{32}-1$ 个 AH 协议报文之前，需要重新协商 SA。不提供抗重放服务时，序列号可循环，在计满之后归零重新计数。

3）认证数据字段值计算

AH 协议为 IP 包提供报文鉴别的服务，认证范围包括 IP 头、AH 头、上层载荷数据。如果在传输时某个字段会被修改且修改可预测，那么计算时应采用预测值填充；如果修改不可预测，那么将该字段填充成 0 之后进行计算。计算时需要根据长度要求并且按照 IPv4（32 比特）和 IPv6（64 比特）的分组大小对 AH 协议报文进行分组，在尾部分组时进行必要填充操作。

4）分片

如果构造的 AH 协议报文长度大于 MTU（Maximum Transmission Unit，最大传输单元），则需要对报文进行分片处理。

3．入境流量处理流程

入境流量处理流程与出境流量处理流程相反。首先进行 IP 分片的重组，重组之后，查询 SA，然后进行序列号验证，最后检验认证数据字段值。若完整性检验与抗重放检测通过，则认为报文有效，可被接收，否则接收方必须丢弃报文并生成审计事件日志。

9.3.4 ESP 协议

ESP 协议用于提供 IP 包的保密性服务和一定程度的报文鉴别服务。ESP 协议为被其封装的载荷（上层协议报文）提供保密性服务。在数据完整性和数据来源认证方面：提供从 ESP 头部开始，包含上层协议的报文头和载荷，到 ESP 尾结束范围的服务；区别于 AH 协议，ESP 协议的保护范围不包括 IP 头。ESP 协议报文格式如图 9.12 所示。

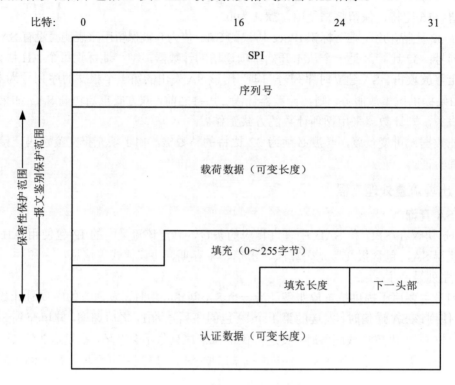

图 9.12　ESP 协议报文格式

1. ESP 协议报文格式及头部字段

SPI：32 比特，用于唯一地标识 IPSec 的 SA。

序列号：32 比特的计数器，用于提供抗重放服务。

载荷数据：可变长度，为 ESP 协议保护的上层数据。如果加密算法需要使用初始向量，则把初始向量放在载荷数据之前。

填充：可变长度，0～255 字节，如果加密算法对数据输入长度有要求，则需要对数据进行填充，填充内容起始字节为 1，按字节递增，填充到算法要求输入长度的整数倍。

填充长度：8 比特，描述填充字段长度。

下一头部：8 比特，描述 ESP 协议中载荷的协议类型。

认证数据：可变长度，用于填充报文鉴别码。

2. 出境流量处理流程

1）SA 查询

IPSec 协议在 SPD 和 SAD 中查询相应的条目，确定该流量中的 IP 包使用 ESP 协议处理并获得 SA，包含加密方式、加密算法、密钥、生存期、协议模式等信息。

2）序列号生成

在 SA 建立时，序列号初始化为 0，发送的第 1 个 IP 包的序列号为 1。

3）加密

加密范围是 ESP 载荷到 ESP 尾。先根据 SA 提供的加密算法类型，对 IP 包进行填充，以匹配算法数据输入长度。加密完成后，将初始向量放在密文之前、ESP 头部之后。

4）报文鉴别码计算

认证范围是 ESP 头、密文载荷及 ESP 尾。如果报文鉴别算法对数据输入长度有要求，则进行相应的填充，填充数据为全 0。

5）分片

如果经 ESP 协议处理后的 IP 包的长度超过 MTU，则需要进行分片处理。

3．入境流量处理流程

入境流量处理流程：先进行 IP 分片的重组，查询 SA，然后进行序列号验证，接收方可根据 SA 来判断入境 IP 包是否有抗重放服务，最后进行报文鉴别码验证和数据解密。如果报文鉴别码匹配且抗重放检测通过，那么 IP 包有效，接收该 IP 包；否则认为 IP 包无效，必须丢弃，并生成审计事件日志。

9.3.5　IKE 协议

使用 AH 协议或 ESP 协议保护 IP 包时，需要通过共享信息实现互操作与必要的安全信息（如密钥与参数等）的协商。IKE 协议实现对等 IPSec 实体之间状态信息的协商，为两个对等 IPSec 实体提供相互认证、共享秘密信息、建立 SA、协商 SA 使用的加密算法等服务。

IKE 协议报文总是以成对的一个请求报文和一个响应报文的方式出现，如果没有接收到响应报文，则发送方需要重发请求报文。请求（request）和响应（response），这样一对报文称为一次交换。IKE 协议交换大致分为以下 4 种。

1）IKE_SA_INIT 交换

作为 IKE 协议协商的第一步，为 IKE_SA 协商安全参数、临时随机数（Nonce）和 DH 密钥，建立 IKE_SA，为后续报文提供加密和完整性保护。

2）IKE_AUTH 交换

紧随 IKE_SA_INIT 交换，由 IKE_SA 的发起者发起，此时在 IKE_SA 上的所有载荷都受到加密，整条报文受到完整性保护。IKE_AUTH 为 IKE_SA 提供身份认证，协商子 SA（Child_SA）的算法和流量，建立第一个 Child_SA。

3）CREATE_CHILD_SA 交换

在初始交换（IKE_SA_INIT&IKE_AUTH）完成后进行 CREATE_CHILD_SA 交换，由任意一方发起。可以产生新的 Child_SA，也可以重建 IKE_SA 或 Child_SA。通常在新 IP 包需要 IPSec 保护，但是 SAD 中没有对应的 Child_SA 存在时，IKE 协议负责建立特定的 Child_SA，对该 IP 包进行保护。

4）INFORMATIONAL 交换

INFORMATIONAL 交换在初始交换完成后进行，对等 IPSec 实体通过 INFORMATIONAL 交换向对方通告错误或其他通知。例如，"删除载荷"请求用于删除指定的 IKE_SA 或 Child_SA，空的 INFORMATIONAL 请求可以检测对端 IKE_SA 是否存活。

🔓9.4 SET 协议的双重数字签名

9.4.1 SET 协议介绍

安全电子交易（Secure Electronic Transaction，SET）协议是由维萨（VISA）和万事达（MASTER CARD）两大信用卡组织发起，并联合微软等公司开发的开放的电子商务安全协议，是在 Internet 上进行在线信用卡交易的一套完整的电子交易系统规范。SET 协议虽然没有被大规模地完整应用，但它（甚至它的协议子集）对后世的电子商务安全、第三方支付、网络银行等方面的安全协议提供了重要的设计素材和参考价值。

1. SET 协议的主要参与方

SET 协议的主要参与方如图 9.13 所示，具体介绍如下。

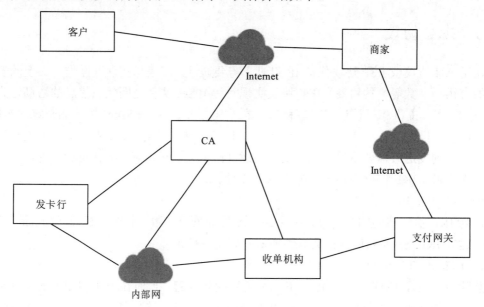

图 9.13 SET 协议的主要参与方

客户：在互联网环境中，个人和企业消费者通过 Internet 进行交易。客户是已被授权的支付卡（如万事达卡、维萨卡）的持卡人。

商家：向客户出售商品或服务的个人或组织。通常，这些商品和服务是通过互联网选购并支付的。

发卡行：向客户发放支付卡的金融机构，通常为银行。

收单机构：一种金融机构，为商家开立账户并处理支付卡的预授权、授权和付款操作。商家通常允许一个以上品牌的信用卡进行支付，但不想逐个处理多个单独的发卡行。收单机构向商家提供可接收的信用卡的授权和收款服务，并将收到的款转账到商家的账户。

支付网关：由收单机构和发卡行协定的处理交易的网关。SET 协议的 Internet 部分（公网部分）和现有银行卡支付网络（专网部分）之间的支付网关接口，用于授权和支付。商家通过互联网与支付网关交换 SET 协议报文，同时支付网关与收单机构的财务处理系统进行连接。

CA：受信任的 CA 可为客户、商家和支付网关签发 X.509v3 公钥证书。由于 SET 协议基于公钥密码实现对参与方的身份认证，因此其顺利实施取决于是否存在可用于此的 PKI。

2．SET 协议提供的安全服务

参与方的身份认证：SET 协议可以使商家验证客户是否是有效卡的合法账号，使客户验证商家与金融机构的关系，通过带有 RSA 签名的 X.509 公钥证书标识交易双方或通信双方的身份，通过公钥技术检验和确认参与方的身份。参与通信的每方都有自己的公钥，即每个参与方都需要向 CA 申请证书。在双方通信过程中，一方用私钥签名，另一方用对方公钥验证签名来实现身份认证。

完整性和保密性：保障任意两个参与方之间通信的完整性和保密性。例如，客户向商家发送的支付信息包括订单信息、个人数据和付款说明，SET 协议使用加密和报文鉴别码保证这些报文内容在传输过程中的保密性和完整性。RSA 签名时使用 SHA-1 哈希码提供报文完整性。某些报文也受 SHA-1 的 HMAC 的保护。

隐私保护：这是 SET 协议的某些应用场景下的一种独特安全需求，9.4.2 节将详细展开讨论。所谓隐私保护是指限制各参与方仅能获取自己应该知道的信息。例如，客户账户和支付信息在网络上传输时是保密的，不能被除客户自己和发卡行外的其他参与方获取。注意，SET 协议的应用场景是客户在商家网站完成在线信用卡刷卡，即便在这种情况下，SET 协议可以防止商家获知客户的信用卡号等隐私信息，信用卡号也只提供给发卡行。在 SET 协议中的每个参与方都有自己的隐私信息，通过双重数字签名实现隐私的保护。

概括来说，SET 协议提供了客户、商家和发卡行之间的身份认证，并确保了交易的保密性、可靠性和抗抵赖，保证在开放网络环境下使用信用卡进行在线购物的安全。

与 IPSec 协议、SSL 协议和 TLS 协议不同，SET 协议指定了所使用的密码算法，通常只有一种加密算法。这是因为 SET 协议是设想的参与方约定的协议规范，且要求统一的单个应用程序；而 IPSec 协议、SSL 协议和 TLS 协议旨在支持在异构环境下一系列应用程序的互操作性。

9.4.2　双重数字签名

为了实现隐私保护，SET 协议引入的一项重要创新是双重数字签名。双重数字签名的目的是链接发往两个不同接收方的两条报文。举例说明，考虑客户在商家网站下订单并在线支付的场景，客户希望将订单信息（Order Information，OI）发送给商家，并将付款信息（Payment Information，PI）发送给发卡行（准确地说，是通过商家转发给发卡行）。商家不需要知道客户的信用卡号，发卡行也不需要知道客户订单的详细信息。通过将二者分开，可以在隐私方面为客户提供额外的保护。那么商家如何确定与某个订单对应的付款信息呢？发卡行又如何确定某笔付款对应的订单信息呢？通过双重数字签名对两个报文（OI 和 PI）进行链接，以证明某笔付款是针对某个订单的。

如果不使用双重数字签名，假设客户向商家发送了两条单独报文：已签名的 OI 和已签名的 PI，并且商家将 PI 转发给发卡行。此时，商家可以从客户那里获取到另一个 OI，商家可以声称这个 OI 使用上述 PI 付款，而不是真正的 OI。

在图 9.14 中，通过双重数字签名防止了上述情况的发生。客户分别计算 PI 和 OI 的哈希值（例如，计算它们的 SHA-1 值），然后将这两个哈希值连接起来。最后，客户用他的签名私钥对最终的哈希值签名，形成双重数字签名。该操作可以概括为 $DS = E\left(\mathrm{PR}_\mathrm{C}, H(\mathrm{PI}) \| H(\mathrm{OI})\right)$，其中 PR_C 是客户的签名私钥。

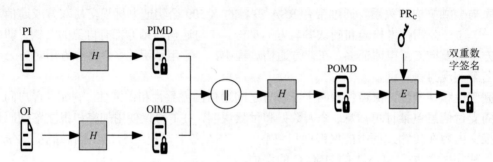

图 9.14　双重数字签名过程

现在假设商家拥有双重数字签名（DS）、OI 和 PI 的报文摘要（PIMD），以及取自客户证书的客户公钥，那么商家就可以计算 $H\left(\mathrm{PIMD} \| H(\mathrm{OI})\right); D(\mathrm{PU}_\mathrm{C}, \mathrm{DS})$ 了，其中 PU_C 是客户的签名私钥对应的公钥。如果这两个值相等，则商家验证签名通过。类似地，如果发卡行拥有 DS、PI、OI 的报文摘要（OIMD）和客户的公钥，则发卡行可以计算 $H\left(H(\mathrm{PI}) \| \mathrm{OIMD}\right); D(\mathrm{PU}_\mathrm{C}, \mathrm{DS})$，同样地，如果这两个值相等，则发卡行验证签名通过。

总的来说，步骤如下。

（1）商家收到 OI 和 PIMD 并验证客户签名。

（2）发卡行收到 PI 和 OIMD 并验证客户签名。

（3）客户用双重数字签名将 OI 和 PI 进行链接，证明其关联性。

现在，再次假设商家希望在此交易中替换 OI 以牟利，则商家必须找到另一个哈希值与现有 OIMD 匹配的 OI。对一个合格的哈希算法来说在计算上是不可能的。因此，商家不能将另一个 OI 与这个 PI 相匹配。

9.4.3　在线交易的案例

SET 协议的参与方较多，我们重点考虑客户和商家之间交易的流程，并通过分析该流程，理解双重数字签名是如何实现隐私保护的。客户在商家网站的在线信用卡交易通常采取以下流程。

（1）客户开通账号，并向 CA 申请证书。

（2）客户收到证书。

（3）商家有自己的证书。商家在开通账号之前，向 CA 申请证书。

（4）客户浏览商品。

（5）验证商家的身份。客户在商家网站浏览后，需要确认商家的身份，方法是通过商家公钥验证商家的签名。

（6）客户发送订单信息和支付信息给商家，该报文为购买请求（Purchase Request）报文。订单信息指购买商品的类型和数量；与第三方支付方案不同，支付信息是把信用卡号等隐私信息加密处理后发送给商家，这里的技术关键点在于：在商家网站实现在线信用卡交易，但信用卡隐私信息对商家不可见。

（7）商家请求支付授权。商家（向支付网关及收单机构）请求支付授权信息。

（8）商家确认订单。

（9）商家提供商品或服务。

（10）商家（向支付网关及收单机构）请求支付。

在以上交易流程中，购买请求报文是 SET 协议中最典型的用双重数字签名实现隐私保护的一种技术，将展开讨论。客户首先通过 CA 签名认证商家和支付网关的证书，并确认商家的身份。在购买请求报文发出之前，客户已经完成浏览、选择和订购。发送购买请求报文时，客户分别创建 OI 和 PI，将商家分配的交易 ID 放在 OI 和 PI 中，OI 不包含明确的订单数据，如商品的数量和价格，仅包含在交易期间商家和客户之间的交换中生成的订单数据。

在图 9.15 中，购买请求报文包含被加密保护和未被加密保护两部分的信息。第一部分为支付相关信息，被加密保护，对商家不可见，仅通过商家转发到支付网关。它包含 PI、OIMD，以及客户对 PI 和 OI 的双重数字签名；客户将第一部分信息用一个对称密钥（记作 K_s）加密，把 K_s 用发卡行的公钥加密。由于商家没有加密 K_s 的公钥对应的私钥，因此第一部分信息对商家不可见，商家无法读取任何与支付相关的信息。这种用第三方的公钥加密一个对称密钥转交给第三方的技术被称作数字信封。而当第一部分信息经支付网关转交给发卡行后，发卡行用自己的私钥解密数字信封得到 K_s，用 K_s 解密被加密的第一部分信息的密文，得到 PI、OIMD、双重数字签名，发卡行用客户公钥检验双重数字签名。

购买请求报文的第二部分信息是商家需要知道的与订单相关的信息，这部分信息不加密，它包括 PIMD、OI 明文、客户对 PI 和 OI 的双重数字签名。在图 9.16 中，商家通过连接 PIMD 和 OI 的哈希值，计算得到 POMD，并与验证双重签名得到的 POMD 进行比对，对客户的身份和双重数字签名进行验证。

在这个案例中，使用双重数字签名和数字信封技术，使得商家只能转发却无法获得客户的支付信息（客户的隐私）；而发卡行能获取支付信息的明文与订单信息的摘要，用于验证双重数字签名。发卡行无法获得订单信息的原文（商家的隐私），这同时实现了对商家的隐私保护。双重数字签名的验证过程如图 9.16 所示。

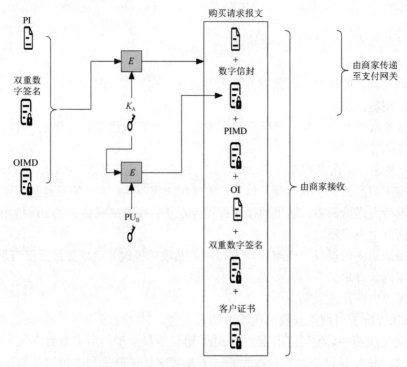

图 9.15　购买请求报文

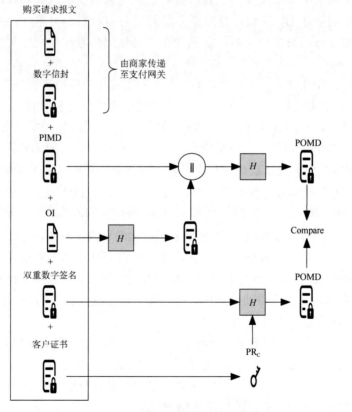

图 9.16　双重数字签名的验证过程

习　题

1．SSL 协议中的（　　）可以实现客户机和服务器之间的相互认证、协商会话的密钥等参数。

    A．SSL 记录协议　　　　　　　　　　B．SSL 握手协议

    C．SSL 密码变换协议　　　　　　　　D．SSL 警告协议

2．试简述 TLSv1.3 的低延时握手设计思想。

3．IPSec 协议是在（　　）实现的安全解决方案。

    A．应用层　　　　B．网络层　　　　C．数据链路层　　　　D．传输层

4．SET 协议使用（　　）技术来秘密传输对称密钥。

    A．双重哈希　　　　　　　　　　　　B．数字信封

    C．双重数字签名　　　　　　　　　　D．Merkle 哈希树

5．下面关于 SET 协议的说法不正确的是（　　）。

    A．SET 协议是在线信用卡交易，不是第三方支付

    B．SET 协议可以保障通信的保密性和完整性

    C．SET 协议无法解决交易的参与方之间的身份认证问题

    D．SET 协议使用的技术包括对称加密、双重数字签名、数字信封等

6．电子交易中通过 SET 协议中采用的双重数字签名技术，能够保证（　　）。

    A．商家能看到订单信息和客户的支付信息明文

    B．商家不能看到订单信息和客户的支付信息明文

    C．商家能看到订单信息明文，但不能看到客户的支付信息明文

    D．商家看不到订单信息明文，但能看到客户的支付信息明文

第 10 章　区块链

区块链（Block Chain）是新一代信息技术的重要组成部分，是分布式网络、密码技术、智能合约等多种技术集成的新型分布式应用，提供数据不可篡改和可追溯的安全服务，推动互联网从传递信息向传递价值变革。其最初是面向数字货币记账系统（Bitcoins）设计的一种基于密码技术的分布式存储解决方案。现如今，作为重要的数字经济信任基础设施，区块链形成了多种应用模式，以下是三类区块链的典型应用。

（1）链上存证。区块链成为链上存证的信任账本，主要应用于全网数据一致性要求较高的业务，为其提供数字化公共服务，如农产品溯源、药品溯源、工业品防伪溯源、电子发票、电子证照、电子病历、电子证据、招投标、公证等。

（2）链上协作。区块链提供多方协作的信任机器，主要应用于去中心化的大规模多方协作，实现数据共享、数据互联互通，如政务数据共享、医疗数据共享、电子证据流转、证券开户信息管理、能源分布式生产、农业供应链管理等。

（3）链上价值转移。区块链构建价值传递的智能互联信任基础设施，主要应用于数字化资产的映射、记账、流通等业务，承载价值的传递，如数字人民币、农业保险、农业信贷、能源交易、碳交易、医疗保险、跨境支付等。

注意，此处"信任"的概念和 PKI 中的信任概念不一样，这里的信任主要是指"不可篡改和可追溯"的安全服务。究竟区块链是如何应用密码技术实现这两种安全服务的，我们从区块链发生的最初动机开始讲解。

🔓 10.1　分布式账本的安全需求

人类社会生产力发展到一定水平后，必然有价值交换的需要，从而产生货币充当一般等价物。各国政府发行的，以其信用为担保的纸币是现代货币的主要形式，其大大提升了价值交换的效率。随着经济与科技的发展，电子交易有取代纸币的趋势，每个价值交换的参与方都不需要使用实物或纸币进行支付，交换过程变成了银行对账本信息进行变更。这实质上是以纸币为基础的一个复杂的记账系统。

互联网基础设施广泛普及，使得数字货币与分布式记账成为可能，而比特币正是一种去中心化的基于对等网络（Peer to Peer，P2P）的数字货币记账系统。在这个系统里，理论上每个参与方都可以通过竞争获得记账的权力。比特币初始发展历史如表 10.1 所示。

表 10.1　比特币初始发展历史

时间	事件
2008.8.18	Bitcoin.org 域名被注册
2008.10.31	比特币白皮书发布

续表

时间	事件
2008.11.09	比特币项目在 SourceForge.net 中创建
2009.1.3	比特币创世区块生成
2009.1.9	比特币 v0.1 发布
2009.1.12	比特币在第 170 个区块产生了第一笔交易

区块链的产生最初就是为了解决比特币应用过程中的安全需求。事实上，支撑比特币系统的计算机技术基础主要有两项：①以密码技术为基础的区块链解决方案；②去中心化记账的网络基础设施（P2P 网络），本章主要讨论前者。我们首先从比特币系统的业务场景与安全需求出发。

比特币系统的去中心化记账要求账本公开、分布式存放，理论上每个参与方都可持有一份账本。只要任何参与方需要，都可以获得当前完整的账本，账本上记录了从账本创建开始到当前的所有交易记录。账本上不再记载每个参与方的余额，而只记录每笔交易，即记录每笔交易的付款人、收款人和付款金额。只要账本的初始状态确定，每笔交易记录可靠并有时序，当前每个参与方的余额是可以推算出来的（自己也可以为自己的钱包记账，方便快速查询余额）。注意，这样的思想建立在一个基本假设之上：参与方必须诚实守信，或者说一半以上的参与方需要诚实守信，即承认真的账本确实是真的，即使有少部分参与方（一半以下）集体伪造账本，本着少数服从多数的原则，真的账本仍然不会被替代。关于这一点，我们在讨论共识机制时会进一步分析。

那么区块链在分布式记账系统里起什么作用呢？首先明确一点：账本就是区块，区块就是账本。区块链本质上是将多个账本按照链表数据结构（单向链表）组织在一起的账本的链条。每个区块中均记录着若干笔交易，整个链条有唯一的一个初始区块（创世区块）。除创世区块（只有后继区块）外，每个区块都有唯一的前驱区块和唯一的后继区块。

在明确了区块的本质是账本后，我们来分析区块链的安全需求。首先，因业务场景要求账本公开，因此区块是不需要保密的。账本最主要的安全需求是完整性（不可篡改），下面将结合具体的业务场景，对完整性的安全需求进一步细化和讨论。

🔓 10.2　完整性需求

10.1 节提出了区块链要解决的主要安全问题是完整性。结合业务需求，可以进一步细化为"交易历史完整性"和"交易记录完整性"两个方面的安全需求。前者是指整个区块链的链条的完整性，即交易发生后不可逆，交易历史记录完整，可追溯；而后者是指每个区块所记录的交易是完整的，不可篡改。运用我们前面章节学过的知识，要解决完整性问题，首先要考虑的解决方案就是使用双重数字签名或哈希函数。如何使用这两种技术提供完整性服务呢？需要进一步细化业务逻辑。

一个区块数据结构包括区块头和区块体，区块头记录当前区块的元信息，区块体记录每笔交易数据等。先来看区块头的数据结构，其所有字段信息如表 10.2 所示。

表 10.2　区块头的所有字段信息

字节长度（字节）	字段	说明
4	区块版本号	区块版本号
32	前驱区块头哈希	前驱区块头的哈希值
32	Merkle 树根哈希	交易列表生成的 Merkle 树根哈希
4	时间戳	该区块产生的近似时间，精确到秒的 UNIX 时间戳
4	难度目标	挖矿难度
4	Nonce	挖矿过程中使用的随机数

我们先关注前驱区块头哈希和 Merkle 树根哈希这两个字段，前者主要保证交易历史的完整性，即已发布的区块之间的链接不可篡改；后者主要保证交易记录本身的完整性（块内部的交易数据一经确定不可篡改）。区块之间由哈希值构成的指针指向，保证了整个已发布区块链的完整性，也就是交易历史的完整性。一个区块内部的 Merkle 树这样的结构，保证了区块内部所记录的交易的不可篡改和可追溯，也就是交易本身的完整性。

10.2.1　哈希指针

哈希算法我们在第 4 章进行了详细讨论。比特币所使用的哈希算法是双重 SHA-256（Double-SHA-256），即连续使用两次 SHA-256 计算哈希值；以太坊使用的是 Keccak 算法（读作 "ket-Chak"，后被标准化为 SHA-3），以双重 SHA-256 为例，它能将任意小于 2^{64} 比特的输入映射为 256 比特的输出。例如，'hello'这个字符串经过双重 SHA-256 以后的哈希值为

$$\mathrm{SHA256}\big(\mathrm{SHA256}(\mathrm{hello})\big) =$$

d7914fe546b684688bb95f4f888a92dfc680603a75f23eb823658031fff766d9

256 比特的哈希值意味着整张哈希表的长度为 2^{256}，即使知道一个 SHA-256 的哈希值，想要求出它的对应输入在计算上是不可行的。区块链正是利用哈希算法这种单向映射的基本特性来提供不可篡改。

图 10.1 给出了一个简单区块哈希指针，"Prev_hash"指代前驱区块头哈希字段，每个区块的区块头都记录着其前驱区块头的哈希值，假定这个区块链是健康的，块高度（区块链长度，指链上从创始区块开始到链尾区块的区块个数）在不断升高（链条尾部有新的区块在不断加入）。

除了创世区块 Block#0（编号为 0 的区块）的 Prev_hash 值是初始设置的，其他区块的 Prev_hash 值记录着其前驱区块头的哈希值。例如，Block#1 的 Prev_hash 就是用 SHA-256 计算 Block#0 头的哈希值得到的，后续区块依次类推，每个新区块的 Prev_hash 值都设置为其前驱区块头的哈希值。

当有攻击者要篡改区块链中的某一区块时，所有参与方均可计算该区块头的哈希值，并与其后继区块头保存的 Prev_hash 值进行比较来验证该区块的正确性。从而保证整个已发布的区块链的完整性。

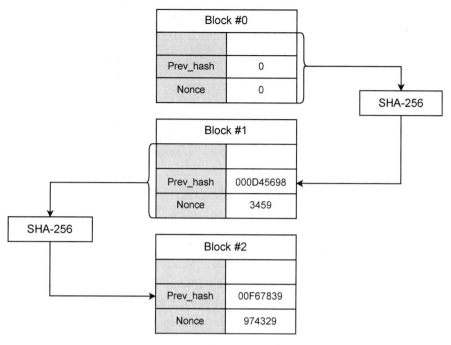

图 10.1 简单区块哈希指针

10.2.2 Merkle 树

在复杂的区块链系统中，一个区块往往包含多笔交易记录。例如，比特币因为有区块大小限制，单个区块最多能存放 3000~4000 笔交易；以太坊理论上没有区块大小限制，但单个区块却有计算成本的约束，单个区块平均大小大约为 20KB。那么，怎样对一个区块中记录的交易进行高效的查询和不可篡改呢？这就要用到 Merkle 树。

Merkle 树是一种哈希二叉树，它是一种用作快速归纳和校验大规模数据完整性的数据结构。Merkle 树生成了一个区块中整个交易集合的数字指纹，提供了一种校验区块是否存在某交易的高效途径。给定一个交易，最多通过 $2\log_2 N$ 次计算就能验证该交易是否存在于该区块中，其中 N 为交易集合中的交易总数。

Merkle 树的原理如图 10.2 所示，设 data1~data4 是存放的交易记录，HashA.1 是交易记录 data1 的哈希值，HashA.2 是交易记录 data2 的哈希值，HashA 是 HashA.1 与 HashA.2 合在一起计算得到的哈希值，Merkle 树根哈希（Root Hash）为 HashA 与 HashB 合在一起计算得到的哈希值。通过这样的结构，只要保存了正确的 Root Hash（注意，区块所记录的交易集合的 Root Hash 存在其区块头中），就可以检验 Merkle 树的叶子节点上挂载的交易记录是否存在。例如，假设有攻击者篡改了交易记录 data1，则 HashA.1 随之改变，从而导致连锁反应，HashA、Root Hash 均会改变。这样，只要对计算出来的 Root Hash 和事先存放在区块头中的 Merkle 树 Root Hash 进行比较，就能发现交易记录 data1 已经被篡改。

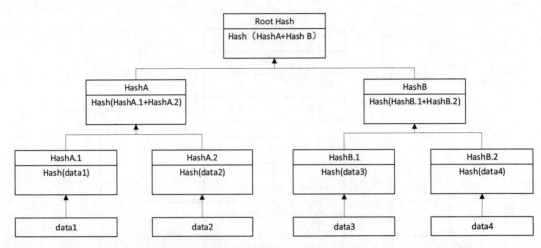

图 10.2　Merkle 树的原理

在比特币的 Merkle 树计算中使用双重 SHA-256。比特币的底层 P2P 网络中的节点分为 Full Peer 和 SPV（Simplified Payment Verification）Client，Full Peer 存储了整个区块链创世区块以来所有的交易记录，所以验证一笔交易只要找到这笔交易对应的哈希值就可以了。SPV Client 只存储区块链中的区块头信息，不会存放交易数据，那么一个 SPV Client 如何验证一笔交易是否存在于区块当中呢？Merkle 树可以很好地解决这一问题，如图 10.3 所示，假设 SPV Client 要验证 data4 这个交易记录，目前本地只有 Root Hash。SPV Client 此时需要向 Full Peer 发出请求，请求 data3 交易的哈希值、HashA，这样一层层往上计算，如果计算得到的哈希值与 Root Hash 相同，则该笔交易成立。

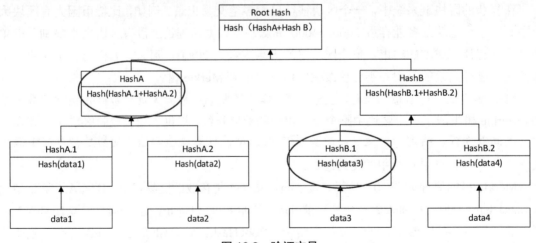

图 10.3　验证交易

🔓 10.3　共识协议解决的基本问题

区块链作为一种链式数据结构，由不断增长的区块利用哈希指针前后链接而成。区块链中的数据只能追加、不可删除或篡改。区块链系统是一个典型的分布式系统，其中每个节点维护一份本地区块链数据备份。在区块链系统中，共识协议制定了一组每个节点必须遵守的规则，最终保证分布式系统中各节点区块链数据备份的一致性。

共识协议保证区块链网络中诚实节点在恶意节点的干扰下也能达成共识。在分布式系统中，依据系统对故障组件的容错能力，共识协议分为崩溃容错协议（Crash Fault Tolerant，CFT）和拜占庭容错协议（Byzantine Fault Tolerant，BFT）两大类。CFT 协议保证系统在组件宕机的情况下也能达成共识，适用于中心化的分布式数据集群；BFT 协议保证系统在故障组件的干扰下依然可以达成共识。由于区块链网络的开放性质，共识协议需要抵御恶意节点干扰，因此属于 BFT 协议。

10.3.1　出块节点选举与主链共识

区块链系统的运行流程如图 10.4 所示。用户利用区块链客户端（钱包、网页等）发起交易，交易通过 P2P 网络广播，节点验证交易格式和内容，若无误，则加入本地交易池并广播给其他节点；根据共识协议的出块节点选举规则，网络中的某节点成为出块节点；出块节点将交易打包、生成新区块，并通过 P2P 网络广播新区块；节点收到区块后，验证区块及交易的格式和内容的正确性，若无误，则更新本地区块链数据；节点若收到同一高度的多个区块，则根据共识协议的主链共识对区块链数据达成一致。通过以上分析可看出，共识协议主要分为两个阶段：出块节点选举与主链共识。

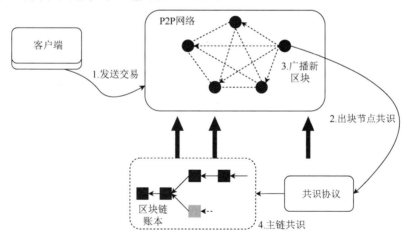

图 10.4　区块链系统的运行流程

在出块节点选举阶段，某个节点（或多个节点）成为出块节点，生成新区块。由于分布式系统中可能存在恶意节点及分叉块的影响，其他节点在收到新区块以后不能直接将其加入自己的本地区块链。所有节点需要利用主链共识对新区块及其构成的主链达成一致。出块节点选举与主链共识共同保证了区块链数据的正确性和一致性，从而为分布式环境中的不可信主体间建立信任关系提供技术支撑。

以最初的比特币区块链为例，其出块节点称为"矿工"，挖矿活动即出块（将最近发生的交易记录在账本上，生成区块并加入链条），发布合法区块并被其余矿工接受后，该矿工能够获得出块奖励，也就是说挖矿活动可以获得报酬。注意，在上述过程中有两个关键问题：

①并不是所有参与方都有出块权，要获得出块权必须满足工作量（计算量）的要求，这就是所谓的出块节点选举；②发布的合法区块必须被其他矿工接受，即承认该区块所在的链是主链，即主链共识。

具体地，比特币矿工的具体工作如下。

（1）收集交易单：每笔交易的付款人，不但要将交易单给到收款人，还要把交易投递（广播）到各个矿工的收件箱里。矿工定期到自己收件箱里把交易单一并取出。

（2）填写账本生成新区块：矿工按笔填写交易记录，完成后，填写区块头，其中 Nonce 可任意写一个数字，这个数字正是工作量证明。

新区块必须满足如下两个条件才能被接纳。

（1）主链共识：新区块记录的交易有待系统（其他矿工）的确认。

（2）出块节点选举：新区块头的哈希值必须满足计算量要求。

对于条件（1），我们知道区块链是链状结构，每个区块的父区块是唯一的，这意味着通常情况下所有（或大多数）矿工会沿着链的最后一个区块进行挖矿，新的合法区块被其他矿工确认意味着有矿工沿着新区块（把新区块作为父区块）进行挖矿。

对于条件（2），矿工需要使新区块头的哈希值低于指定的值（区块头结构中的"难度目标 D"）。对区块头计算两次 SHA-256：blockHash=Hash(blockData,Nonce)≤D。

将得到的 blockHash 视为正整数，要求其值低于系统的难度目标。而区块头中唯一可变的字段是 Nonce（区块体中的交易数据可做增删，但无调整的必要），并且由于哈希函数的输出有良好的随机性，矿工只能穷举逐一尝试不同的 Nonce，直到找到使新区块头的哈希值小于难度目标的 Nonce。

这样设计的目的是维持合理的出块速度，比特币区块链被设计为平均每 10 分钟生成一个区块，通过对难度目标的动态更新控制出块速度。具体方法是：每隔 2016 个区块，全网会自动统计过去 2016 个区块的出块时间，重新计算出接下来 2016 个区块的难度目标。

新难度目标=当前难度目标×实际 2016 个区块出块时间/理论 2016 个区块出块时间。

其中，理论 2016 个区块出块时间为 14 天（按照每 10 分钟生成一个区块计算）。

10.3.2　公开链与许可链

按照节点准入机制，区块链系统分为非许可链（Permissionless Blockchain）和许可链（Permissioned Blockchain）两类。非许可链系统中没有许可机构对节点进行身份审查，节点以匿名形式任意加入或退出系统，因此非许可链又被称为公开链（Public Blockchain）。比特币和以太坊的区块链是典型的公有链。基于这种开放性质，非许可链系统的规模通常较大，共识节点数可达上万。许可链系统中的节点需要经过中心机构的准入审查，获得授权后才能加入系统。因而，许可链系统的规模往往较小，共识节点数通常为几十到几百。针对不同应用场景，许可链又分为联盟链（Consortium Blockchain）和私有链（Private Blockchain）。联盟链通常由具有相同行业背景的多家不同机构组成，共识节点来自联盟内各个机构，区块链数据在联盟机构内部共享。私有链通常部署在单个机构内部，共识节点来自机构内部，类似传统的分布式数据集群，其共识协议相对简单。由于共识协议的相关研究主要针对非许可链，因此本章主要分析非许可链共识协议，同时包括一些典型的许可链共识协议。

我们将非许可链和许可链共识协议的不同特征总结如下：针对节点准入机制，非许可链共识协议允许节点自由准入，许可链共识协议要求节点审查准入。基于此特性，非许可链一般应用于公开链的场景，而许可链应用于联盟链、私有链的场景。据上所述，非许可链共识协议一般具有较大的网络规模，许可链共识协议的网络规模相对较小。通常情况下，分布式系统的网络规模越大，达成共识的难度越高，因而非许可链的吞吐量通常较低，而许可链的吞吐量较高。在一致性方面，非许可链共识协议通常以一定的概率确保数据一致，实现弱一致性；许可链通常采用确定性方式确保数据一致，实现强一致性。

🔓 10.4　出块节点选举

共识协议的出块节点选举与传统分布式协议中的领导人选举（Leader Election）问题类似。该问题于 1977 年由 Gérard Le Lann 正式提出，指分布式系统中采用某种机制选出一个领导人节点，该节点负责发起提案并发送给其他节点，其他节点基于提案更新数据。领导人选举思想应用于随后一系列的共识协议，在这些研究工作中，领导人节点的生命周期较长，通常持续到节点宕机，因此也被称为强领导人。由于区块链系统的出块节点负责发起区块提案并发送给其他节点，以此完成区块链数据的更新，因此，出块节点选举类似领导人选举问题。不同的是，出块节点选举需要抵御开放网络环境中的恶意节点。通过在 P2P 网络中伪造大量虚拟节点，恶意节点可以发起女巫攻击，从而控制区块链系统。为了解决这一问题，区块链系统在出块节点选举环节通常采用"身份定价"机制，如工作量证明（Proof of Work，PoW）、权益证明等。下面分别对这两种机制进行分析。

10.4.1　工作量证明机制

比特币首次使用工作量证明机制进行出块节点选举，随后的大量区块链研究工作及系统都采用这一机制。工作量证明机制包括证明方和验证方两个角色，证明方向验证方出示证据，表明自己在某时间段完成了一定数量的计算任务。由于产生证据需要消耗一定计算资源，因此工作量证明机制可用于缓解垃圾邮件和其他 DoS 攻击问题。

比特币基于难题形式实现工作量证明机制。比特币节点寻找满足条件的 Nonce，使区块头哈希值低于难度目标 D。解决该难题的节点将成为出块节点，负责发起区块提案。

定义 10-1　（比特币工作量证明难题）。给定全网统一的难度目标 D、区块元数据 blockData，寻找满足条件的 Nonce，使得根据双重 SHA-256 计算得到的区块头哈希值 blockHash 低于目标难度 D：blockHash=Hash(blockData,Nonce)$\leqslant D$。

由于哈希函数具备良好的输出随机性，节点唯有不断调整输入以寻找满足条件的 Nonce，因此，节点解决难题从而成为出块节点的概率与其可用的计算资源成正比。计算资源的投入可被视为一种身份定价机制，即便攻击者伪造大量虚拟身份，也无法提升计算资源，从而增加成为出块节点的优势。因此，比特币工作量证明难题解决了分布式系统中的女巫攻击问题。由于哈希函数具备正向快速和逆向困难的特点，可快速验证出块节点生成区块的区块头哈希值的正确性。因此，比特币工作量证明难题实现了匿名分布式网络中的可公开验证。

作为首个区块链系统，比特币采用的工作量证明机制被应用到大量共识协议研究及新的区块链系统中。随着区块链应用的推进，研究人员逐渐发现工作量证明机制的不足，并在此基础上进行改进。

1. 算力中心化

工作量证明机制具有计算密集型的特点，容易导致网络算力中心化。在比特币白皮书中，中本聪提出了"一处理器一票"（One-CPU-One-Vote）的概念。在中本聪的设想中，节点使用个人计算机即可进行工作量证明机制运算，参与出块节点选举，并获得相应报酬。然而，随着比特币价格的上涨，出块节点获得的区块奖励吸引了大量算力加入，比特币网络中的哈希算力呈指数级增长趋势，共识节点参与工作量证明机制运算的物理设备从早期的个人计算机转换为 GPU，再演变为目前广泛使用的专用集成电路（Application-Specific Integrated Circuits，ASIC）矿机。

定义 10-2（矿工工作量证明难题）。给定难度目标 $d(d<<D)$、区块元数据 blockData，寻找满足条件的 Nonce，使得根据 SHA-256 计算得到的区块哈希值 blockHash 低于难度目标 d：$\text{blockHash} = \text{Hash}(\text{blockData}, \text{Nonce}) \leqslant d$。

针对工作量证明机制网络算力中心化问题，一些研究工作和区块链系统提出了改进措施，包括替换 SHA-256、设计外包困难的工作量证明难题、去中心化矿池等。针对 SHA-256 计算密集型的特点，一些区块链系统选择用内存密集型哈希函数替代原有函数。例如，莱特币（Litecoin）和狗狗币（Dogecoin）采用 Scrypt 算法，以太坊采用 Ethash 算法。内存密集型哈希函数由于计算时占用内存多、难以并行计算，能在一定程度上降低 ASIC 矿机的算力优势。针对比特币工作量证明难题可外包的特点，研究人员修改难题形式使其外包困难，达到区块链系统去中心化的目的。例如，基于智能合约的去中心化矿池，可自动执行子任务难题分发与确认工作，替代矿池管理员，矿工在获得稳定收入的前提下，共同维护矿池，从而保持算力的去中心化。

2. 资源浪费

工作量证明机制导致的算力资源浪费问题一直被广为诟病。从 2016 年开始，比特币网络的哈希率（哈希值/秒）呈指数级增长。

为了解决资源浪费问题，现有研究工作和区块链系统主要提供了两种改进措施，即提供有用服务和其他特定能力证明。一些区块链系统利用工作量证明机制计算过程中消耗的算力提供有用服务。例如，素数币（Primecoin）将工作量证明难题改进为寻找符合要求的素数，供公众使用，进而促进数学领域发展。有用工作证明（Proof of Useful Work，PoUW）提出了基于广泛计算问题的工作量证明难题，如解决最短路径等问题。

除了利用算力提供有用服务，大量共识协议利用其他特定能力证明机制，如权益证明（Proof of Stake，PoS）、空间证明（Proof of Space，PoSp，又被称为容量证明）、存储证明（Proof of Storage，PoSt）、权威证明（Proof of Authority，PoAu）、信誉证明（Proof of Reputation，PoR）机制替代工作量证明机制。在这些特定能力证明机制中，节点成为出块节点的概率与其拥有的某种稀缺资源相关，如与权益（加密货币数量）、内存或硬盘存储空间、权威、信誉相关，与算力无关。例如，只有具有较高权威或信誉度的节点才能成为出块节点，由于区块带有节点签名，节点被检测到作恶后会丧失出块资格。在这几类特定能力证明机制中，权益证明机制受到广泛研究与实际应用，因此，我们将在下一节详细讨论权益证明机制。

3．性能

工作量证明机制是算力竞争型的出块节点选举，限制了出块环节的性能提升。如前所述，由于比特币系统平均区块间隔为 10 分钟，区块大小限制为 1MB，因此理论上交易吞吐量每秒约 7 笔交易。低吞吐量限制了比特币系统的广泛应用。随着比特币系统关注度上升，网络中未确认交易数增多。性能问题成为工作量证明机制中亟待解决的问题。

针对低性能问题，一些研究工作和区块链系统通过修改参数和改进出块节点选举提升效率，或者通过修改比特币的出块节点选举提升交易性能。

10.4.2　权益证明机制

针对工作量证明机制的资源浪费问题，比特币社区在 2011 年首次提出了权益证明机制，根据节点掌握的比特币数量而不是算力作为权重选举出块节点。权益证明机制的安全性基于权益拥有者比矿工更有动力维护网络安全的假设，当区块链系统遭到攻击时，权益拥有者自身利益更容易受损。2012 年，权益证明机制首次在点点币（Peercoin/Ppcoin）系统中得到应用。点点币以权益为权重，提出了点点币权益证明难题。

定义 10-3（点点币权益证明难题）。给定全网统一的难度目标 D、区块元数据 blockData，寻找满足条件的时间戳 timeStamp，使得根据 SHA-256 计算得到的区块哈希值 blockHash 低于难度目标。难度目标为全网统一难度目标 D 和币龄 coinDay 的乘积。币龄是节点持有权益（节点持有的数字货币数量，coin）与持有时间（day）的乘积：

$$blockHash = Hash(blockData, timeStamp) \leqslant D \times coinDay$$

与比特币工作量证明难题相比，点点币权益证明难题主要有两处不同：在哈希运算中移除了随机数 Nonce，引入了币龄调整难题难度。由于移除了随机数 Nonce，点点币权益证明难题减轻了比特币工作量证明难题中的算力竞争问题。在给定区块元数据 blockData 的情况下，共识节点在求解点点币权益证明难题中，可尝试的只有时间戳变量。由于点点币采用以秒计数的 UNIX 时间戳，节点求解难题时尝试空间有限。因此，点点币权益证明难题大大缩小了比特币工作量证明难题的计算尝试空间，减缓了算力竞争带来的资源浪费问题。

点点币以币龄为权重，实现根据权益选举出块节点的目标，币龄的概念随后在披风币（Cloakcoin）和新星币（Novacoin）中也得到了应用。币龄是用户权益和持有时间的乘积。假设用户 A 拥有 10 个点点币并持有 90 天，累计 900 币龄；用户 B 拥有 10 个点点币并持有 45 天，累计 450 币龄。根据点点币权益证明难题，用户 A 解决难题的可能性是用户 B 的两倍。

点点币权益证明难题创新性地使用币龄衡量权益，使得持有较多货币并活跃的节点更积极参与系统运行，但也存在不足。不活跃节点可能通过长期持有权益累积大量币龄，提高自己成为出块节点的可能性，从而等待发动攻击的时机。针对这一问题，未来币和黑币在权益证明机制中以权益替代币龄，也有使用类似币龄的权益时间（StakeTime）概念，节点离线后权益时间会逐渐减少，使得只有在线的活跃节点才能获得挖矿收益和交易费。这几种方法都用于改进点点币系统中的不活跃节点问题。

此外，委托权益证明（Delegated Proof of Stake，DPoS）机制通过投票缩小共识节点范围，使权益证明机制在大规模网络中得以高效应用。委托权益证明机制中的票数与权益成正比，权益所有者投票选出一部分节点作为候选出块节点，这些节点利用权益证明机制的随机算法成为出块节点。节点若在给定时间段内未完成出块，则被移出候选出块节点列表。因此，持有权益较少的节点可通过投票维护系统安全，而不必购买专业硬件设备成为共识节点。权益所有者还可以通过投票修改系统参数，包括交易大小、区块间隔、交易费规则等，实现区块链系统自治。

总结，权益证明机制由早期基于难题的竞争性机制，逐渐演变为基于随机函数的非竞争性出块节点选举。后者由于安全且高效，是目前共识协议的重点研究方向。相比工作量证明机制，采用权益证明机制的区块链系统仍较少。一些区块链系统采用工作量证明机制和权益证明机制相结合的方式，前期利用工作量证明机制完成权益的初始分配，后期过渡到权益证明机制，如以太坊、点点币等。

🔓 10.5 主链共识

主链共识指分布式系统节点对区块数据达成一致的过程。如前所述，在区块链系统运行流程中，分布式系统节点根据出块节点选举成为出块节点、生成新区块并广播。由于出块节点选举存在同一高度产生多个区块的可能，节点本地维护区块形成树状结构，即区块树，因此，节点需要利用主链共识对区块树中最终的区块数据达成一致。

根据区块数据是否满足最终一致性，主链共识可分为概率性共识和确定性共识：概率性共识中区块数据以一定概率达成一致，随着时间推移概率逐渐提高，不能保证区块数据将来不可篡改，这种一致性也称为弱一致性；确定性共识中一旦区块数据达成一致便不可篡改，又被称为强一致性。

仍以比特币区块链为例进行分析：①为什么在同一高度会产生多个区块；②总体上，链状的区块链会在某一时刻形成区块树的树状分叉。分别讨论概率性共识和确定性共识。

10.5.1 比特币共识案例分析

比特币矿工除了出块工作，还需要确认新区块。在成功生成满足难度目标要求的区块后，矿工会马上向其他矿工广播新的区块。协议规定，当一个矿工收到其他矿工送来的新区块时，必须立即停下手里的工作进行验证，其中满足的条件有 3 个。

（1）新区块头的哈希值满足难度目标要求。

（2）新区块的前驱区块有效：前驱区块确实是自己认为的最后一个区块，且新区块的哈希指针指向最后一个区块。

（3）交易清单有效，如付款人有余额。

满足上述 3 个条件即验证通过，通过后需要公布新区块表示认可。

当某个矿工新生成的区块 X 广播送出后，如果后面收到其他矿工送来的新区块，其前驱区块为自己之前生成的区块 X，那么表示他的工作成功被其他矿工认可了，因为已经有矿工基于他们的账本（以其为父区块）继续工作了。此时，可以粗略地认为他已经出块成功，可以得到出块报酬。另外，某笔交易的收款人发现记录其交易的新区块被各个矿工认可后，基本就可以认为这笔钱已经到了自己的账上，后面他就可以在付款时将钱的来源指向这笔交易。之所以用"粗略"和"基本"两个词，是因为在这种机制中还存在 3 个问题。

（1）同时收到两个合法区块。

（2）通货膨胀问题。

（3）比特币区块链为什么要依靠 51% 以上的诚实参与方来防止篡改？

1. 问题（1）

我们注意到各个矿工是分布式并行工作的，因此完全可能出现这样的情况，某矿工收到两个不一样（来自不同矿工）的新区块：①它们都基于当前这个矿工的区块链的最后一个区块（有合法的父区块）；②区块内容都完全合法（交易清单有效）；③新区块头的哈希值满足难度目标要求。

为应对这种情况，不应该完全以线性的方式组织区块，而应该以树状组织，任何时刻都以当前最长（最高）分支为主链，保留其他分支。

在图 10.5 中，同时收到 A、B 两个合法区块，在后续的挖矿工作中，有的矿工在 A 链进行出块工作，有的矿工在 B 链进行出块工作，这样继续下去显然会造成区块链混乱，主链共识正是要解决这个问题，限制非主链的继续伸长。下一节将给出具体解决方案。

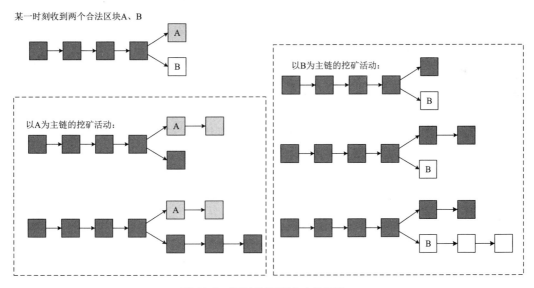

图 10.5　同时收到两个合法区块

此外，对于安全性要求较高的大额交易，比特币官方客户端推荐用户等待随后 6 个区块的确认（约 1 小时，即在记录其交易的区块之后挂出 6 个确认区块，并且之前的区块没有被取消），才能确认交易完成，使其具有更高的概率安全性。生成有效区块要花费大量计算资源，如果某区块包含收款人收到钱的交易，在后面又延续了 6 个区块，那么攻击者想要在落后 6 个区块的情况下从另一个分支赶超当前主链在计算上是困难的，除非攻击者拥有超过其他所有诚实矿工的算力之和。

这样的确认机制也是为了防止一种对区块链最主要的攻击，即双花攻击（Double Spending），收款人确认收款后，从另一条分支上建立另外的交易单，取消之前的付款，而将同一笔钱再次付给另一个人。双花攻击凭借算力优势利用共识协议构造新的主链，并取消交易记录区块，实施步骤如图 10.6 所示。

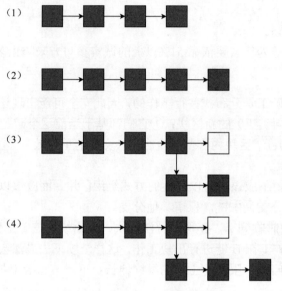

图 10.6　双花攻击的实施步骤

（1）双花攻击发起前的主链状态。

（2）生成新区块，与受害人 A 的交易在新区块中被记录。

（3）攻击者从记录受害人 A 收款的区块（白色区块）的前驱区块切出一个分支生成两个新的合法区块，主链变成这个新的分支，之前受害人 A 的收款交易被取消。

（4）攻击者支付新订单，并在主链的新生成区块中记录新交易，完成双花攻击。

2．问题（2）

比特币系统的最初规定，每生成一个新区块（且被其他矿工认可后），矿工能得到 50 个比特币的报酬，挖矿活动导致比特币数量一直增加下去，岂不是会严重通货膨胀？

刚开始每生成一个区块，奖励矿工 50 个比特币。每当账本增加 210000 页，奖励就减半。例如，当账本达到 210000 页后，奖励矿工 25 个比特币；达到 420000 页后，奖励 12.5 个比特币，依次类推。等到账本达到 6930000 页后，新生成区块就没有奖励了。此时比特币总量为 21000000 个，不会无限增加下去。此时矿工的收益会由生成区块所得变为收取记录交易手续费，且矿工会挑选愿意支付高额手续费的交易优先记录。

3．问题（3）

比特币区块链为什么要依靠 51%以上的诚实参与方来防止篡改？注意，区块头的哈希值= Hash（版本号+prev_hash+Root Hash+时间戳+难度目标+Nonce）。

针对可能发生的篡改攻击进行分析。

（1）如果攻击者改变区块体内的交易记录，那么 Root Hash 对不上。

（2）如果攻击者改变交易记录和 Merkle 根哈希，那么与区块哈希值对不上（注意，当前区块哈希值在区块体内）。

（3）如果某恶意矿工没有达到难度目标就提交了区块，那么任意参与方根据难度目标要求的计算公式进行验证都会发现错误，或者说只要 51% 的参与方都确认错误即攻击失败。

（4）如果攻击者改变了区块内容和区块哈希值，那么会导致本区块下一个区块头内保存的 pre_hash 对应不上，51% 的参与方确认错误即攻击失败。

（5）假设攻击者掌握了 51% 甚至更高的算力，那么成为一个合法矿工的收益会更大。

对上述假设（5）仍存有一定争议，这也是非许可链环境下概率性共识可能会出现的重要错误之一。事实上，在实际区块链上已经发生了首次 51% 攻击。这次双花攻击发生在比特币黄金（Bitcoin Gold，BTG）上，这是比特币系统的支链，参与方相对比较少。一群攻击者在 2018 年 5 月中旬实施了首次 51% 攻击并成功实现了双花攻击。他们先取得了至少 51% 的 BTG 网络挖矿算力，然后将大量 BTG 寄存于加密货币交易中心，用它们来购买其他的加密货币，提领这些兑换过的加密货币之后，将最早的在加密货币交易中心的 BTG 寄存交易注销，并把这些 BTG 送回至自己的账户，等于欺诈了加密货币交易中心。

首次 51% 攻击涉及 388200 个 BTG（约 1800 万美金）。攻击发生后，BTG 意识到要升级 BTG 网络，包含交易中心、钱包、矿工的软件更新，最重要的是更严谨的共识协议。

10.5.2　概率性共识

非许可链系统广泛使用达成概率性共识的主链选取规则。由于非许可链的网络规模较大、报文传输时间长、传输代价高，因此通常采用一轮广播即可达成共识的主链选取规则。在这类规则中，出块节点将生成的新区块广播给其他节点，节点使用主链选取规则从本地区块树中确定主链区块，各节点的主链区块随着时间推移接近一致。

1. 最长链规则

最长链规则在比特币白皮书中首次提出，选取区块树中的最长分支作为主链。由于比特币采用工作量证明机制，最长链累积着最多的工作量证明。根据比特币白皮书中"一处理器一票"的思想，最长链可被视为分布式网络中大部分节点投票做出的决定。因此，只要大部分算力由诚实节点掌握，分布式网络就可以利用最长链规则对区块数据达成一致。最长链规则是目前应用最广泛的主链选取规则，在一系列研究工作和实际区块链系统中得到了应用。

在图 10.7 中，区块树中最长的分支（虚线分支）将成为主链。交易确认数指交易所在区块的长度，交易未被打包时称为 0 次确认（0-Confirmation），交易被区块包含称为 1 次确认（1-Confirmation）。随着区块被后续区块不断链接，交易确认数不断增加。交易确认数越多，一致性概率越高，安全性越高。在图 10.7 中，交易 3（tx3）为 1 次确认，交易 1（tx1）为 2 次确认，交易 2（tx2）则是 5 次确认。因此，交易 2 的安全性高于交易 1，交易 1 的安全性高于交易 3。比特币白皮书中的分析表明：假设攻击者拥有 10% 的全系统算力，6 次确认交易的安全性高于 99.9%。为兼顾系统安全性与系统效率，比特币客户端根据交易金额的大小为交易推荐不同确认数，金额越大，交易确认数越多，保证交易安全性。

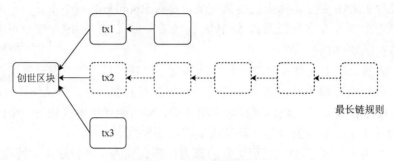

图 10.7　最长链规则图示

最长链规则性能受到协议参数和网络环境的影响，如区块间隔、区块大小、交易大小、网络规模、带宽等，如表 10.3 所示。在比特币系统中，当区块大小为 1MB、区块间隔为 10min、交易大小为 250 字节时，交易吞吐量（Transaction Per Second，TPS）约等于 7，比特币系统从 2018 年 1 月至今的平均交易确认时延大于 10min。

表 10.3　概率性共识协议的性能分析

规则	参数设置	交易吞吐量	交易确认时延
最长链规则	区块间隔为 10min，区块大小为 1MB，交易大小为 250 字节，网络规模为 10000 节点	≈7	>10min
GHOST 规则	区块间隔为 1s，区块大小为 1MB，网络规模为 1000 节点	≈200	无
包容性协议	区块间隔为 1s，区块包含 50 笔交易，网络规模为 100 节点	30	无
SPECTRE 协议	区块间隔为 0.1s，区块大小为 100KB	无	≈11s
Conflux 协议	区块间隔为 5s，区块大小为 4MB，交易大小为 250 字节，网络规模为 10000 节点	3200	10min

2．GHOST 规则

研究发现，在交易请求增多时，比特币不得不频繁地创建大区块以提高交易吞吐量。大区块将导致区块传输时间延长，使得分叉块增多、诚实节点的算力分散，此时，恶意节点更容易发动攻击。为了在交易请求增多时依然保证较高的安全性，GHOST（Greedy Heaviest-Observed Sub- Tree）规则可替代最长链规则。

图 10.8 展示了一种网络中出现多个分叉块的情形，当诚实节点的算力被分散时，最长链规则的安全性降低。例如，攻击者秘密生成一条秘密链条（黑色链条），当私有链长度超过网络中公开的最长链时将其发布，根据最长链规则，攻击者的私有链将成为主链。攻击者可通过私有链发动双花攻击，从而破坏区块链系统的安全性。在最长链规则中，主链外区块都被视为分叉块抛弃，不用于维护系统安全性。与最长链规则不同，GHOST 规则将分叉块纳入主链选取规则，区块树中最重子树的区块将构成主链，又被称为最重链。由于最重链代表网络中的大部分算力，因此只要诚实节点掌握大多数算力，GHOST 规则在网络交易吞吐量高的情况下就能保证安全性。在图 10.8 中，尽管攻击者生成了更长的私密链条，但由于没有累积足够多的工作量证明，无法替代 GHOST 规则选出的最终链。GHOST 规则随后在包容性协议和 Conflux 协议中用来选择主链，但据我们所知，该规则目前并未直接应用于非许可链系统（以太坊声称使用 GHOST 规则来选取主链，并实现了一个 GHOST 规则的简化版本，但项目代码显示，目前采用的仍是最长链规则）。

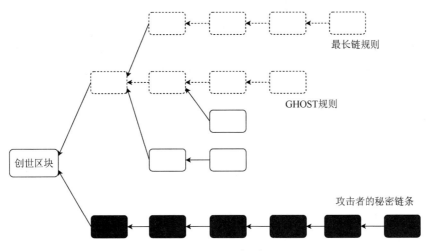

图 10.8　GHOST 规则图示

在表 10.3 中，当区块间隔为 1s、区块大小为 1MB、网络规模为 1000 节点时，GHOST 规则的交易吞吐量约为 200。值得注意的是，在相同实验条件下，对比 GHOST 规则与最长链规则的性能，在不同参数设置中，GHOST 规则的交易吞吐量都略低于最长链规则，但其在处理高吞吐量交易时拥有更高的安全性能。

3. 包容性协议

包容性协议将 GHOST 规则与有向无环图（Directed Acyclic Graph，DAG）相结合，进一步提高了交易吞吐量。包容性协议修改了以比特币为代表的传统区块链数据结构，区块可以指向多个父区块而不是唯一一个，新区块将所有没有被指向的区块（叶子区块）作为父区块，因此，在包容性协议中，区块构成了有向无环图而不是区块树。基于该有向无环图，包容性协议首先利用 GHOST 规则选出主链，遍历主链区块的多个分叉父区块，如果分叉块中的交易和主链交易没有冲突，则将分叉块也纳入主链。通过利用分叉块交易内容，包容性协议进一步提升了交易吞吐量，并且对于网络连接差、不能及时广播区块的节点更加友好。在表 10.3 中，当区块间隔为 1s、区块包含 50 笔交易、网络规模为 100 节点时，包容性协议的交易吞吐量约为 30。

4. SPECTRE 协议

SPECTRE 协议利用成对投票（Pair Voting）解决冲突区块问题，提高交易吞吐量并保证安全性。与包容性协议类似，SPECTRE 协议中的新区块指向多个父区块，形成有向无环图，在此基础上运行投票规则。

假设区块 x 和 y 是一对包容冲突交易的区块，区块 z 将对冲突区块进行投票，投票规则如下。

z 是 x 的后代区块，不是 y 的后代区块，z 投票给 x，表示为 $x \leqslant y$。

若 z 是 x 和 y 的后代区块，则根据本区块之前有向无环图的区块投票结果确定。如果投票数量相等，则根据预定义规则决定（区块哈希的字典顺序等）。

若 z 既不是 x 的后代区块，又不是 y 的后代区块，则根据本区块之后有向无环图的区块投票结果确定。如果投票数量相等，则根据预定义规则决定。

图 10.9 展示了 SPECTRE 协议的运行规则。交易 x 和 y 是攻击者发起的两笔冲突交易，交易 x 是攻击者支付给商家的正常交易，交易 y 是恶意交易。将交易 x 广播之前，攻击者预先生成包含交易 y 的区块及之后两个区块（区块 13、区块 14）并隐藏。为了欺骗商家获得收益，攻击者首先广播交易 x，并等待交易 x 被包含到区块中。商家确认交易 x 后，攻击者将隐藏链发布出来，企图替代交易 x 所在的区块链。

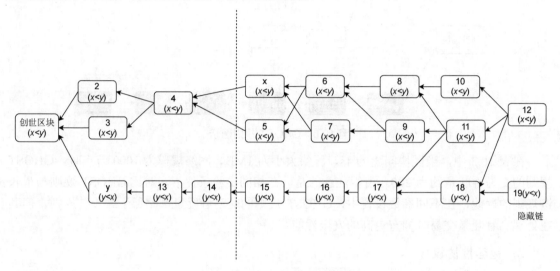

图 10.9　SPECTRE 协议图示

在 SPECTRE 协议中，节点可并行产生区块，随后用投票规则处理冲突区块，整体上提升交易处理速率；同时，投票规则保证攻击者的隐藏链无法颠覆主链。由图 10.9 可知，除攻击者产生的区块外，所有区块都认可交易 x。区块 6～区块 10 是区块 x 但不是区块 y 的后代区块，根据规则 1 投票给区块 x。区块 1～区块 5 不是区块 x 和区块 y 的后代区块，根据规则 3 投票给区块 x。区块 11、区块 12 是区块 x 和区块 y 的后代区块，根据规则 2 投票给区块 x。SPECTRE 协议基于工作量证明机制选举出块节点，只要网络中的诚实节点掌握大多数算力，投票机制就可不断提升历史交易优势，从而消除来自恶意节点隐藏链的威胁，保证系统安全性。

5．Conflux 协议

Conflux 协议基于有向无环图计算出区块内交易的全局顺序，通过剔除冲突交易，所有分叉块内的交易都可得到利用，从而提升交易吞吐量。Conflux 协议的区块之间有两类指向关系：父边（Parent Edge）和引用边（Reference Edge）。父边指向父区块，每个区块只有一条父边。除父边外，区块可以有多条引用边，引用边指向所有目前没有被父边引用的叶子区块，引用边代表时间上的发生在先（Happen-Before）关系。Conflux 协议利用 GHOST 规则选出有向无环图中的主链，利用主链和两类指向关系对所有区块进行全局排序。基于区块的全局排序，区块内的交易也达成全局排序。随后，Conflux 协议从交易全局排序中剔除重复和冲突的交易，对余下交易达成共识。

与包容性协议和 SPECTRE 协议相比，Conflux 协议将共识粒度从区块细化到交易，利用交易排序算法将所有分叉块里的交易利用起来，因而提升了交易吞吐量。有研究将 Conflux 协议与工作量证明机制的出块节点选举结合，同时，Conflux 协议可与其他出块节点选举结合，如权益证明机制。

在表 10.3 中，当区块间隔为 5s、区块大小为 4MB、交易大小为 250 字节、网络规模为 10000 节点时，Conflux 协议的交易吞吐量为 3200，远高于相同参数设置下的最长链规则和 GHOST 规则的交易吞吐量。但由于使用 GHOST 规则选取主链，Conflux 协议的交易确认时延和 GHOST 规则一致，都是 10min。

10.5.3　确定性共识

概率性共识在交易延迟与安全性之间存在天然的权衡问题，限制了区块链的应用场景。因此，一些研究工作采用确定性共识确保区块数据的强一致性。概率性共识的权衡问题源于区块数据的一致性概率随着时间推移逐渐提高，为保证交易安全性，用户不得不等待多个区块确认，带来明显的交易延时。交易延时限制了基于概率性共识的区块链系统的商业应用，因此，一些研究工作采用确定性共识替代概率性共识。如上所述，在确定性共识中，区块一旦写入节点本地区块链，就不存在随后被改变的可能。确定性共识有两个明显优势：首先，用户不用等待较长时间确保交易安全性；其次，由于同一高度仅有一个合法区块，因此节点不用在分叉块上浪费计算资源。

拜占庭容错协议用于解决分布式系统中的拜占庭将军问题，在存在恶意节点的情况下达成一致。诚实将军在叛徒将军的干扰下对进攻命令达成一致。拜占庭将军问题是分布式系统中正常组件在故障组件干扰下达成一致的抽象描述。

经典的拜占庭容错协议通常面向中心化的分布式集群达成确定一致性，但无法直接应用在区块链系统中。在这些协议中，共识节点数量固定或变化缓慢，节点之间需要多轮广播通信，通信复杂度较高。然而区块链系统中的节点数量不断动态变化，区块链系统（特别是非许可链系统）的网络规模也不支持节点间的多轮广播通信，因此，拜占庭容错协议需要适应系统特点进行改进。

1. 非许可链拜占庭容错协议

为了在网络规模较大的非许可链系统中达成确定性共识，一些研究工作将拜占庭容错协议和区块链的出块节点选举相结合，被称为混合协议。混合协议也分为出块节点选举和主链共识两个阶段：在出块节点选举阶段，混合协议采用区块链的选举机制，抵御开放网络中的女巫攻击等问题；在主链共识阶段，混合协议通常让多个出块节点构成组委会，运行拜占庭容错协议，对新区块达成一致。组委会成员通常随着时间变化。

Algorand 协议是权益证明机制和拜占庭容错协议相结合的混合协议。在出块节点选举阶段，Algorand 协议利用基于随机函数的权益证明机制选出一组出块节点，每个节点都发起区块提案（Block Proposal）并广播，各提案附有随机优先级，每个节点只保留优先级最高的区块；随后，节点运行一轮拜占庭一致性协议（BA*），将自己接收到的最高优先级区块作为输入，对区块达成共识。

Algorand 协议中的拜占庭一致性协议分为两个阶段：归约（Reduction）和二进制一致性（Binary Agreement）。

归约阶段保证各节点持有相同的最高优先级区块，用于解决网络传输导致的节点本地最高优先级区块可能不一致的问题。在归约阶段，所有节点广播自己本地最高优先级的区块哈希，接收到其他节点的区块哈希后，节点统计每个区块的票数，认定票数最高的区块为最高优先级区块；没有票数最高的区块时，将空区块作为最高优先级区块。归约阶段达成一致的区块将作为二进制一致性阶段的输入。

二进制一致性阶段对归约阶段生成的区块达成确定性共识。在二进制一致性阶段，出块节点选举环节中发起区块提案的节点形成组委会，对归约阶段的区块投票。区块收到一定票数后，就被确认为最终区块。所有节点都将该区块更新到本地区块链中，达成确认性共识。由于网络原因，二进制一致性阶段的投票可能会重复多次。当区块间隔为 1min、区块大小为 1MB、网络规模为 5 节点时，Algorand 协议的交易吞吐量达到 327MB/h，交易确认时延小于 1s。

Byzcoin 协议是工作量证明机制和实用拜占庭容错协议结合的混合协议。Byzcoin 协议首先利用工作量证明机制选举出块节点、生成新区块，随后利用实用拜占庭容错协议对新区块达成确定性共识。在图 10.10 中，在出块节点选举阶段，节点利用工作量证明生成新区块并广播。一个时间间隔（1 天或 1 周，可调整）内的出块节点构成组委会。组委会成员的票数为在该时间间隔内的出块数量，组委会成员利用实用拜占庭容错协议对新区块投票达成共识。出块节点广播新区块，组委会成员验证区块无误后返回签名作为投票，出块节点搜集至少 2/3 票数后，广播组委会成员签名，证明新区块已经被组委会接收并验证。组委会成员接收到广播信息后，再次返回签名，表示同意将该区块写入区块链，出块节点搜集至少 2/3 票数后，再次广播区块，并写入区块链。至此，共识节点对该区块达成确定性共识。由于通信过程中涉及大量签名和验证签名操作，为提高效率，Byzcoin 协议引入了集体签名技术，可同时验证多个签名。当区块间隔为 10min、区块大小为 32MB、网络规模为 144 节点时，Byzcoin 协议的交易吞吐量为 974，交易确认时延为 68s。

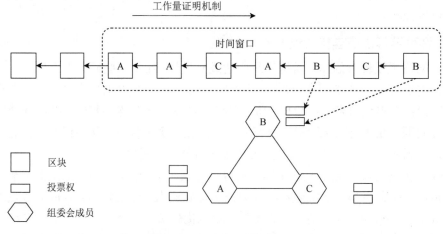

图 10.10　Byzcoin 协议图示

2．许可链拜占庭容错协议

如上所述，许可链根据不同的应用场景分为联盟链和私有链，其中，企业级联盟链是目前应用最广的许可链。由于网络规模限制、共识一致性要求高，许可链更适合采用拜占庭容错协议。目前一些系统探索拜占庭容错协议在许可链中的应用。

Honey Badger 首次将实用拜占庭容错协议应用到纯异步许可链中。在该系统中，共识节点身份已知且数量固定，节点两两建立经过认证的可信通道。为了消除出块节点广播区块这一环节的带宽瓶颈，Honey Badger 没有采用出块节点选举，取而代之的是各节点在每轮出块开始时，从本地交易缓冲池中选择部分交易进行广播。为了避免拜占庭节点故意忽略某些交易从而影响系统活性，节点不广播交易内容本身，而是广播经门限加密后的交易密文。所有节点收到密文集合后，Honey Badger 通过拜占庭容错协议对一组位向量（Bit Vector）达成共识，假设位向量第 N 位为真，则将密文集合对应的第 N 位密文还原，并将其中包含的交易写入区块。当交易大小为 250 字节、网络规模为 104 节点时，Honey Badger 的交易吞吐量为 1500，交易确认时延小于 6min。

除了使用拜占庭容错协议，一些企业级区块链系统还采用 CFT 协议而非 BFT 协议达成确定性共识。例如，Linux 基金会发起的 Hyperledger Fabric 项目，其 0.5 版本采用了 PBFT 协议在共识节点之间对交易内容实现共识，而 1.4 版本采用 Raft 和 Apache Kafka 两种 CFT 协议实现共识。

🔓 10.6　身份标识与交易签名

比特币区块链的每个区块体中都记录了每笔数字货币交易，本节将分析交易是如何被记录的，以及如何被验证等问题。通过之前讨论的账本公开原则，我们知道交易是公开的，不需要被加密。因此，对于一笔交易：①最主要的安全需求之一仍然是完整性，即不可篡改；②一笔交易通常需要一个付款人和一个收款人参与完成，这就需要对交易参与方的身份进行认证和确认。要提供这两种安全服务，就要使用公钥技术。在区块链中，通常使用公钥来标识交易参与方的身份；通过使用付款人私钥对交易签名的方法，保护交易记录的完整性、检验交易来源的付款人。

10.6.1　交易的记录与验证

每个区块体中都存储着若干笔交易记录，对于每笔交易都有唯一的编号标记，交易记录包括交易的输入和输出，并用付款人的私钥签名，一笔交易记录可简要表述为

$$\text{SIGNED}_{\text{付款人的私钥}}（当前交易（输入+输出）+ 收款人的钱包地址）$$

其中"收款人的钱包地址"本质上是收款人的公钥的哈希值，这样，在已知收款人公钥的情况下，很容易验证这笔交易的收款人正是持有该公钥的人。

在图 10.11 中，假设在区块中记录了编号分别为 101、102、103、104 的四笔交易。交易 101 的输入为空，输出为系统付 12.5 个比特币给收款人 A。比特币系统规定区块记录的第一笔交易是奖励给矿工的报酬，其付款人是系统，收款人是生成该区块的矿工。而其他交易必

须包含输入，即每笔付款必须有明确的收款来源。交易 102 的输入是第一笔交易的第 0 个输出（对应系统发放给收款人 A 的 12.5 个比特币），输出有两个：一是付 10.0 个比特币给收款人 B；二是付 2.5 个比特币给收款人 A，并且包含付款人的签名；交易 103 和交易 104 类似，不再赘述。

101	Inputs: Outputs:12.5 收款人 A	
102	Inputs:1[0] Outputs:10.0 收款人 B；2.5 收款人 A	付款人A 签名
103	Inputs:2[0] Outputs:3.0 收款人 C；7.0 收款人 B	付款人B 签名
104	Inputs:2[1] Outputs:2.0 收款人 D；0.5 收款人 A	付款人A 签名

图 10.11　简化的一个区块中的交易记录

区块中记录的交易是公开的，任何参与方都能够验证交易的有效性和追踪交易历史。下面以验证图 10.11 中的交易 103 的有效性为例，讨论交易有效性验证的一般流程。

交易 103 主要记录了输入和输出、收款人 B 对交易的签名、收款人 B 的公钥。其中交易 103 的输入来自交易 102 的输出 0，验证方把收款人 B 的公钥转换为钱包地址（转换方法稍后讨论），与交易 102 的输出 0 的钱包地址（被交易 102 的付款人签过名）做对比。若不相等，则为无效交易；若相等，则证实收款人 B 的确拥有交易 102 的输出 0 的钱，接下来用收款人 B 的公钥验证其对交易 103 的签名，若验证通过，则：①本次交易是由付款人 B 发起的；②保证了本次交易的完整性。最后还要检查输入的钱是否大于或等于输出的钱。同样地，交易 102 也可以继续向前追溯。

图 10.12 给出了比特币创世区块的矿工奖励接收地址。钱包地址最短为 26 位，最长为 34 位。钱包地址中包含版本号、公钥的哈希值、校验码。前面提到，钱包地址本质上是收款人公钥的哈希值。因此，一个参与方在生成自己的钱包地址之前，需要先生成自己的公钥和私钥对。图 10.13 给出了钱包地址的生成流程。参与方先用随机函数生成自己的私钥，将该私钥通过 SECP256K1 算法（一种椭圆曲线公钥算法）生成自己的公钥。这个过程是单向的，即公钥不能推导出私钥。然后计算公钥的哈希值，这个过程也是单向的，公钥的哈希值无法推导出公钥本身。再将一个字节的版本号连接到公钥哈希值的前面，对其进行两次 SHA-256，将结果的前 4 个字节作为公钥哈希值的校验值，连接在公钥哈希值的尾部。最后将版本号-公钥哈希值-校验值用 BASE58 进行编码，便可得到钱包地址。

中本聪第 1 笔交易使用的钱包地址：

1A1zP1eP5QGefi2DMPTfTL5SLmv7DivfNa

图 10.12　比特币创世区块的矿工奖励接收地址

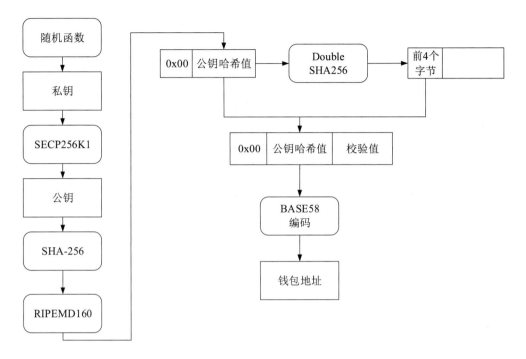

图 10.13 钱包地址的生成流程

在图 10.14 所示的过程中，私钥可以得到公钥，公钥可以得到公钥哈希值，公钥哈希值可以得到钱包地址。钱包地址可以通过 BASE58 解码得到公钥哈希值、版本号、校验码。而公钥哈希值无法得到公钥，公钥也无法得到私钥。

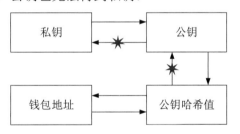

图 10.14 钱包地址-公钥哈希值-公钥-私钥的对应关系

10.6.2 匿名性与安全需求总结

比特币区块链中使用公钥标识参与方。为了保护参与方隐私，公钥只是交易参与方的身份标识，其背后真正持有者的身份是保密的。但由于（区块）账本是公开的，能看到比特币持有者的公钥，这样同一个公钥对应的所有账本都可以被查询。解决这个问题的策略是：每个参与方可以拥有多个公钥，如果每次交易都用不同的公钥，就追查不到同一参与方的所有账本，从而提供一定程度的隐私保护。

最后，我们对比特币区块链面临的安全需求及解决策略做一个总结。

（1）完整性需求解决：数字签名和哈希函数。

（2）身份标识需求解决：公钥技术。

（3）隐私保护需求解决：参与方可拥有多个公钥。

（4）分布式环境下的可用性需求（特别是非许可链）：P2P 网络基础设施。

习　题

1．在区块链系统中，保障交易历史的完整性（区块组成的链条完整）和交易集合的完整性（一个区块中包含的所有交易完整），分别使用了哪些密码技术？

2．试简述 Merkle 树的原理。

3．比特币的两个主要支撑技术是（　　　）。

    A．区块链和 P2P 网络　　　　　　　B．区块链和公钥技术

    C．数字签名和哈希算法　　　　　　　D．账本和匿名性

4．区块链利用（　　　）解决了账本完整性需求。

    A．数字签名和哈希算法　　　　　　　B．P2P 网络

    C．可拥有多个公钥　　　　　　　　　D．公钥技术

5．区块的区块头中记录着当前区块的元信息，其中前驱区块头哈希值保障交易历史的完整性，（　　　）保障交易本身的完整性。

    A．前驱区块头哈希值　　　　　　　　B．区块版本号

    C．Nonce　　　　　　　　　　　　　　D．Root Hash

6．区块链中运用了（　　　）来实现隐私保护。

    A．参与方可拥有多个公钥　　　　　　B．公钥技术

    C．数字签名　　　　　　　　　　　　D．哈希算法

第 11 章　防火墙与入侵检测系统

🔓 11.1　防火墙基本介绍

防火墙原本是建筑学中的概念,指为减小或避免建筑遭受热辐射危害和防止火灾蔓延设置的竖向分割体或具有耐火性的墙。这一概念被引入计算机网络安全领域,指基于预定安全规则防止内网遭受外网危害和威胁的安全系统,当今防火墙已成为最流行和最重要的网络安全工具之一。防火墙可提供保密性的安全服务,其基本功能是监控网络数据流以阻止内网的未经授权的访问。

11.1.1　内网与外网

首先必须搞清楚防火墙的防御主体(或防火墙的保护对象)——"内网"的概念,这里辨析 3 个概念:互联网、内网和外网。

(1)互联网(Internet):本意是指互相连接在一起的计算机网络,特指基于 TCP/IP 协议簇连接全球计算机网络的国际因特网。

(2)内网(Intranet):又称内部网,是属于某个组织或公司的基于 TCP/IP 协议簇的网络,只有组织成员、公司员工和经过认证的用户才可以访问。从技术上说,内网也是基于 TCP/IP 协议、应用层基于 C/S 计算模式的网络系统。不仅可以实现信息查询、信息发布、资源共享等功能,还可以实现组织的生产管理、进销存管理和财务管理等功能。

(3)外网(Extranet):又称外部网,与内网相对,由于内网有相对独立的网络管理主体和利益共同体,所以通常要采取措施与外网相对隔离,从内网视角来看,隔离于内网之外的互联网就是外网。

通过以上分析可知,防火墙实质上是以内网为防御主体,通过执行访问控制策略对通信流量进行过滤,从而隔离内网和外网的防御系统。因此,防火墙的首要目标是定义一个内网和外网之间通信流量的必经之点。对于内网,其接入互联网的路由器或其所在的 IP 子网正是这样一个必经之点,防火墙通常部署在此,使得所有内网和外网之间的通信流量都经过防火墙。

防火墙对网络之间传输的数据包依照一定的安全策略进行检查,以决定通信是否被允许,对外屏蔽内网的信息、结构和运行状况,并提供单一的安全和审计的安装控制点,从而达到过滤不良信息和保护内网不被外部未经授权用户访问的目的。防火墙实质上是一种隔离控制技术,其核心思想是在不安全的网络环境下构造一种相对安全的内网环境。从逻辑上讲它既是一个分析器又是一个限制器,要求所有进出网络的数据流都必须遵循安全策略,同时将内网和外网在逻辑上分离。

防火墙的功能包括以下几点。

（1）访问控制功能（挡住未经授权的访问流量）。控制可以分为 4 种类型：①服务控制，确定哪些服务可以被访问；②方向控制，对于特定的服务，可以确定允许哪个方向能够通过防火墙；③用户控制，根据用户粒度的信息控制对服务的访问；④行为控制，控制一个特定的服务的行为。对于服务控制和方向控制，工作在网络层的防火墙可以做到，而用户控制和行为控制则要求防火墙能够解析应用层的信息。

（2）提供一个监视各种安全事件的合理位置，防火墙往往可以集成实现安全审计和异常报警。例如，将所有访问进行记录并形成日志，管理员可以通过查看警告日志信息等发现防火墙的异常情况，并进行追踪或相应处理。

（3）提供其他附加的网络功能，如地址转换（NAT）、网络访问日志，甚至计费功能。

（4）可以作为 IPSec 协议的实现平台。

（5）流量控制功能。从 IP 地址和用户两方面的流量进行控制管理，从而保证用户和重要接口的稳定连接。

防火墙作为软/硬件的结合系统，常见的威胁如下。

（1）防火墙系统类型识别。这是防火墙固有的脆弱性，系统类型的识别攻击的第一步，攻击者可对相应版本的固件进行分析，发现固件存在的漏洞并进行攻击利用。

（2）操作系统脆弱性。不管何种防火墙都依赖自身操作系统的支持，可以利用操作系统的漏洞实现对防火墙的攻击，防火墙本身必须建立在安全操作系统的基础上。

（3）内外联合攻击。内部人员与外网协作，利用已知的、允许的流量规则集绕过防火墙，如 HTTP Tunnel（隧道）穿透技术。由于防火墙一般允许内网访问外网 80 端口的通信流量通过，因此内网的 Tunnel 客户端可将来自任意端口的数据导向 Tunnel 服务器的 80 端口，外网的 Tunnel 服务器在 80 端口监听，把 80 端口接收到的数据转到本机的任意服务端口（该服务端口原本是被禁止访问的）。

（4）利用安全漏洞。利用防火墙设计上或实现时的软/硬件漏洞实施攻击。例如，编号为"CVE-2014-3393"的漏洞是由于在 CISCO 防火墙的 WEB VPN 管理请求功能中对 COOKIE 验证不充分导致的。可通过修改请求报文的 COOKIE 值绕过验证从而对防火墙进一步攻击。

11.1.2 防火墙的发展历程

第 1 代防火墙是一个对开放系统互连（Open System Interconnection，OSI）参考模型第 3 层网络数据流进行允许和拒绝的简单控制引擎。最初，第 1 代防火墙主要用作基于包头的技术，它能够识别数据包的 3 层、4 层信息（如端口号）。但除了能够根据预定义的源 IP、源端口和目标 IP、目标端口等信息对单个数据包进行允许或拒绝的访问控制，无法对数据流（具有相同源 IP 和目标 IP 的一组数据包）进行更智能的操作。

第 2 代防火墙工作在 OSI 参考模型第 4 层，能够有效地跟踪当前活动的网络会话，通常被称为"状态防火墙"（Stateful Firewalls），有时也被称为"电路网关"（Circuit Gateway）。当一个 IP 地址（如一台主机）连接到另一个 IP 地址（如一台 Web 服务器）上的某个具体 TCP 或 UDP 端口时，防火墙会将这些识别特征输入内存的某个表结构，从而对网络会话进行跟踪，这样能够阻止来自其他 IP 地址的中间人（Man-in-the-Middle，MITM）攻击。

一些复杂的防火墙实现了高可用性（High Availability），使得多台协作的防火墙节点可交换会话表，如果一台防火墙发生了故障，另一台防火墙可继续当前的网络会话，从而避免会话被中断。

第 3 代防火墙可解析到 OSI 参考模型第 7 层（应用层），即所谓的"应用防火墙"。能够对网络数据流中被定义和预配置的应用层数据进行解码，如 HTTP、DNS（IP 地址解析协议）、FTP（文件传输协议）、TELNET 等。一般来说，第 3 代防火墙无法解密被加密的网络数据，所以它无法解析类似 HTTPS 或 SSH 协议。其设计初衷之一是应对面向 Web 应用的恶意流量，所以第 3 代防火墙非常适合检测和拦截 HTTP 报文携带恶意信息的攻击，如跨站脚本攻击和 SQL 注入攻击等。

相较于前几代防火墙，目前这一代主流防火墙（通常称为第 4 代防火墙）能够智能地分析网络流量中的数据包载荷，并理解应用程序的工作原理。另外，统一威胁管理（Unified Threat Management，UTM）设备将复杂的应用层防火墙功能与反病毒、入侵检测和防御、内容过滤等相结合，属于真正意义上的七层设备。第 4 代防火墙能够运行"应用层网关"，它专门为理解具体应用程序的工作原理及其数据包的结构和模式（符合某个应用程序所明确定义的通信协议称为"良好模式"）而设计。内置于主机内部并保护操作系统内核的第 5 代防火墙及第 6 代防火墙（元防火墙）已有描述，但目前能找到的大多数网络防火墙都属于第 4 代防火墙的范畴。某些厂商称它们的设备为"下一代防火墙"或"基于区域的防火墙"，但它们的核心功能也是基于第 4 代防火墙的工作原理设计的。

现如今，防火墙主要有基于路由器的防火墙和专门硬件防火墙两种实现方式。基于路由器的防火墙往往作为多功能路由器的一个软件模块，其速度和先进程度不及专门硬件防火墙。

软件定义网络（Software Defined Networking，SDN）对控制平面和数据平面进行划分，一个或多个控制器在每台转发设备（分组交换机）上部署和更新一组转发规则来处理数据流，这对传统网络带来了多方面的改善，如可伸缩性、流量监控、容错能力等。SDN 的发展也影响了防火墙功能，SDN 中流的概念允许转发设备以相同的方式处理具有相似连接特征的数据包，而不是对单个数据包执行操作，因此，每个转发设备都可以维护一组代表防火墙策略的流规则。通过这种方式，无状态防火墙可以在数据平面上实现，控制平面只需在每台交换机上配置静态的过滤规则。由于 SDN 的主流协议 Open Flow 的无状态性，在 SDN 中无法实现细粒度基于状态的访问控制。

🔒 11.2　防火墙类型

依据不同的分类依据，可以将防火墙分为不同类型。例如，根据防火墙工作在 OSI 模型的第几层，我们可将其分为包过滤防火墙、电路级网关防火墙和应用层网关防火墙。根据防火墙是否保存数据包的历史状态，从而具有对属于同一个 IP 流（有相同的 IP 源地址和目标地址）的多个数据包的检测能力，可以将防火墙分为静态防火墙和状态检测防火墙。

每种防火墙的特性均由它控制的协议层决定。在后面更加详细的论述中，你会发现这种分类其实相对模糊。例如，防火墙运行于 IP 层，但是它检测并使用 TCP 报文头信息；对于某些应用层网关，由于设计原理自身要求，必须使用防火墙的某些功能。

图 11.1 给出了 OSI 参考模型与防火墙类型的关系。一般来说，防火墙工作于 OSI 参考模型的层次越高，其需要解析的协议层头部越多、检查的数据包的信息越多，防火墙所消耗的处理器工作周期就越长；防火墙检查越靠近上层，其所提供的安全保护等级就越高，因为在高层上能够获得更多的信息用于安全决策。

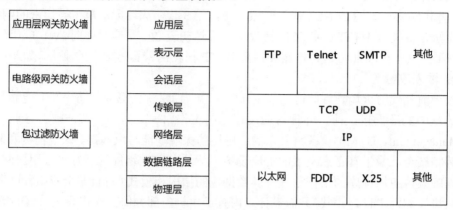

图 11.1　OSI 参考模型与防火墙类型的关系

11.2.1　包过滤防火墙

包过滤器是包过滤防火墙的核心组件，可以采用路由器上的过滤模块来实现。路由器是内网接入互联网所必需的设备，每个网络都要使用路由器接入互联网，此处是内网与外网流量的必经之点。由于可直接使用路由器的过滤功能，无须购买专门的设备，因此可以减少投资。

1. 工作原理

包过滤防火墙采用一组过滤规则对到达的每个数据包进行检查，根据检查结果确定是转发还是丢弃该数据包。这种防火墙对"从内网到外网"和"从外网到内网"两个方向的数据包进行过滤，其过滤规则基于 IP 与 TCP/UDP 报文头中的几个字段。图 11.2 和图 11.3 说明了防火墙的设计思想，数据发生在网络层上。

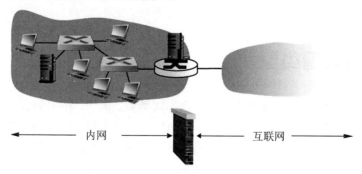

图 11.2　防火墙的设计思想 1

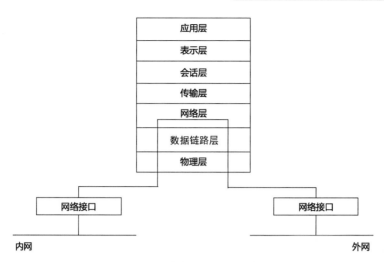

图 11.3　防火墙的设计思想 2

对于包过滤防火墙，决定接收还是丢弃一个数据包，取决于对该数据包中 IP 头部和传输层头部中特定域的检查和判定。这些特定域包括 IP 地址、IP 协议域、源/目标端口及 TCP 标志位。典型的数据包结构如图 11.4 所示。

图 11.4　典型的数据包结构

在每个包过滤器上，管理员要根据内网的安全策略定义一个表单，这个表单也被称为包过滤规则库。该规则库包含许多规则，用来指示防火墙应该丢弃还是接收该数据包。在转发某个数据包之前，包过滤器将 IP 头部和 TCP/UDP 头部中的特定域与包过滤规则库中的规则逐条进行比较，直到包过滤器发现一个特定域满足包过滤规则库的特定要求，才对数据包做出"接收"或"丢弃"的判定。如果包过滤器没有发现有一条规则与该数据包匹配，那么执行默认策略。

在包过滤器的默认策略的定义上，有两种思路：①容易使用；②安全第一。"容易使用"是指没有被拒绝的流量都可以通过，默认规则是"允许一切"，除非该流量被一条更高级的规则明确"拒绝"；但当出现新的攻击时，需要制定新的策略。"安全第一"是指没有被允许的流量都要拒绝，默认规则是"拒绝一切"，除非该数据流得到某条更高级的规则明确"允许"；这种策略更加保守，根据需要逐渐开放。

在包过滤规则库内，管理员可以定义一些规则决定哪些数据包可以接收，哪些数据包被拒绝并丢弃。管理员可以针对 IP 头部信息定义一些规则，以丢弃或接收那些发往或来自某个特定 IP 地址或某个 IP 地址范围的数据包；也可以针对 TCP 头部信息定义规则，用来丢弃或接收那些发往或来自某个特定服务端口的数据包；或者兼而有之。例如，管理员可以定义一些规则，允许或禁止某个 IP 地址或某个 IP 地址范围的数据包访问 HTTP 服务，保护 Web 服务器。同样，也可以定义一些规则，允许某个可信的 IP 地址或 IP 地址范围的数据包访问

SMTP 服务，控制可访问 Mail 服务器的地址范围。我们还能容易地做到在网络层上允许或拒绝主机的访问。例如，允许主机 A 和主机 B 互访，或者拒绝除主机 A 外的其他主机访问主机 B。

2. 过滤规则

包过滤器的工作原理很简单，根据事先定义的包过滤规则库，明确规定哪些主机或服务是可接收的，哪些主机或服务是不可接收的。是否丢弃数据包的判决仅依赖当前数据包的 IP 层和传输层头部内容。根据所用路由器的类型，过滤可以发生在网络入口处，也可以发生在网络出口处，或者在入口和出口处同时对数据包进行过滤。

包过滤防火墙的配置分两步进行：①管理员必须明确企业网络的安全策略，即必须搞清楚什么是允许的、什么是禁止的；②必须用逻辑表达式清楚地表述数据包的特征，并用防火墙/路由器设备提供商可支持的语法重写这些表达式。

下面我们通过 Telnet（远程登录）应用实例探讨如何清楚地表述数据包的特征与制定规则。Telnet 访问包括两种情况：从内网访问外网的 Telnet 服务器和从外网访问内网的 Telnet 服务器，首先来看前者，如图 11.5 所示。

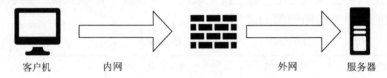

客户机　　　　内网　　　　　　　　外网　　　服务器

图 11.5　从内网访问外网的 Telnet 服务器

在分析数据包之前，我们要先了解 Telnet 协议是基于 TCP 的，服务器端口号为 23，客户机的端口号大于 1023。

其中去往外网的数据包（往外包）的特征如下。

（1）源 IP 地址是内网地址，目标 IP 地址为服务器地址。

（2）TCP 的目标端口为 23，源端口大于 1023。

（3）连接的第一个数据包的 ACK=0，其他数据包的 ACK=1。

进入内网的数据包（往内包）的特征如下。

（1）源 IP 地址是服务器地址，目标 IP 地址为内网地址。

（2）TCP 的源端口为 23，目标端口大于 1023。

（3）所有数据包的 ACK=1。

下面我们来看后者，如图 11.6 所示。

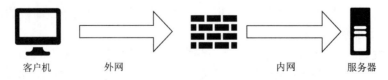

客户机　　　　外网　　　　　　　　内网　　　服务器

图 11.6　从外网访问内网的 Telnet 服务器

在这种情况下，客户机位于外网，服务器位于内网，包括往内包和往外包两个方向的数据包，往内包的特征如下。

（1）源 IP 地址是外网地址，目标 IP 地址为内网服务器地址。

（2）TCP 的目标端口为 23，源端口大于 1023。

（3）连接的第一个数据包的 ACK=0，其他数据包的 ACK=1。

往外包的特征如下。

（1）源 IP 地址是内网服务器地址，目标 IP 地址为外网地址。

（2）TCP 的源端口为 23，目标端口大于 1023。

（3）所有数据包的 ACK=1。

通过分析可以了解到包过滤防火墙的访问控制能力是双向的，在获得所有数据包的特征后，我们就可以配置包过滤防火墙的规则，如表 11.1 所示。

表 11.1　包过滤防火墙的规则

服务方向	数据包方向	源地址	目标地址	数据包类型	源端口	目标端口	ACK
访问外网服务	从内到外	内网	外网	TCP	>1023	23	*
访问外网服务	从外到内	外网	内网	TCP	23	>1023	1
访问内网服务	从外到内	外网	内网	TCP	>1023	23	*
访问内网服务	从内到外	内网	外网	TCP	23	>1023	1

*：第一个数据包的 ACK=0，其他数据包的 ACK=1

通过该案例对包过滤防火墙进行总结，包过滤防火墙在网络层上进行监测，并没有考虑连接状态信息。包过滤防火墙通常在路由器上实现，实际上是一种网络的访问控制机制。它的优点在于实现简单，对用户透明并且只用打开网络层头部，效率较高。但正确制定规则并不容易，而且不可能引入认证机制。

目前，针对包过滤防火墙有许多攻击，如 IP 地址欺骗、假冒内网的 IP 地址，对策是在外部接口上禁止内网地址；源路由攻击，即由源指定路由，在 IP 协议中可以定义经过的路由器来绕过防火墙，对策是禁止这样的选项；小碎片攻击，利用 IP 分片功能把 TCP 头部切分到不同的分片中，对策是丢弃太小的分片；利用复杂协议和管理员配置失误进入防火墙，如利用 FTP 协议控制与数据两个 TCP 连接的性质对内网进行探查，对策是需要更高级的防火墙进行检测。

11.2.2　电路级网关防火墙

由于包过滤防火墙的缺点十分明显，因此提出了电路级网关防火墙（简称电路级网关）。电路级网关又称线路级网关，当两个主机首次建立 TCP 连接时，电路级网关在两个主机之间建立一道访问控制屏障。电路级网关就好像一台工作在会话层的中继计算机，用来在两个 TCP 连接之间来回地复制数据，也可以记录或缓存数据。

网关既可作为服务器又可作为客户机：对于 TCP 连接的客户机，处于中继的网关充当了服务器的角色；当一个客户机 C 希望连接到某个服务器 S 时，它首先要连接到作为代理服务器的网关上，然后网关作为客户机连接到服务器 S 上。对于真正要访问的服务器 S，它与代理的客户机（网关）连接，而真正客户机 C 的名称和 IP 地址是不可见的。当来自互联网的请求进入时，电路级网关作为服务器接收外来请求并转发；当有内网主机请求访问互联网时，它则担当服务器代理的角色。也就是说，电路级网关在其自身与外网主机之间建立一个新的连接，而这一切对内网主机来说是完全透明的。内网主机不会意识到这些，它们一直认为自己正与外网主机直接建立连接。

电路级网关工作于会话层如图 11.7 所示。在许多方面，电路级网关仅仅是包过滤防火墙的一种扩展，除了进行基本的包过滤检查，还要增加对连接建立过程中的握手信息及序列号的合法性验证。电路级网关监视两个主机建立连接时的握手信息，如 SYN、ACK 和序列号等是否合乎逻辑，判定该会话请求是否合法。在有效会话连接建立后，电路级网关仅复制、传递数据，而不进行过滤。在打开一条通过防火墙的连接或电路之前，电路级网关要检查和确认 TCP 及 UDP 会话。因此，电路级网关所检查的数据比包过滤防火墙所检查的数据更多，安全性也更高。

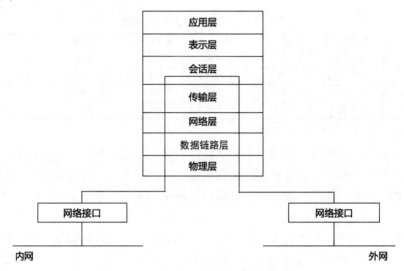

图 11.7　电路级网关工作于会话层

通常，判断是接收还是丢弃一个数据包，取决于对数据包的 IP 头部和 TCP 头部的检查。电路级网关检查的数据包括：①源地址；②目的地址；③应用或协议；④源端口号；⑤目的端口号；⑥握手信息及序列号。

与包过滤防火墙类似，电路级网关在接收一个数据包之前，首先将数据包的 IP 头部和 TCP 头部与由管理员定义的规则表相比较，以确定防火墙是将数据包丢弃还是让数据包通过。在可信客户机与不可信主机之间进行 TCP 握手通信时，仅当 SYN、ACK 及序列号符合逻辑时，电路级网关才判定该会话是合法的。如果会话是合法的，则包过滤器开始工作。

11.2.3　应用层网关防火墙

应用层网关防火墙（简称应用层网关）也称为代理服务器，与包过滤防火墙不同，包过滤防火墙能对所有不同服务的数据流进行过滤，而应用层网关则对每种特定的服务单独编程，并针对这种特定服务的数据流进行过滤。包过滤器不需要了解数据流的细节，它只查看数据包的源地址和目的地址或检查 UDP/TCP 的端口号和某些标志位。应用层网关必须为特定的应用服务编写特定的代理程序，这些程序被称为"服务代理"，在网关内部分别扮演客户机代理和服务器代理的角色。当各种类型的应用服务通过网关时，必须经过客户机代理和服务器代理的过滤。

　　总结来说，在应用层网关中，所有的连接都需要通过网关，并且在应用层实现，可以监视数据包的内容，实现基于用户的认证，提供理想的日志功能，但所有的应用都需要单独实现，开销也比较大。应用层网关的逻辑结构如图 11.8 所示。

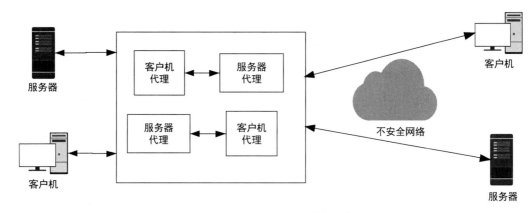

图 11.8　应用层网关的逻辑结构

1．工作原理

　　与电路级网关一样，应用层网关截获进出网络的数据包，运行代理来回复制和传递通过网关的信息，起着服务器代理的作用。它可以避免内网中的可信服务器或客户机与外网中某个不可信主机之间的直接连接。

　　应用层网关上所运行的代理程序与电路级网关有两个重要的区别。

　　（1）代理是针对每个特定应用的，而不是在共用的传输层或会话层代理。

　　（2）代理对整个数据包进行检查，因此能在 OSI 参考模型的应用层上对数据包进行过滤。

　　与电路级网关不同，应用层网关必须针对每个特定的服务运行特定的代理程序，它只能对特定服务所生成的数据包进行传递和过滤。例如，HTTP 代理只能复制、传递和过滤 HTTP 业务的数据包。如果一个网络使用了应用层网关，而且网关上没有运行某些应用服务的代理，那么这些服务的数据包都不能进出网络。如果应用层网关上运行了 FTP 和 HTTP 代理，那么只有这两种服务的数据包才能通过网关，所有其他服务的数据包均被禁止。

　　应用层网关上运行的代理对数据包逐个进行检查和过滤，而不是简单地复制数据让数据包轻易地通过网关。特定的代理检查通过网关的每个数据包，在 OSI 参考模型的应用层上验证数据包内容。这些代理可以对应用协议中的特定信息或命令进行过滤，这就是所谓的关键词过滤或命令字过滤。例如，FTP 代理能够设置过滤的命令字（如针对 GET 和 PUT 命令执行的文件类型进行过滤），以便实现更加精细的访问控制，还可以对特定用户设置过滤命令字来保护 FTP 服务器。

　　当前，应用层网关采用一种称为"强应用代理"的技术。强应用代理技术提高了应用层网关的安全等级。强应用代理技术不是对用户的整个数据包进行复制，而是在应用层网关内部创建一个全新的空数据包，将那些可接收的命令或数据，从应用层网关外部的原始数据包中复制到应用层网关内部新创建的数据包中，将此新数据包发送给应用层网关后面受保护的服务器。通过采用此项技术，能够降低各类隐信道攻击带来的风险。

2. 优缺点

与包过滤防火墙相比，应用层网关在更高层上过滤信息，并且能够自动地创建必要的包过滤规则，因此应用层网关比传统的包过滤防火墙更容易配置。由于应用层网关对直到应用层的整个数据包进行检查，因此它是当前已有的检测深度最深的防火墙，可实现较复杂的过滤规则。

由于针对每个应用都需要编写单独的代理程序，相对而言应用层网关缺乏透明性。但随着安全业务管理平台（Security Manager Platform，SMP）等新技术的出现，现今许多应用层网关也有较好的透明性，内网中的用户不会意识到他们正在通过防火墙访问互联网。除此之外，应用层网关还不能及时代理新的应用，针对每个应用都要求有专门的代理软件，包括编写应用层网关软件和协议、服务器软件和客户机软件，当服务器代理或客户机软件进行修改时，需要重新编译或配置。有些服务，如聊天服务、即时通信服务要求建立直接连接，无法使用代理，并且服务代理不能避免协议本身的缺陷或限制。还要考虑软件的可扩展性和可重用性，即实现一个标准的框架，容纳各种不同类型的应用。对于协议，设计时应考虑中间代理的存在。

11.2.4 状态检测防火墙

状态检测是防火墙的新技术。传统的包过滤防火墙只是通过检测 IP、TCP 头部的相关信息决定数据流是通过还是拒绝，而状态检测技术采用一种基于连接的状态检测机制，将属于同一连接的所有数据包作为一个数据流的整体看待，构造连接状态表，通过过滤规则表与连接状态表的共同配合，对穿过防火墙的各个连接状态加以识别。注意，连接状态表是动态变化的，其中记录了当前活跃的连接状态，也记录了连接的历史状态信息，还记录了与该连接相关的应用层信息。与传统的包过滤防火墙的静态过滤规则表相比，连接状态表具有更好的灵活性和更强的识别能力。

状态检测和应用代理这两种技术目前仍然是防火墙市场中普遍采用的主流技术。但这两种技术正在形成一种融合的趋势，演变的结果也许会导致一种新结构的出现。

状态检测技术通过结合数据包自身的信息和防火墙之前接收到的与该数据包有关的历史状态信息决定对数据包的处理。状态检测防火墙读取、分析和利用了全面的网络通信与历史状态信息。

1）历史状态信息

在采用传统的包过滤防火墙时，由于无法得知哪些端口需要打开，因此必须保持所有可能会使用的端口处于打开状态。例如，如果要允许 FTP 的 PORT 模式来建立数据连接，就必须暂时先打开所有的端口，这样就降低了安全性。而状态检测防火墙在连接状态表中保存了连接的历史状态信息，记录了从受保护的内网发出的数据包的历史状态。例如，状态检测防火墙在连接状态表跟踪连接的历史状态信息，发现了在主连接（控制连接）的基础上建立的子连接（数据连接），对于 FTP 的 PORT 模式连接，要求服务器打开某个客户端指定的端口供客户端连接，此时状态检测防火墙就可以捕获到这个端口，从而动态地添加一条规则来打开这个特定的端口，而数据传输完后又会删除这条规则来关闭这个端口。这样，防火墙能更加灵活而不失安全性。状态检测防火墙能够访问和分析从 OSI 参考模型各层上得到的数据，并存储和更新状态数据及上下文信息，对于 UDP 或 RPC 等无连接的协议，检测模块可创建虚拟的会话信息用于跟踪。

2）控制信息

控制信息主要是一些对网络进行配置或控制的信息，如重定向报文、路由重定向报文等。如果防火墙是采取复杂的拓扑安装在网络中的，那么重定向报文可以使网络拓扑发生改变，有些报文可以不通过防火墙从而绕过防火墙的检测。状态检测技术及时地捕捉了这些信息并采取了补救措施，从而防止了一些恶意攻击。

3）应用层信息

状态检测技术能够针对不同的应用层协议进行特定条件的过滤，对于网络或一些有加密的报文传送，防火墙能先进行数据解密来判断数据内容的合法性，如果应用了协议识别技术，则能够主动地学习应用层的协议特征，使防火墙更加智能地自动配置规则。例如，已经通过防火墙认证的用户可以通过防火墙访问其他授权的服务。

🔓11.3 防火墙的部署

在具有一定规模的内网中，依据不同的访问控制级别做最简单的划分，可以将受保护主机分为两类：一类是禁止外部访问的主机（只作为客户机访问外网的主机），另一类是提供服务的主机（内网和外网都能访问），主要用于信息发布，如 WWW 服务器、FTP 服务器、VPN 服务器等。这样的实际情况对防火墙的部署提出了新的安全需求。在探究防火墙的部署之前，先简单介绍几个基本概念。

堡垒主机（Bastion Host）：对外网暴露，同时是内网用户的主要连接点，主要指防火墙或网关。

双宿主主机（Dual-homed Host）：是堡垒主机的一种，至少有两个网络接口的通用计算机系统，一般的主机只有一个网络接口，但像路由器这样的设备就有多个网络接口。

非军事区或停火区（Demilitarized Zone，DMZ）：在内网和外网之间增加的一个子网，是内网和外网之间的一个缓冲地带。

面向内网中主机对应不同访问控制级别的安全需求，防火墙的部署从简单到复杂可以分为 4 种情况：单一包过滤方案、单宿主堡垒主机方案、双宿主堡垒主机方案、屏蔽子网方案，其中单/双宿主堡垒主机方案可合称为屏蔽主机方案。

最简单的防火墙部署是单一包过滤方案，直接在内网和外网之间加装一个包过滤防火墙来过滤所有内网和外网之间的流量，但这种方案并没有解决我们前面提到的安全需求。为提供不同的访问控制需求，有时要将物理上或逻辑上独立的若干防火墙组合起来构建防火墙系统。我们来看后 3 种方案。

1）单宿主堡垒主机方案

单宿主堡垒主机方案如图 11.9 所示，一个包过滤防火墙连接外网，同时一个堡垒主机安装（通常情况下是服务器代理）在内网上，堡垒主机只有一个网络接口，与内网连接。通常在路由器上设立过滤规则控制内网和外网之间通过的流量。内网中禁止外部访问的主机的所有通信必须经过这个单宿主堡垒主机的代理，确保真正的内网不受未经授权的外网的访问。

或者说，禁止外部访问的内网主机受到两级保护，第一级是包过滤防火墙，第二级是堡垒主机。而类似 WWW 服务器这类内网向外网提供服务的主机，仅受到包过滤防火墙的保护。这种方案有一个明显的缺点：由于堡垒主机是单宿主的，一旦包过滤防火墙被攻破，内网所有主机都会被暴露。

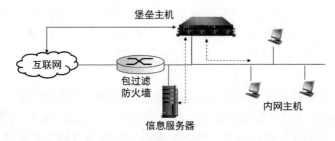

图 11.9　单宿主堡垒主机方案

2）双宿主堡垒主机方案

双宿主堡垒主机方案如图 11.10 所示，采用一台装有两个网络适配器的双宿主堡垒主机作为服务器代理。双宿主堡垒主机用两个网络适配器分别连接两个网络，一个连接包过滤防火墙，另一个连接真正的内网（禁止外部访问的内网）。堡垒主机上通常运行着电路级或应用层服务器代理，可以转发应用程序、提供服务等。用于信息发布的服务器（允许一定程度的外网访问）位于包过滤路由器和堡垒主机之间，仅受包过滤防火墙的保护；对于真正的内网，其通信必须通过双宿主堡垒主机的代理，提供了两级保护，即包过滤防火墙和服务器代理。这种方式配置灵活，同时从物理上把内网和互联网隔离开。

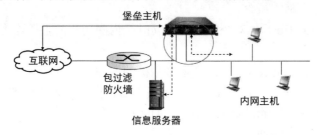

图 11.10　双宿主堡垒主机方案

3）屏蔽子网方案

屏蔽子网方案如图 11.11 所示，这种方案是在内网和互联网之间建立一个屏蔽子网，两个包过滤防火墙分别放在这个子网的两端，用这个子网将真正的内网和互联网隔离开，这个子网被称为非军事区（DMZ）。屏蔽子网方案形成了三层防护：两个包过滤防火墙，一个控制内网数据流，另一个控制互联网数据流，来自真正内网的流量和互联网的流量穿过包过滤防火墙后均可访问屏蔽子网，但禁止它们穿过屏蔽子网通信。可根据需要在屏蔽子网中安装堡垒主机，为真正的内网和外网的互相访问提供电路级或应用层代理服务，当然来自内外网的访问首先必须通过两个包过滤防火墙的检查。对于向互联网公开的如 WWW、FTP、Mail 等服务器也可安装在屏蔽子网内，这样无论是外网主机还是内网主机都可访问。外网侧的包过滤防火墙只向互联网暴露屏蔽子网中的主机，内网侧的包过滤防火墙只向真正的内网暴露屏蔽子网中的主机。这种结构的防火墙部署安全性能高，具有较强的抗攻击能力，但配置复杂、造价高。

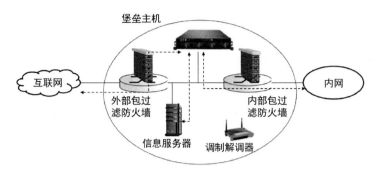

图 11.11　屏蔽子网方案

🔓 11.4　入侵检测

11.4.1　入侵检测的概述

入侵（Intrusion）是个广义的概念，它不仅包括攻击者（如恶意的黑客）非法取得系统控制权的行为，还包括他们对系统漏洞信息的收集，并由此对信息系统造成危害的行为。美国国家安全通信委员会（NSTAC）下属的入侵检测小组（IDSG）在 1997 年给出的关于入侵检测（Intrusion Detection）的定义是：入侵检测是对企图入侵、正在进行的入侵或已经发生的入侵行为进行识别的过程。

入侵检测是对类似防火墙的访问控制机制的合理补充，帮助管理员对付网络攻击，扩展了管理员的安全管理能力（包括安全审计、监视、进行识别和响应）。它从计算机网络系统的若干关键点中收集信息并进行分析，看看网络中是否有违反安全策略的行为和遭到袭击的迹象。根据信息收集关键点的不同，可以将入侵检测系统（Intrusion Detection System，IDS）分为以下几类：基于主机的 IDS（Host Based IDS，H-IDS），保护其所在的系统，运行在其所监视的操作系统之上，具备审计和日志记录功能；基于网络的 IDS（Network Based IDS，N-IDS），保护的是整个网段或整个内网，部署于内网和外网之间的全部流量都要经过的子网（如 DMZ）上，通常放在防火墙或网关的后面，以网络嗅探器的形式捕获数据包；基于内核的 IDS，从操作系统的内核中接收数据；基于应用的 IDS，从正在运行的应用程序中收集数据。如无特别说明，本章讨论的是基于网络的 IDS。

入侵检测被认为是防火墙之后的第二道安全闸门，能在不影响网络性能的情况下对网络进行监测，从而提供对内部攻击、外部攻击和误操作的实时识别和响应，这些都通过执行以下任务实现：①监视、分析网络流量及系统的活动；②网络系统构造和弱点的审计；③识别已知的攻击活动模式并产生报警响应；④异常网络流量模式的统计分析；⑤网络审计跟踪管理，并识别主机或用户违反安全策略的行为。一个成功的 IDS 不仅可以使管理员时刻了解网络系统（包括开放服务、文件和硬件设备）的任何变更，还可以给网络安全策略的制定提供指南。由于入侵检测产品一般会预设检测规则，因此其管理、配置简单，非专业人员较容易配置和使用。入侵检测的规模可根据网络威胁、系统构造和安全需求的改变而改变。早期 IDS

被设计为在发现入侵后只是做出报警、记录事件的响应，而现今 IDS 可采取包括切断网络连接等主动防御措施。

11.4.2　IDS 与防火墙的比较

　　IDS 与防火墙是两种最主要的网络安全设施。防火墙主要是在内网与外网之间通过一系列控制策略实现对网络流量的访问控制。但在复杂场景中，这些策略往往无法充分实现。这是因为防火墙拦截到数据包之后需要立即决定接收或丢弃，这种即时的处理无法检测复杂的攻击。而与防火墙不同，IDS 的主要任务是检测并及时发现攻击。IDS 可以收集来自某个或多个特定网络地址的多个数据包并进行分析，从而更智能地发现网络或系统中是否有违反安全策略的行为和被攻击的迹象。IDS 一般包括 3 个功能部件：信息收集、分析引擎和响应部件。

　　二者的区别还包括：防火墙是一种在线的、实时决策的系统；IDS 是旁路的，进行一定程度的离线分析。IDS 通常放在防火墙后面旁路采集数据，如图 11.12 所示。以端口扫描（PortScan）攻击为例，攻击者在入侵之前，一般需要对攻击目标网络进行端口扫描，探测内网的服务器地址、开放的服务类型、版本号及端口信息等。防火墙是很难识别端口扫描攻击的，因为防火墙是根据预置的策略实时过滤数据包的，但 IDS 可以通过抓取若干数据包，用复杂的规则进行检测从而发现被保护的网络正在遭受端口扫描攻击。防火墙是依据过滤规则（受预设范围和限制的约束）的一种被动的防御，而 IDS 则是主动出击寻找潜在的网络攻击，不受预设范围和限制的约束，当然这也造成了 IDS 存在误报和漏报的情况。防火墙本质上是做访问控制，如允许内网的某些主机被外网访问；而 IDS 原理上没有访问控制功能，用于监视、分析网络流量和系统活动。

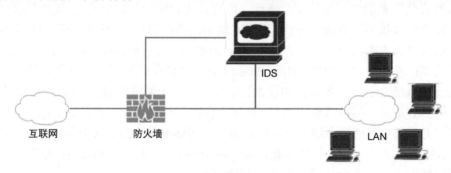

图 11.12　IDS 旁路采集数据

　　IDS 与防火墙相结合能更有力地保护内网的安全。IDS 通过复杂规则检测可以及时发现一些防火墙没有发现的入侵行为，发现网络入侵行为的规律，这样防火墙就可以将这些行为和规律加入过滤规则，提高防护力度。因此，可以设计一种 IDS 与防火墙的联动机制，从而在发现入侵后，自动地完成对防火墙过滤规则的配置来阻断入侵。在这一趋势之下，IDS 进一步演进，发展出入侵防御系统（Intrusion Prevention System，IPS），IPS 可实现在线的入侵检测并阻断入侵，相当于防火墙和 IDS 的结合，当通过复杂规则发现恶意行为后，IPS 可以自己阻断被检测出的恶意数据包。IPS 与 IDS 的区别如图 11.13 所示。

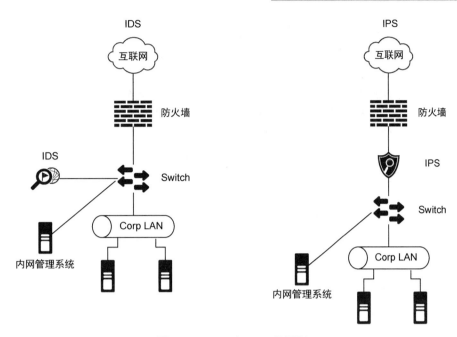

图 11.13　IPS 与 IDS 的区别

🔓11.5　入侵检测的方法与案例

入侵检测的目的在于尽可能区分入侵数据包和正常的数据包。因此理论上说，入侵检测实质上是一种分类问题，普遍使用的分类算法经定制后可用于入侵检测。入侵检测可进一步细分为异常入侵检测与误用入侵检测，它们所采取的分类规则和算法有所不同。常用的入侵检测通常包含基于规则的入侵检测方法、基于统计的入侵检测方法、基于神经网络的入侵检测方法和基于数据挖掘的入侵检测方法。

1）基于规则的入侵检测方法

系统需要动态地建立和维护一个规则库，利用规则对发生的事件进行判断。规则的建立通常也依赖大量已有的知识，与基于统计的入侵检测方法的区别在于建立的是规则而不是统计度量，如树形规则库或基于时间的规则库。专家系统是一种基于预定义规则的方法，根据专家经验预先定义系统的推理规则，将已知的入侵行为特征或攻击代码等编为规则集，是误用入侵检测的典型方法。基于规则的入侵检测方法对于已知的攻击或入侵行为有很高的检测率，但是难以发现未知攻击。

2）基于统计的入侵检测方法

统计模型的基础是收集大量的训练数据，在数据中获得各个特征的取值范围划分统计区间，从而确定系统特征的统计度量，并推测出统计测度。基于统计的入侵检测方法依赖大量的已知数据，不能反映所识别出的事件在时间上的先后顺序，阈值的设置也是影响检测准确率的因素之一。

3）基于神经网络的入侵检测方法

通过已知数据训练神经网络分类器，以待分类的数据为神经网络的输入，通过隐层的计算，最终输出层的结果为分类结果。基于神经网络的入侵检测方法的优势是能够处理大规模、高维度的数据，缺点是所构建的神经网络隐层拓扑及输出结果等，通常难以控制和解释。

4）基于数据挖掘的入侵检测方法

采用基于数据挖掘的入侵检测方法从数据中发现知识，区分数据中的正常与异常。数据挖掘中的分类和聚类分析通常用于攻击的识别，而关联规则分析等技术适用于多阶段网络攻击或复杂网络攻击的研究。

本节以端口扫描攻击检测为例，分析其在历史上的经典解决方案，使读者领会入侵检测方法的一般性原理。

11.5.1　端口扫描攻击的原理

攻击者运用扫描工具探测目标网络上的地址和端口，用来确定哪些目标系统连接在目标网络上，以及主机开启了哪些端口和服务。根据 TCP 规范，当一台计算机收到一个 TCP 连接建立请求报文（TCP SYN）时，做如下处理。

（1）如果请求的 TCP 端口开放，则回应一个 TCP ACK 报文，并建立 TCP 连接控制结构（TCB）。

（2）如果请求的 TCP 端口没有开放，则回应一个 TCP RST（TCP 头部中的 RST 标志设为 1）报文，告诉发送方，该端口没有开放。

相应地，当 IP 协议栈收到一个 UDP 报文时，做如下处理。

（1）如果该报文的目标端口开放，则把该 UDP 报文送上层协议（UDP）处理，不回应任何报文（上层协议根据处理结果而回应的报文除外）。

（2）如果该报文的目标端口没有开放，则向发送方回应一个 ICMP 不可达报文，告诉发送方，该 UDP 报文的端口不可达。

利用这个原理，攻击者便可以通过发送合适的报文，判断目标主机中哪些 TCP 或 UDP 端口是开放的，过程如下。

（1）发出端口号从 0 开始依次递增的 TCP SYN 或 UDP 报文（端口号是一个 16 比特的数字，最大为 65535，数量有限）。

（2）如果收到了针对这个 TCP 报文的 RST 报文，或者针对这个 UDP 报文的 ICMP 不可达报文，则说明 TCP 和 UDP 端口没有开放。

（3）相反，如果收到了针对这个 TCP SYN 报文的 TCP ACK 报文，或者没有接收到任何针对该 UDP 报文的 ICMP 不可达报文，则说明 TCP 端口开放，UDP 端口可能开放（因为有的实现中可能不回应 ICMP 不可达报文，即使 UDP 端口没有开放）。这样继续下去，便可以判断出目标主机开放了哪些 TCP 或 UDP 端口，针对具体的端口号，进行下一步攻击，这就是所谓的端口扫描攻击。

11.5.2　端口扫描检测的目标与困难

前面已经提到，攻击者往往会先运用扫描工具探测目标网络上的地址和端口，在这个阶段中，攻击者在目标网络上探测一组地址，寻找易受攻击的服务器。事实上，这种端口扫描模式与对目标网络的合法访问行为不同。因此，我们希望 IDS 能够在足够早的阶段识别出攻击者，减轻或完全防止损害，从而达到保护的效果。

在设计一种对端口扫描攻击的检测算法时，可能会遇到的困难如下。

1）对合法访问没有明确的定义

例如，一个 HTTP 请求尝试连接到目标网络内网的主 Web 服务器的连接是被允许的，而在整个地址空间中搜索 HTTP 服务器是不允许的。

2）身份的粒度

来自相邻远程地址的探测器，是否应该被视为单个侦察活动的一部分，如来自相近的地址的探测。类似地，探测器所探测的地址的位置可能非常紧密，如某个本地地址上的一组端口，或者相邻本地地址上的同一端口，或者分散在目标网络的地址空间中。

3）时间和空间的粒度

活动需要跟踪的时间长度、连接的速率等。随着时间的增加，空间问题也随之出现：由于使用了 DHCP、NAT 和代理，一个源地址可能对应多个实际主机，或者相反，一个主机的活动可能随着时间的推移与多个地址相关联。

4）端口扫描的意图

并非所有的端口扫描都是敌对的。例如，一些搜索引擎不仅使用爬虫，还使用端口扫描来查找要索引的 Web 服务器。此外，一些应用程序（如 SSH）有一些模式会进行端口扫描，以便收集信息或定位服务器。在理想情况下，我们希望将这种良性扫描与明显的恶意扫描区分开。此外，对搜索引擎扫描是否有益的问题还应该被视为网站的一个政策，它能反映出网站希望公开其服务器信息的程度。

11.5.3　端口扫描的一般防御

端口扫描的一种消极的防御方法是关闭所有闲置和有潜在危险的端口，这是一个较为死板的方法，它的本质是关闭所有除用户需要用到的正常计算机端口外的其他端口。对于攻击，所有的端口都可能成为目标，即计算机的所有对外通信的端口都存在潜在的危险，但是计算机必要的通信端口无法被关闭，也就无法防御所有的攻击。

另一种常见的防御方法是使用防火墙。一般的防火墙都拥有扫描攻击的保护功能，在开启该功能时，需要设置一个扫描速率阈值，一旦某 IP 地址主动发起的连接速率超过该阈值，则判定该 IP 地址正在进行扫描探测，防火墙会输出发生扫描攻击的警告日志，阻止扫描者发起的后续连接，并且可以根据用户配置将扫描者加入黑名单。这样的防御方法只能防御最为简单的来自同一 IP 地址的对单一端口的攻击，攻击者只需要在时间和空间上做出简单的调整，就可以绕过防火墙。

11.5.4　端口扫描的常见检测算法

大多数对端口扫描的检测算法（如刚提到的设置扫描速率阈值）都是在 T 秒时间间隔内检测 N 个事件的简单形式。如文献记载中第一个这样做的网络安全监视器（Network Security Monitor），检测在给定时间内连接到 15 个以上的内网不同目标 IP 地址的任何源 IP 地址。这个算法有明显缺点：一旦知道了时间限度，攻击者很容易通过增加扫描间隔逃避检测。此外，该算法还可能错误标记合法访问，如 Web 爬虫程序或通过单个代理的访问。开源入侵检测系统 Snort 使用两种预处理器算法提高检测的准确率，面向数据包的预处理器可检测实施秘密扫描的畸形包；面向连接的预处理器可检查给定源 IP 地址是否在 Z 秒内触及了 X 个以上端口或 Y 个 IP 地址，注意，这些参数是可调的。它的缺点同上一种算法类似，因为度量值依然是定值。

其他检测算法建立在对扫描数据包的连接状态分析之上，即以失败的连接尝试作为检测指标，因为正在做端口扫描的攻击者对目标网络的拓扑结构和系统配置不是很了解，所以他们很可能有更大概率设置目标地址为内网中不活动的 IP 地址或端口。例如，另一个著名的入侵检测系统 Bro（2018 年更名为 Zeek）提供的算法仅在连接尝试失败时才进行记录，记录了外网 IP 对不同内网地址进行连接尝试的数量，当该数量达到预先配置的阈值 N 时，该外网 IP 被标记为端口扫描攻击。N 一般设为 100，一个好的阈值是很重要的指标，过低会导致假阳性，过高则会错过侵略性较低的扫描。

为了改变这些简单的检测算法，Leckie 等人采用统计模型的方法，记录每个内网本地 IP 地址的访问量，建立访问的概率分布模型；而端口扫描攻击被建模为以相同概率访问每个内网目标地址。将模型与特定源 IP 地址进行比较，如果源是攻击者的概率高于正常源的概率，则将其报告为扫描攻击者。它的缺点是：如果本地 IP 地址的访问概率分布高度偏向于一小组流行服务器，那么它很容易产生许多误报。另外，它缺少两个重要的先决条件：第一，我们选择某特定源偏向于正常访问统计模型还是攻击的统计模型，这个置信度水平到底有多高？该如何衡量？第二，如何将先验概率分配给从未访问过的内网目标地址。Staniford 等人研究的 SPICE 算法用于检测隐秘的端口扫描，特别是以非常低的速率执行的扫描，并且可能跨多个源地址进行扫描。SPICE 算法在很长时间间隔（几天或几周）内收集数据包，用模拟退火算法对数据包进行分组并发现相关关系，报告异常。它的检测需要大量数据和处理。

11.5.5 阈值随机游走算法

经上述讨论，我们知道入侵检测的目标为尽快地检测出攻击者，实现该目标需要在快速和准确（低误判率）之间寻求平衡。本节将给出一种端口扫描的检测算法的细节描述，其理论基础是序贯假设检验模型，该模型可以将对内网本地 IP 地址的访问建模为在两种可能过程间的随机游走，对应良性远程访问和恶意远程访问。在该模型假设下，检测问题就变成了观察随机游走的特定轨迹，并从中推断出最可能的分类问题。在这一理论支持下，形成了一种在线检测算法——阈值随机游走（Threshold Random Walk，TRW）算法，它可以识别进行端口扫描攻击的恶意远程主机。

要实现早期检测的关键点在于：端口扫描的最初活动开始后，算法能够以多快的速度准确地判断一系列连接属于恶意行为。此处的速度指随后扫描器执行的活动数量，活动本身可能以非常慢的速度发生，我们的目标是在活动初期将其发现并检测到。实验表明，TRW 算法一般可以在 4 或 5 次连接尝试后对源进行判断并给出结果。

TRW 算法的基本思路：当远程连接 r 尝试连接到内网的某本地 IP 地址时，会生成一个事件，这个事件的结果分为"成功"或"失败"两种，"失败"对应与非活动主机的连接尝试或与活动主机上的非活动服务的连接尝试。对于给定的 r，定义 Y_i 为一个随机（指示符）变量，表示 r 到第 i 个不同服务的第一次连接尝试的结果，$Y_i = 0$ 表示连接成功，$Y_i = 1$ 表示连接失败。我们定义两个假设 H_0 和 H_1，分别表示远程连接 r 为良性连接或恶性连接。

现在我们假设，在 H_i 条件下，随机变量 $Y_i | H_j$ 独立且分布相同，因此可以将 Y_i 和 H_0、H_1 使用伯努利随机分布模型进行组合，可得

$$\Pr\left[Y_i = 0 \mid H_0\right] = \theta_0, \quad \Pr\left[Y_i = 1 \mid H_0\right] = 1 - \theta_0$$
$$\Pr\left[Y_i = 0 \mid H_1\right] = \theta_1, \quad \Pr\left[Y_i = 1 \mid H_1\right] = 1 - \theta_1$$

根据观察结果可得，良性连接成功的概率要高于恶性连接，即 $\theta_0 > \theta_1$。

考虑两种假设，实际在做出决策时有 4 种可能的结果：当 H_1 为真且选择 H_1 时，称为 Detection；当 H_1 为真且选择 H_0 时，称为假阴性；当 H_0 为真且选择 H_0 时，称为 Nominal；当 H_0 为真且选择 H_1 时，称为假阳性。最后，我们使用检测概率 P_D 和假阳性概率 P_F 来指定 TRW 算法的性能指标。对于用户给定的目标值 α 和 β，我们希望

$$P_F \leqslant \alpha, \quad P_D \geqslant \beta$$

因此可以得到 TRW 算法的流程图，如 11.14 所示。

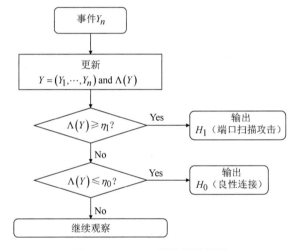

图 11.14　TRW 算法的流程图

界定 α 和 β 为 $\alpha = 0.01$，$\beta = 0.99$。

当一个事件被观察到时，我们通过计算似然比（Likelibood Ratio）判断是否需要继续等待新的连接到来：

$$\Lambda(Y) \equiv \frac{\Pr\left[Y \mid H_1\right]}{\Pr\left[Y \mid H_0\right]} = \prod_{i=1}^{n} \frac{\Pr\left[Y_i \mid H_1\right]}{\Pr\left[Y_i \mid H_0\right]}$$

若 $\Lambda(Y) \leqslant \eta_0$，则选择假设 H_0；若 $\Lambda(Y) \geqslant \eta_1$，则选择假设 H_1；若在两个阈值之间，则继续观察，等待下一个连接。由于 η_0 和 η_1 的目标是希望假阳性率和假阴性率能在一定的范围内，因此它们的选择可以由用户给出的 α 和 β 通过简单的计算得出：

$$\eta_1 \leftarrow \frac{\beta}{\alpha}, \quad \eta_0 \leftarrow \frac{1 - \beta}{1 - \alpha}$$

本质上，我们是对随机游走进行建模，其偏差概率来自两组可能的概率之一，我们需要

确定哪一个集合导致了游走。检测算法的目标是在满足性能条件的情况下，当事件流到达系统时尽早做出决策。TRW 算法是基于对给定远程主机是否成功连接到新访问的本地 IP 地址的观察来快速检测端口扫描攻击的。TRW 算法的动机是经验上观察到的良性主机与已知的恶意主机成功连接的频率之间的差异。TRW 算法的基础来自序贯假设检验理论，它允许我们建立算法预期性能的数学界限。

与以前使用的方案相比，TRW 算法需要更少的连接尝试次数（一般为 4 或 5 次）来检测非法端口扫描活动。TRW 算法还具有以下特性：①能快速做出决定，且准确率很高，几乎没有误报；②概念简单，工作方式便于理解，并且在推导其性能的理论界限时具有可分析性。总之，TRW 算法的执行速度明显更快，也比当前的其他解决方案更准确。

习　题

1. 下列（　　）不是防火墙常见的部署位置。
   A．内网和外网之间
   B．内网中的各个终端
   C．外网和 IDS 之间
   D．内网之间
2. 防火墙的主要功能不包括（　　）。
   A．数据加密
   B．数据包过滤
   C．访问控制
   D．网络地址转换
3. IDS 的工作原理涵盖（　　）类型。
   A．签名识别和异常检测
   B．数据包过滤和数据加密
   C．访问控制和入侵预防
   D．网络地址转换和数据压缩
4. 以下（　　）不是常见的 IDS 类型。
   A．N-IDS
   B．H-IDS
   C．行为入侵检测系统（BIDS）
   D．数据入侵检测系统（DIDS）
5. 解释防火墙在网络安全中的作用，并列举 3 种常见的防火墙类型及其特点。
6. 简述 IDS 的两种主要工作模式，并比较它们之间的区别。

第 12 章　数字水印

12.1　数字水印的概述

近年来，随着互联网的进一步发展及移动智能终端的大范围普及，大量数字形式的作品在网络上开始迅速传播，包括图片、视频、音频等，在丰富了人们精神需求的同时，产生了不菲的利润。因此，多媒体版权保护与信息完整性保证逐渐成为迫切需要解决的一个重要问题。数字水印（Digital Watermark）技术作为信息隐藏技术研究领域的重要分支，是实现多媒体版权保护与信息完整性保证的有效方法。

12.1.1　数字水印的定义

虽然数字水印在文献中的定义略有不同，但似乎占据主导地位的一个定义如下：在用户提供的原始数据，如视频、音频、图像、文本等载体上，通过技术手段，嵌入某些具有确定性和保密性的相关信息，称为数字水印。数字水印不影响原始数据的使用价值，也不容易被人的知觉系统（如视觉或听觉系统）觉察或注意到，只有通过专用的检测器或阅读器才能提取。通常数字水印是不可见的，并有相应的标准评价其不可见性。

12.1.2　数字水印的应用

1．版权保护

数字水印一个非常重要的应用是版权保护。识别出特定数字艺术作品（如视频或图像）的所有者，可能相当困难。然而，这是一项非常重要的任务，特别是在与版权相关的案件中。因此，相比于在每个图像或歌曲中包含版权声明，使用数字水印将版权嵌入图像或歌曲本身，是更隐蔽且更安全的行为。

2．事务跟踪

在这种情况下，嵌入数字作品中的数字水印可用于记录一个或多个交易的历史。例如，数字水印可用于记录电影的每个合法副本的接收方，在每个副本中嵌入不同的数字水印。如果电影资源泄露，电影制片人可以识别资源的泄露源。

3．信息隐藏

数字水印可用于作品的标识、注释、检索信息等内容的隐藏，这样不需要额外的带宽，且不易丢失。另外，数字水印还可以用于隐蔽通信。

12.1.3　数字水印的框架

典型的数字水印算法流程图如图 12.1 所示，它包含两个部分，数字水印的嵌入和对已嵌入数字水印的检测。数字水印可以是一段文本、一串序列号或一张图像，也可以是使用密码学方法加密过的密文。

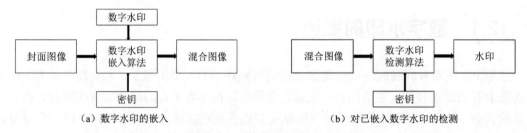

（a）数字水印的嵌入　　　　　　　　　　（b）对已嵌入数字水印的检测

图 12.1　典型的数字水印算法流程图

同样地，可以将图 12.1 中的封面图像换成其他介质，如音频、视频等。本书将以图像介质上的数字水印算法为主要研究对象，讨论其背后的原理及算法的长处与不足，希望其思路能为其他介质上的数字水印算法所借鉴。

12.2　图像介质水印的分类

考虑水印携带的信息，图像介质水印一般可分为三类。

1）噪声水印

噪声水印是最常用的鲁棒水印模式。出于安全原因和统计不可见性，噪声水印通常以高斯随机序列的形式存在，通过计算提取出的水印和原始水印间的相关性，判断水印是否存在。

2）Logo 水印

Logo 水印是一幅小的二进制图像，可以是公司徽标或其他图像的简化版。这类水印主要通过人类感知这种主观方式验证，而非相关性这种客观方式。

3）信息水印

信息水印中包含的主要是文字。相比于 Logo 水印或噪声水印，信息水印涵盖的范围更大，使用更容易，但要求这类水印的误码率接近于 0，否则信息就会出现错误。

考虑水印嵌入的方式，可以将图像介质水印分为两类。

1）基于空域的水印

空域包含用于表示数字内容的具体信息，如数字图像中每个像素的灰度等。基于空域的水印通常是在人类感知误差的范围内嵌入水印，方法较简单，但鲁棒性一般。

2）基于频域的水印

在电子学、控制系统工程和统计学中，频域是用于描述分析数学函数或信号的域的术语。频域表示还包括每个正弦波的相位信息，以便能够重新组合频率分量以恢复原始信号。基于频域的水印通常具有较好的鲁棒性。

按水印的特性划分，可以将图像介质水印分为两类。

1）鲁棒数字水印

鲁棒数字水印要求嵌入的水印能够经受各种常用的编辑处理，如压缩、裁剪等操作，并且在传输过程中产生的噪声下，包括无法避免的信号错误及恶意攻击者的人为篡改，仍然能较准确地提取出来，达到版权保护的效果。

2）脆弱数字水印

脆弱数字水印则需要对水印载体的改动信号足够敏感，其设计目标是非常小的人为改动即可破坏水印，使人们能够根据脆弱数字水印的状态判断出数据是否被篡改，达到保护内容完整性的目的。

12.3　基于空域的水印算法

基于空域的水印算法一般通过直接修改原图像的像素达到嵌入水印的目的。这种算法一般操作简单，具有一定的鲁棒性，但透明性较差（易被发现）。

一种最简单的基于空域的水印算法是 LSB（Least Significant Bit，最低有效位）算法，在8 位、256 灰度级图像中，通过修改每个像素灰度的最低位嵌入信息，在图像视觉质量变化非常小的情况下，达到嵌入大量信息的目的，不过其缺点是鲁棒性不够好。

12.3.1　加性噪声水印算法

加性噪声水印算法是基于鲁棒数字水印检测的通用方法，即相关性检测方法，设提取水印为 W^*，原始水印为 W，W^* 和 W 为长度相同的实数向量，则相关系数 NC 计算如下：

$$\text{NC} = \frac{W^* \times W}{\left|W^*\right| \times \left|W\right|} \tag{12.1}$$

一般地，令 T 为经过实验设定的阈值，则 $\text{NC} > T$ 说明检测出了水印。该方法需要预先得知水印信息，才能准确检测。

在加性噪声水印算法中，考虑原始水印 W 为服从标准正态分布的伪随机实数序列，用数字序列表示为 $W = \{W_1, W_2, \cdots, W_M\}$，其长度为 M，图像中像素点的值为 $I(x, y)$，嵌入水印后图像中像素点的值为 $I'(x, y)$，则水印嵌入可由式（12.2）表示：

$$I'(i, j) = I(i, j) + \alpha \times W_k \tag{12.2}$$

式中，α 为控制水印的强度。水印检测阶段可以通过式（12.3）得到结果：

$$\text{NC} = \frac{1}{M} \sum \left(I(i, j) \times W_k + \alpha \times X_k \times W_k\right) \tag{12.3}$$

式中，X_k 为待检测水印，则

$$E(\text{NC}) = \begin{cases} \alpha, & X = W \\ 0, & X \neq W \end{cases} \tag{12.4}$$

此处假设图像像素与 W 相互独立，则可以计算出期望值 $E(\text{NC})$。若其接近于 0，则图像中无当前检测水印。

考虑加性噪声水印算法的宽松条件，可以在其他水印算法中，将信息通过特定密钥重编码为伪随机高斯噪声添加进图像中，运用相关性检测，提高水印的隐蔽性与鲁棒性。

12.3.2　LSB 算法

基于空域的水印算法中最为典型的是 Schyndel 等人于 1994 年设计的 LSB 算法。该算法的原理是通过修改原始数据中的最低有效位实现水印的嵌入。一幅普通的灰度图像在计算机中存储，其像素介于 0～255 之间，随意增减一个像素不会引起人眼视觉系统的感知。算法可以表示为设待嵌入的水印为一个长度为 L 的 M-序列，则可通过式（12.5）嵌入水印信息：

$$I'(i,j) = I(i,j) - \left(I(i,j)(\bmod 2)\right) + M(k) \tag{12.5}$$

式中，$I'(i,j)$ 表示对原图像中每个像素点 $I(i,j)$ 修改之后的值，M-序列是由一些初始向量按照 Fibonacci 递归数列的关系运算生成的，也可以用线性移位寄存器实现。如果每个向量的长度都为 n，或者线性移位寄存器的级数为 n，则生成的 M-序列长度最大为 $2^n - 1$；M-序列的自相关函数和频谱分布的特点类似随机高斯噪声，因此其对于一些基于统计信息判断水印的攻击方法表现良好。检测时，通过计算 M-序列和水印图像行的相关函数判断是否存在水印。

这种水印嵌入方式有一定的鲁棒性，且在不考虑图像失真的情况下，可以嵌入的水印容量为原图像的大小。但由于是直接替换了图像的像素最低有效位，因而很容易去除，且对各种图像处理攻击鲁棒性较差。

然而，Luo 等人发现在大多数现存的 LSB 算法中，对于载体图像的嵌入位置的选择取决于伪随机数生成器，而没有考虑图像内容本身和密文大小的关系。所以，即使数据以非常低的嵌入率隐藏，载体图像中的光滑/平坦区域也很容易被污染，这会导致在我们的分析和扩展试验中，尤其是含有较多光滑区域的图像中，出现较差的视觉质量和安全表现。

因此，他们提出了一个对 LSB 算法有效的改进算法，可以根据密文大小和载体图像中连续两个像素之间的差异选择嵌入位置的边缘自适应模式。对于更低的嵌入率，使用更尖锐的边缘区域维持光滑区域。当嵌入率增大时，只需要调整几个参数就可以自适应地释放更多的边缘区域用于数据隐藏，具体的步骤如下。

先将大小为 $m \times n$ 的载体图像划分为 Bz×Bz 像素的不重叠区域块。对于这些小区域块，根据密钥 key_1 以范围为 $\{0,90,180,270\}$ 的角度随机旋转，得到的结果图像被行式扫描重排为一个行向量 V。接下来这个向量被划分成包含两个连续像素 (x_i, x_{i+1}) 的不重叠的嵌入单元，其中 $i = 1,3,\cdots,mn-1$。

考虑每个嵌入单元可以嵌入 2 比特密文。因此，对于一个给定的密文 M，区域选择的阈值 T 可以以如下方式决定。令 $\text{EU}(t)$ 表示绝对差大于参数 t 的像素对的集合：

$$\text{EU}(t) = \left\{ (x_i, x_{i+1}) \,\middle|\, |x_i - x_{i+1}| \geq t, \forall (x_i, x_{i+1}) \in V \right\} \tag{12.6}$$

计算阈值 T：

$$T = \arg\max_t \left\{ 2 \times |\text{EU}(t)| \geq |M| \right\} \tag{12.7}$$

式中，$t \in \{0,1,\cdots,31\}$；$|M|$ 是密文 M 的大小；$|\text{EU}(t)|$ 是集合 $\text{EU}(t)$ 中的元素总数。

对于每个嵌入单元 (x_i, x_{i+1})，根据下面 4 种情况进行数据隐藏。

Case#1:　$\mathrm{LSB}(x_i)=m_i\ \&\ f(x_i,x_{i+1})=m_{i+1}$
$$(x_i',x_{i+1}')=(x_i,x_{i+1})$$

Case#2:　$\mathrm{LSB}(x_i)=m_i\ \&\ f(x_i,x_{i+1})\neq m_{i+1}$
$$(x_i',x_{i+1}')=(x_i,x_{i+1}+r)$$

Case#3:　$\mathrm{LSB}(x_i)\neq m_i\ \&\ f(x_i-1,x_{i+1})=m_{i+1}$
$$(x_i',x_{i+1}')=(x_i-1,x_{i+1})$$

Case#4:　$\mathrm{LSB}(x_i)\neq m_i\ \&\ f(x_i-1,x_{i+1})\neq m_{i+1}$
$$(x_i',x_{i+1}')=(x_i+1,x_{i+1})$$

式中，m_i 和 m_{i+1} 表示被嵌入的两个秘密比特；$\mathrm{LSB}(x_i)$ 表示 x_i 的最低有效位；函数 f 定义为 $f(a,b)=\mathrm{LSB}(a/2+b)$；$r$ 是 $\{-1,+1\}$ 中的一个随机数；(x_i',x_{i+1}') 表示数据隐藏后的像素对。

数据隐藏后，结果图像被分成不重叠的 Bz×Bz 区域块，将区域块按照密钥 key_1 生成的随机角度旋转。这个过程与第一步非常相似，除了随机角度是相反的。最后在没有用于隐藏数据的一个预先设置的区域内嵌入两个参数 (T,Bz)。

该方法通过一种可以自适应地根据由密文大小和内容边梯度决定的阈值，先将密文嵌入较为锐利的边缘区域的新机制，成功地保留了载体图像的统计和视觉特征。

12.3.3　Patchwork 算法

Patchwork 算法是 Bender 等人于 1996 年发明并发布在 IBM 系统上的一种信息隐藏技术，它基于一种伪随机的统计模型，具体做法是通过改变图像数据的统计特性将信息嵌入像素的亮度值。方法是随机选择 n 对像素点 (a_i,b_i)，随机选取的两个像素点的差值是均值为 0 的高斯分布。将 a_i 点的亮度值加 1，b_i 点的亮度值减 1，以改变分布的均值，并且使得整个图像的平均亮度保持不变。采用统计的方法对水印进行检测。为了抵抗如有损压缩及滤波的处理，它将像素点对扩展成小块的像素区域（Patch），增加一个 Patch 中所有像素点的亮度值，同时减少对应另一个 Patch 中所有像素点的亮度值。

Patchwork 算法大致分为以下 3 步。

（1）用已知的伪随机数生成器，使用特定密钥数字选择 (a_i,b_i)。同时，水印检测时需要使用相同的密钥生成相同的像素点对。

（2）对在集合 $\{a_i\}$ 中的像素加 δ，同时对在集合 $\{b_i\}$ 中的像素减 δ，对于 256 灰度级，δ 典型的取值在 1～5 之间。

（3）重复前两步 n 次，n 大致为 10000。

检测时，通过相同的步骤得到像素点对序列，对其差求和得到 S_n：

$$S_n=\sum_{i=1}^{n}(a_i+\delta)-(b_i-\delta)\tag{12.8}$$

式（12.8）表明，S_n 的期望不再是 0，并且随着 n 的增大而增大。因此，可以通过计算 S_n 检测水印。

Patchwork 算法对抵御有损压缩编码（JPEG）、裁剪攻击和伽马校正非常有效。但其缺陷在于嵌入的水印信息少，对仿射变换敏感，对多拷贝联合攻击抵抗力比较弱。

🔓 12.4 基于频域的水印算法

与基于空域的水印算法相比，基于频域的水印算法应用更广泛。这类算法一般通过修改图像的其他附加属性嵌入水印，可以使图像具有较高鲁棒性，同时保证含有水印的图像具有较好的透明性。

12.4.1 基于 DCT 的水印算法

1995 年，Cox 等人最先将数字水印嵌入原图像的离散余弦变换（Discrete Cosine Transform，DCT）域，并由此开创了变换域水印的先河，该算法在数字水印中占有十分重要的地位。

考虑数字图像 $I(m,n)$ 是具有 M 行 N 列的一个矩阵，二维 DCT 定义如下：

$$Y(k,l) = \frac{2}{\sqrt{MN}} c(k)c(l) \sum_{m=0}^{M-1} \sum_{n=0}^{N-1} I(m,n) \cos\frac{(2m+1)k\pi}{2M} \cos\frac{(2n+1)l\pi}{2N} \tag{12.9}$$

式中，$k = \{0,1,\cdots,M-1\}$；$l = \{0,1,\cdots,N-1\}$，函数 $c(x)$ 定义如下：

$$c(x) = \begin{cases} 1/\sqrt{2}, & x=0 \\ 1, & x \neq 0 \end{cases} \tag{12.10}$$

二维逆离散余弦变换（IDCT）定义如下：

$$I(m,n) = \frac{2}{\sqrt{MN}} \sum_{k=0}^{M-1} \sum_{l=0}^{N-1} c(k)c(l) Y(k,l) \cos\frac{(2m+1)k\pi}{2M} \cos\frac{(2n+1)l\pi}{2N} \tag{12.11}$$

在基于 DCT 的编码中，图像先分块（8×8 或 16×16）再 DCT，这种变换是局部的，只反映了图像某一部分的信息。当然，也可以对整幅图像进行变换，但是运算速度比分块 DCT 要慢。图像经 DCT 后，得到的 DCT 图像有以下 3 个特点。

（1）系数值全部集中到 0 附近（从直方图统计的意义上），动态范围很小，说明用较小的量化比特数即可表示 DCT 系数。

（2）DCT 后图像能量集中在图像的低频部分，即 DCT 图像中不为 0 的系数大部分集中在一起（左上角），因此编码效率很高。

（3）没有保留原图像块的精细结构，从中反映不了原图像块的边缘、轮廓等信息，这一特点是 DCT 缺乏时局域性造成的。

图 12.2 所示为 DCT 后的系数图像。两条线划分出图像的低频、中频和高频所在的矩形区域。可以看出，图像经 DCT 后大部分系数值接近于 0，只有左上角的低频部分有较大的系数值，中频部分系数值相对较小，而大部分高频系数值非常小，接近于 0。

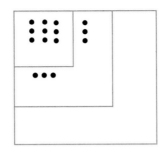

图 12.2 DCT 后的系数图像

就 DCT 本身的性质而言，其同傅里叶变换一样，表示频率空间方面的数据而不是灰度。这样更符合人类感知光线的方式，可以识别并丢弃不会被人眼察觉的部分图像细节。基于 DCT 的水印算法相比于基于空域的水印算法更加鲁棒。对于一些简单的图像处理操作，如低通滤波、亮度和对比度调整、图像模糊等，基于 DCT 的水印算法有较强的鲁棒性。其缺点是在计算上更加昂贵，同时对抗旋转、缩放等几何攻击的效果较差。DCT 域水印可以分为全局 DCT 水印和基于块的 DCT 水印。同时，嵌入图像视觉上重要的区域是一个可行的优化，因为绝大多数图像压缩算法会移除图像里感知上不重要的部分。

Cox 等人提出的算法的基本原理是：首先采用 DCT 将原图像 I 按照式（12.9）转换为频域表示，随后从原图像 I 的 DCT 系数中选择 n 个最重要的频率分量，使之组成序列 $S=\{S_1,S_2,\cdots,S_n\}$，以提高对 JPEG 压缩攻击的鲁棒性；然后以密钥 K 为种子产生伪随机序列，即原始水印序列 $W=\{W_1,W_2,\cdots,W_n\}$，其中 W_i 是一个满足标准正态分布的随机数；接着将水印序列 W 叠加到序列 S 中，产生含水印的序列 $S*$，使用 $S*$ 替换原图像 I 中的 DCT 系数序列 S；最后通过 IDCT 得到含有水印的图像。同时，水印的检测依赖一个手动控制的阈值 T，当相关性检测结果大于 T 时，认为含有水印，否则认为没有。简单来说，该算法结合了 DCT 与加性噪声，得到了鲁棒性更好的水印算法。

对于大量基于 DCT 的水印算法，其所遵守的一个大致框架如下。

（1）将图像划分为 8×8 大小互不相交的块。

（2）对每个块应用 DCT。

（3）应用某些特定的标准选择块，如人类视觉系统等。

（4）应用某些特定的标准选择 DCT 系数，如从高到低选择。

（5）修改所选系数以嵌入水印。

（6）对每个块进行 IDCT 组合图像。

12.4.2　基于 DFT 的水印算法

傅里叶变换作为信号处理领域最流行的技术之一，拥有许多良好的性质，可以帮助解决应用上的问题。图像同样是一种特殊的二维信号，考虑图像的离散性，对图像采样得到离散点集 $f(x,y)(0\leqslant x<M,0\leqslant y<N)$，相应的二维离散傅里叶变换（DFT）定义如下：

$$F(u,v)=\frac{1}{\sqrt{MN}}\sum_{x=0}^{M-1}\sum_{y=0}^{N-1}f(x,y)\times \mathrm{e}^{-j2\pi\left(\frac{ux}{M}+\frac{vy}{N}\right)} \tag{12.12}$$

$$f(x,y) = \frac{1}{\sqrt{MN}} \sum_{u=0}^{M-1} \sum_{v=0}^{N-1} F(u,v) \times \mathrm{e}^{j2\pi\left(\frac{ux}{M}+\frac{vy}{N}\right)} \qquad (12.13)$$

在式（12.12）中，$F(u,v)(0 \leqslant u < M, 0 \leqslant v < N)$ 为图像对应的二维频谱，式（12.13）则展示了逆离散傅里叶变换（IDFT）的过程。对式（12.13）稍微变形可以得到

$$F(u,v) = \frac{1}{\sqrt{MN}} \sum_{x=0}^{M-1} \sum_{y=0}^{N-1} f(x,y) \times \mathrm{e}^{-j2\pi\omega(n\cdot r)} \qquad (12.14)$$

$$\omega = \sqrt{\left(\frac{u}{M}\right)^2 + \left(\frac{v}{N}\right)^2} \qquad (12.15)$$

$$n = \left(\frac{u}{M\omega}, \frac{v}{N\omega}\right) \qquad (12.16)$$

$$\vec{r} = (x,y) \qquad (12.17)$$

式中，ω 表示频率；$\boldsymbol{n}$ 表示沿 (u,v) 方向的单位向量；$\boldsymbol{r}$ 表示点 (x,y) 的坐标向量，$\boldsymbol{n}\cdot\boldsymbol{r}$ 表示向量间的内积，可以看出，每个 DFT 域上的点 (u,v) 都对应图像域上一个方向为 $\boldsymbol{n}$，频率为 ω 的正弦波，其能量由每个点在方向 $\boldsymbol{n}$ 上的投影叠加而成。式（12.18）定义了该正弦波的振幅（Magnitude）$|F(u,v)|$ 和相位（Phase）$\angle F(u,v)$：

$$|F(u,v)| = \sqrt{\left(F_r(u,v)\right)^2 + \left(F_i(u,v)\right)^2} \qquad (12.18)$$

$$\angle F(u,v) = \tan^{-1}\left(F_i(u,v) / F_r(u,v)\right) \qquad (12.19)$$

式中，$F_r(u,v)$ 为 $F(u,v)$ 的实部；$F_i(u,v)$ 为 $F(u,v)$ 的虚部。结合式（12.14）～式（12.19）可以发现，DFT 具有如下特性。

在 DFT 域中，坐标点离原点越远，其相应的正弦波频率越高，对应图像的高频部分，如边、角、斑点等；相反地，坐标点离原点越近，其相应的正弦波频率越低，对应图像的低频部分，如一块区域内的平均灰度等。

正弦波的相位改变对图像的影响比幅度改变的影响大。

因为正弦波是周期性的且关于原点对称，所以有

$$F(u,v) = F(-u,-v) = F(M-u, N-v) \qquad (12.20)$$

除此之外，DFT 还具有对旋转、缩放、平移（Rotation、Scaling and Translation，简称 RST）的不变性。因此，在 DFT 域中嵌入水印还可以获得对 RST 的鲁棒性。

Ruanaida 等人最先在 1999 年提出将数字水印嵌入原图像的 DFT 域，他们受 Cox 等人的启发，将图像划分为 8×8 大小的块，不同的是他们对块进行了 DFT。相对于 Cox 等人选择低频区域值较高的 DCT 系数，Ruanaida 等人选择块中幅值较高的 DFT 系数，该系数满足如下条件：

$$|F(k,l)|^2 \bigg/ \sum_{i=1}^{M-1} \sum_{j=1}^{N-1} |F(i,j)|^2 > \varepsilon \qquad (12.21)$$

式中，$F(k,l)$ 为 DFT 系数；ε 为控制系数个数的常数。在被选出系数对应的相位上添加服从标准正态分布的伪随机噪声如下：

$$\angle F(u,v) = \angle F(u,v) + \delta \tag{12.22}$$

$$\angle F(M-u,N-v) = \angle F(M-u,N-v) - \delta \tag{12.23}$$

其中，δ 为服从标准正态分布的伪随机噪声。同样通过相似性检测水印是否存在。

Ruanaida 等人选择修改相位而不是幅值以嵌入水印，基于人类视觉对频谱相位变化的敏感性远远大于对幅值变化的敏感性。因此，如果想要破坏水印，就不得不承受图像质量大幅下降的代价，变相提高了水印的鲁棒性。然而，其并没有发挥 DFT 在图像旋转、缩放、平移时不变的优势。因为图像在空间中的平移会造成相位的变化，相对地，幅值不会改变。

因此，Lin 等人提出了一种基于傅里叶-梅林变换（Fourier-Mellin Transform）的对 RST 具有鲁棒性的水印算法。该算法不再分块，而是直接对原图像进行 DFT，对得到的幅度信号进行对数极坐标转换（Log-Polar Mapping），此时，对于旋转 α 角度、缩放 σ 倍数的图像 $I'(x,y)$，有以下等式成立：

$$\left| F'(\rho,\theta) \right| = |\sigma|^{-2} \left| F(\rho - \log\sigma, \theta - \alpha) \right| \tag{12.24}$$

式中，$F'(\rho,\theta)$ 和 $F(\rho,\theta)$ 为频域转换前后图像的 DFT 系数，由于 DFT 系数的中心对称特性，Lin 等人对角度 $0 \leqslant \theta < 180°$ 进行采样，遍历 ρ 求和得到一个一维信号，该信号在 RST 下是循环呈比例缩放的。因此，通过修改该信号为一个特定水印序列 $W = \{W_1, W_2, \cdots, W_n\}$，完成水印嵌入。RST 后，通过循环遍历该一维信号并计算与 W 的相似性，可以检测出水印。

Kusyk 等人提出了一种在 DFT 域中嵌入 Logo 水印的算法。他们将 DFT 域的信号分为 3 个频带，低频、中频及高频，并将 DFT 域分为对称的 4 个区域，寻找不同区域的对应点对，修改它们的幅值以嵌入比特 1 或 0，具体步骤如下。

（1）对图像进行 DFT。

（2）将图像分为 4 个区域，分别为 M_{ul}、M_{ur}、M_{ll}、M_{lr}，代表 DFT 域中相对于坐标原点，左上、右上、左下、右下的区域。

（3）选择一对点 a 和 b，其中 $a \in M_{\text{ul}}$，$b \in M_{\text{ur}}$，且 a 和 b 关于 y 轴对称。

（4）计算 $\text{mean} = (a+b)/2$，并选择常数 p。

（5）嵌入比特，如果 $B = 1$，则 $a > \text{mean} + \left(\dfrac{p}{2} \times \text{mean}\right)$，保持不变；否则

$$\begin{cases} a = \text{mean} + \left(\dfrac{p}{2} \times \text{mean}\right) \\ b = \text{mean} - \left(\dfrac{p}{2} \times \text{mean}\right) \end{cases} \tag{12.25}$$

（6）如果 $B = 0$，则 $a < \text{mean} - \left(\dfrac{p}{2} \times \text{mean}\right)$，保持不变；否则

$$\begin{cases} a = \text{mean} - \left(\dfrac{p}{2} \times \text{mean}\right) \\ b = \text{mean} + \left(\dfrac{p}{2} \times \text{mean}\right) \end{cases} \tag{12.26}$$

（7）将 M_{ul} 的值按照中心对称的关系复制到 M_{lr}，M_{ur} 复制到 M_{ll}。

（8）结合相位谱及修改后的幅值谱，完成 IDFT，并替代原图像中的对应区域。

检测时根据同样的步骤，比较 a 和 b 的值，即可提取出二值的水印图像。

同时，在研究每个频带的性质及不同攻击对不同频带的影响过程中，低通滤波、高斯噪声、JPEG 压缩、旋转和放缩等对低频系数的影响较小；直方图均衡、伽马校正等对高频系数的影响较小。因此，通过将相同的水印分别嵌入 3 个频段，取视觉效果最好的水印图像作为最终的解析结果，能够对大部分攻击有很好的抵抗能力。

12.4.3　基于 DWT 的水印算法

离散小波变换（DWT）是用于分层分解图像的数学工具，它对于处理非平稳信号很有用，提供图像的频率和空间描述。与传统的 DFT 不同，时间信息保留在 DWT 过程中。小波是通过称为母小波的固定函数的平移和扩张创建的。二维 DWT 在 3 个方向上分解图像，分别为横向、竖向及对角向。其定义如下。

考虑数字图像 $I(m,n)$ 是具有 M 行 N 列的一个矩阵，首先选择参数个数为 K 的小波，计算低通滤波器 $g(k)$，可以将输入信号的高频部分滤掉而输出低频部分，以及高通滤波器 $h(k)$，与低通滤波器相反，滤掉低频部分而输出高频部分。然后对方向 n 做高通滤波及低通滤波，进行降采样，得到方向 n 上的低频系数 $V_L(m,n)$ 及高频系数 $V_H(m,n)$：

$$V_L(m,n) = \sum_{k=0}^{K-1} I(m,2n-k)g(k) \tag{12.27}$$

$$V_H(m,n) = \sum_{k=0}^{K-1} I(m,2n-k)h(k) \tag{12.28}$$

对方向 m 进行同样的操作，可以得到 4 个频带的小波系数：

$$V_{LL}(m,n) = \sum_{k=0}^{K-1} V_L(2m-k,n)g(k) \tag{12.29}$$

$$V_{HL}(m,n) = \sum_{k=0}^{K-1} V_L(2m-k,n)h(k) \tag{12.30}$$

$$V_{LH}(m,n) = \sum_{k=0}^{K-1} V_H(2m-k,n)g(k) \tag{12.31}$$

$$V_{HH}(m,n) = \sum_{k=0}^{K-1} V_H(2m-k,n)h(k) \tag{12.32}$$

上述操作后，DWT 将图像分解为 LL、HL、LH、HH 四个频率子带，分别指代图像的低频（LL）、高频（HH），以及两个对角线（LH 和 HL）的小波能量分布。图像的主要能量集中在小波的 LL 子带上，其他 3 个子带则主要包含图像的边缘信息。

Kunder 等人最早尝试将水印嵌入图像的 DWT 域。其依据是经过小波分解后，原图像会被分为若干子带，类似人眼视觉系统在浏览图像时将图像分解为若干部分。因此，图像的空-频转换特性能够很好地匹配人眼视觉系统。

具体讲，DWT 具有如下特性。

（1）计算效率高，可以使用简单的滤波器卷积实现。

（2）通过多分辨率分析，图像可以表示为多个分辨率级别。小波允许图像描述粗糙的整体形状和细节，范围从广泛到狭窄。

（3）在各个分辨率级别中，DWT 系数的幅度在 LL 子带中较大。

因此，DWT 在水印嵌入及提取过程中有如下优势。

（1）比其他变换更精确地模拟人眼视觉系统，允许在人眼视觉系统不太敏感的区域中嵌入更高能量的水印。在这些区域中嵌入水印能够增加水印的稳健性，而不会降低图像质量。

（2）小波编码图像是图像的多分辨率描述。因此，图像可以以不同的分辨率水平显示，并且可以从低分辨率到高分辨率顺序处理。这种方法的优点在于，在一个分辨率下未检测到的图像的特征可能容易在另一个分辨率下检测到。

（3）DFT 和 DCT 是全帧变换。因此，除非使用基于块的方法实现 DCT，否则 DCT 系数的任何变化都会影响整个图像。然而，DWT 具有空间频率局部性。这意味着如果嵌入水印，仅影响图像的局部像素。

（4）JPEG-2000 图像压缩标准是基于 DWT 实现的。

基于以上优势，基于 DWT 的水印算法越来越多。

Kunder 等人最初的做法是分别对原图像进行多级小波分解，并同时对水印图像进行一级小波分解，在不同分辨率下计算权重系数，将水印小波系数叠加到图像小波系数中，得到最后的结果图像。虽然该算法能准确提取出水印，但对图像质量的破坏非常严重。

Barni 等人通过逐像素掩蔽开发了一种改进的基于 DWT 的水印算法。它基于人眼视觉系统的特征掩蔽水印。水印自适应地添加到最大细节带。水印加权函数被计算为从人眼视觉系统模型中提取的数据的简单乘积。最后通过相关性检测水印。具体地，小波系数的嵌入如下：

$$I'^{\theta}(i,j) = I^{\theta}(i,j) + \alpha W^{\theta}(i,j) X^{\theta}(i,j) \qquad （12.33）$$

式中，$\theta \in \{0,1,2\}$，分别表示 LH、HL、HH 三个子带；α 常数控制水印的强度；$X = \{X_1, X_2, \cdots, X_n\}$ 为值为 $\{-1,1\}$ 的伪随机序列；$W^{\theta}(i,j)$ 为感知的权重函数，其由以下 3 个因素影响。

（1）对于高分辨率波段及 45° 方向的波段，人眼对噪声不太敏感。

（2）在亮度过高或过低的图像区域中，人眼对噪声不太敏感。

（3）人眼对高度纹理区域的噪声不敏感，但在图像边缘附近更敏感。

基于上述判断，Barni 等人设计了计算 $W^{\theta}(i,j)$ 的经验函数并表现良好。

Xie 和 Shen 改进了 Barni 的逐像素掩蔽模型，并提出了一种更强大的基于 DWT 的水印算法，以防包括滤波、噪声添加和压缩在内的攻击。通过扩展其工作，提出了一种新的鲁棒脆弱双图像水印算法。利用改进的逐像素掩蔽模型和基于伪随机序列的新比特替换，该算法将鲁棒水印和脆弱水印分别嵌入宿主图像的小波系数的不敏感（鲁棒）部分和敏感部分，使得两个水印互不干扰并且增加主图像的水印容量而不降低水印鲁棒性。

由于小波种类的繁多，不同的小波特性对于水印算法有着不同的影响，下面列举一些常用的小波及其特性。

（1）双正交小波使用一个基函数进行分解，另一个基函数用于重构。因此，水印嵌入DWT 后，能完美地重建图像而不会有其他能量损失。

（2）复小波可以提供移位不变性和良好的方向选择性，与传统的 DWT 相反。但是，它不能满足完美重建的条件。双树复小波变换（DT-CWT）采用双树小波滤波器来获得复小波系数的实部和虚部，可以解决这个问题。

（3）小波包从空间频率方面提供比经典小波更好的分解，经典小波反复分解低频带，而小波包同时分解低频带及 3 个高频带。这种类型的分解允许我们更广泛地选择频带。

（4）平衡多小波变换实现了同步正交性和对称性，导致计算复杂性显著降低，使得该变换成为实时水印实现的良好候选者。

（5）整数小波变换由于输入及滤波器输出都是整数，因此适用于二维数字图像。

🔒 12.5 其他图像介质水印算法

12.5.1 基于 SVD 的水印算法

奇异值分解（SVD）是线性代数中的一种重要矩阵分解，是矩阵分析中正规矩阵酉对角化的推广。在信号处理、统计学等领域有重要应用。由于图像在计算机存储时的特殊性，因而完全可以使用线性代数中矩阵分解的方法来应对图像处理中的问题。单纯使用 SVD 嵌入数字水印的文献较少，经典的做法是配合 DWT 分解和 DCT 分解，这类叠加算法通常对大部分攻击都有较好的鲁棒性。

Wen-ge 和 Lei 提出了一种基于 SVD 和 DWT 的零比特水印算法。封面图像首先进行 DWT，然后分成非重叠块，对每个块执行 SVD，通过包括不同块的奇异值生成水印。算法大致步骤如下。

（1）对图像进行 DWT，并将 DWT 分为多个不相交的块。

（2）对每个块进行 SVD，得到快的奇异值。

（3）按照特定顺序对块进行重排。

（4）比较相邻块的奇异值大小，得到比特 1 或 0，加入块的特征向量。

检测时通过步骤（1）～（4）计算图像特征向量间的相似度。

12.5.2 基于分形的水印算法

分形（Fractal）是 Mandelbrot 在 1977 年提出的几何学概念，图像分形压缩的基本原理是利用分形几何中的自相似性进行图像压缩。Puate 和 Jordan 在 1997 年首先提出了基于分形的水印算法。该算法将原图像随机分为若干大小为 $n \times n$ 的块，记为 RB，并利用分形压缩技术和块周围的搜索区域（Local Searching Region，LSR）建立一定的对应关系，称为编码。原始水印为一串二值序列，记为 $V = \{V_1, V_2, \cdots, V_n\}$。水印的嵌入过程表示为：$V_i (i = 1, 2, \cdots, n)$ 为 1 时，利用 RB 和其周围大小为 $3n \times 3n$ 的 LSR 的关系对 RB 进行编码；反之，利用 RB 和周围大小为 $2n \times 2n$ 的 LSR 的关系对 RB 进行编码。实验表明，该算法对 JPEG 压缩攻击有较好的鲁棒性，当压缩质量为 50% 时，水印依然可以较好地被提取出来。

习　题

1. 在数字水印技术中，（　　）不属于基于频域的水印算法。
   A．基于 DCT 的水印算法　　　　　　B．基于 DWT 的水印算法
   C．基于 DFT 的水印算法　　　　　　D．基于 SVD 的水印算法
2. 在数字水印技术中，（　　）不是数字水印技术的应用场景。
   A．版权保护　　　　　　　　　　　　B．数据加密
   C．权限管理　　　　　　　　　　　　D．身份认证
3. 简述数字水印技术及其应用。
4. 简述基于频域和空域的水印算法的区别。

反侵权盗版声明

电子工业出版社依法对本作品享有专有出版权。任何未经权利人书面许可，复制、销售或通过信息网络传播本作品的行为；歪曲、篡改、剽窃本作品的行为，均违反《中华人民共和国著作权法》，其行为人应承担相应的民事责任和行政责任，构成犯罪的，将被依法追究刑事责任。

为了维护市场秩序，保护权利人的合法权益，我社将依法查处和打击侵权盗版的单位和个人。欢迎社会各界人士积极举报侵权盗版行为，本社将奖励举报有功人员，并保证举报人的信息不被泄露。

举报电话：（010）88254396；（010）88258888
传　　真：（010）88254397
E-mail：dbqq@phei.com.cn
通信地址：北京市万寿路173信箱
　　　　　电子工业出版社总编办公室
邮　　编：100036